高等职业教育能源

U0670500

电气设备检修

DIANQI SHEBEI JIANXIU

- 主　编　舒　辉
- 副主编　周慧娟　陈　芳　刘　娟
- 参　编　杨　铭　黄文达　刘　炼
　　　　　王　柯　张　通
- 主　审　李晓武

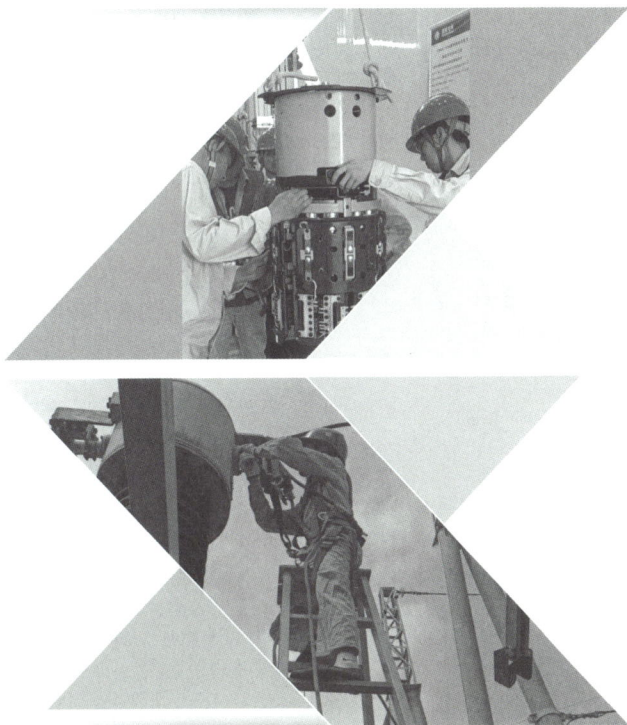

重庆大学出版社

内容提要

本书采用任务驱动型活页式结构,围绕高压隔离开关检修、高压断路器检修、高压开关柜检修、互感器检修、电力电容器检修、组合电器检修六个任务展开,每个任务按照资讯、决策与计划、实施、检查控制、考核与评价五个步骤展开,主要内容包括电力系统中主要电气设备的作用、结构、工作原理、技术参数、故障处理、检修流程及工艺等专业知识和技能。本书有配套数字资源,通过扫二维码即可获得,方便师生教与学。本书既可作为学历教育教学用书,也可作为变电检修人员岗位职业资格技能鉴定和岗位技能培训教材。

图书在版编目(CIP)数据

电气设备检修/舒辉主编. -- 重庆:重庆大学出
版社,2022.4
高等职业教育能源动力与材料大类系列教材
ISBN 978-7-5689-3185-4

Ⅰ.①电… Ⅱ.①舒… Ⅲ.①电气设备—设备检修—
高等职业教育—教材 Ⅳ.①TM64

中国版本图书馆 CIP 数据核字(2022)第 050099 号

电气设备检修

主 编 舒 辉
副主编 周慧娟 陈 芳 刘 娟
参 编 杨 铭 黄文达 刘 炼
王 柯 张 通
主 审 李晓武
策划编辑:鲁 黎
特约编辑:邓桂华
责任编辑:文 鹏 版式设计:鲁 黎
责任校对:谢 芳 责任印制:张 策

*

重庆大学出版社出版发行
出版人:饶帮华
社址:重庆市沙坪坝区大学城西路 21 号
邮编:401331
电话:(023)88617190 88617185(中小学)
传真:(023)88617186 88617166
网址:http://www.cqup.com.cn
邮箱:fxk@cqup.com.cn(营销中心)
全国新华书店经销
重庆俊蒲印务有限公司印刷

*

开本:787mm×1092mm 1/16 印张:19.25 字数:459 千
2022 年 4 月第 1 版 2022 年 4 月第 1 次印刷
印数:1—2 000
ISBN 978-7-5689-3185-4 定价:48.00 元

本书依据变电检修典型工作情境设置了高压隔离开关检修、高压断路器检修、高压开关柜检修、互感器检修、电力电容器检修、组合电器检修六个学习任务,围绕电气设备检修岗位工作所需知识和技能设计教学内容。每个任务都是完整的工作过程,遵循资讯、决策、计划、实施、检查、评价的思维过程,遵循职业能力和素养培养的过程性和认知规律,按照从简单到复杂的原则组织教材内容,将电力系统中的主要电气设备原理、结构、参数、检修工艺、技术规范有机结合起来并融入教学内容中,强化学生工程实践综合能力训练;按照现场标准化作业、电力安全、岗位职业素养要求,制定各项任务评价标准,将工匠精神、职业素养和安全要素融入教学,突出评价导向,形成学习闭环。按教材实施"教、学、做"一体教学模式,在完成每一个检修任务的过程中,引导学生按照标准化作业流程完成检修工作,使学生熟练掌握电气设备检修的专业知识,完成专业技能的培养和职业素质的养成。

本书由从事专业教学的一线教师和来自电力企业的变电检修专家共同编写。长沙电力职业技术学院舒辉担任主编,并负责了前言、电气设备检修通用知识篇、任务1、附录的编写和全书统稿工作;国网湖南省电力有限公司检修公司的优秀生产技能专家、国网湖南二级工匠李晓武担任主审;国网湖南省电力有限公司娄底分公司的高级技师刘炼参与了任务1的编写;国网湖南省电力有限公司技术技能培训中心高级工程师陈芳和国网湖南省电力有限公司娄底分公司的高级技师刘炼编写了任务2;长沙电力职业技术学院的高级工程师周慧娟和国网湖南省电力有限公司邵阳分公司的高级技师王柯编写了任务3;长沙电力职业技术学院的高级工程师刘娟和张通编写了任务4;国网湖南省电力有限公司技术技能培训中心的高级工程师黄文达编写了任务5;国网湖南省电力有限公司技术技能培训中心的工程师杨铭编写了任务6。在本书编写过程中,现场检修专家刘炼和王柯提供了现场检修资料和改进建议,在此表示衷心的感谢!

由于编者水平有限,书中如有不妥和错误之处,恳请广大读者提出宝贵意见,以求改进!

编 者
2021 年 6 月

目 录

电气设备检修通用知识

0.1　电气设备基本知识

0.1.1　电气设备分类

电力系统由各种电气设备构成。按电压等级,可将电气设备分为高压电气设备和低压电气设备。电压等级在 1 000 V 及以上者称为高压电气设备,电压等级在 1 000 V 以下者称为低压电气设备。按作用不同,可将电气设备分为一次设备和二次设备。

1)一次设备

直接用于生产、转换、输送、分配电能的电气设备称为一次设备。一次设备主要有以下种类:

(1)生产和转换电能的设备

生产和转换电能的设备有同步发电机、变压器和电动机。它们都按电磁感应原理工作,统称为电机。

(2)开关电器

开关电器用来接通和断开电路。开关电器主要有以下 4 种:

①高压断路器。高压断路器具有灭弧装置,可用来接通或断开电路的正常工作电流、过负荷电流和短路电流,是电力系统中最重要的具有控制和保护双重作用的开关电器。

②高压隔离开关。高压隔离开关没有灭弧装置,断开时有明显的断开点,主要用来在检修设备时隔离电源,有时也用来进行电路的切换以及接通或断开小电流电路。

③高压负荷开关。高压负荷开关具有简易的灭弧装置,用来接通或断开正常工作电流、过负荷电流,不能切断短路电流,在检修设备时可用来隔离电源。

④低压开关电器。低压开关电器包括刀开关、组合开关和低压断路器等。

(3)互感器

互感器包括电压互感器和电流互感器。电压互感器的作用是将交流高电压变成低电压,供电给继电保护装置和计量仪表的电压线圈。电流互感器的作用是将交流大电流变成小电流,供电给继电保护装置和计量仪表的电流线圈。互感器使继电保护装置和计量仪表标准化、小型化,使继电保护装置和计量仪表等二次设备与高压部分隔离,保证了设备和人身安全。

(4)保护电器

保护电器包括防御过电压的防雷设备和用于过负荷电流或短路电流保护的熔断器。防雷设备包括避雷针、避雷器、避雷线、避雷带、避雷网等。熔断器用来开断电路的过负荷电流和短路电流,保护电气设备免受过载和短路电流危害。熔断器不能用来开断或接通正常工作电流,常与高压负荷开关等其他电气设备配合使用。

(5)载流导体

载流导体包括架空导线、电缆和母线等。架空导线和电缆用来传输电能。母线用来汇集和分配电能。

(6)补偿、限流电器

补偿、限流电器包括调相机、电力电容器、静止无功补偿器、并联电抗器、限流电抗器和消弧线圈。

(7)绝缘子

绝缘子用来支持、悬挂、固定载流导体,并使不同电位载流导体之间绝缘、载流导体与地之间绝缘。

2)二次设备

二次设备是对电力系统内一次设备进行监察、测量、控制、保护和调节的辅助设备。二次设备相较于一次设备承受的电压比较低,电流比较小。二次设备主要有以下种类:

(1)测量表计

测量表计用于测量电路中的电气参数,如电压表、电流表、功率表、电能表等。

(2)绝缘监察装置

绝缘监察装置用于监察系统接地现象,包括直流绝缘监察装置和交流绝缘监察装置。

(3)控制和信号装置

控制装置能通过操作回路实现断路器的分、合闸。信号装置在系统正常运行时能显示出断路器和隔离开关的合、断位置,反映出系统的运行方式。当出现不正常的运行方式或发生故障时,信号装置能通过灯光及音响设备发出信号,从而使运行值班人员根据信号的指示迅速而准确地判断事故的性质、地点和范围,以便采取恰当的措施进行处理。信号装置包括事故信号装置、预告信号装置和位置信号装置。

(4)继电保护及自动装置

当发生故障时,继电保护作用于断路器,使断路器跳闸,自动切除故障元件;当出现异常情况时,继电保护发出信号。自动装置的作用是用来实现发电厂的自动并列、发电机自动调节励磁、电力系统频率自动调节、按频率启动水轮机组,实现发电厂或变电站的备用电源自动投入、输电线路自动重合闸及按事故频率自动减负荷等。

(5)直流电源设备

直流电源设备用作开关电器的操作、继电保护及自动装置的直流电源,以及事故照明和直流电动机的备用电源,它包括蓄电池组、直流发电机、硅整流装置等。

(6)高频阻波器

高频阻波器起到阻止高频电流向变电站或支线泄漏、减小高频能量损耗的作用。它是由电感和电容组成的并联谐振回路,调谐所选用的载波频率,对高频载波电流呈现的阻抗很大,防止高频信号外流,对工频电流呈现的阻抗很小,不影响工频电流的传输。

0.1.2　电气设备的主要参数

(1)额定电压 U_N

额定电压是国家根据国民经济发展的需要、技术经济合理性及电机、电器制造等因素所规定的电气设备标准的电压等级。电气设备在额定电压下工作时,其技术性能与经济性能最佳。对于三相电力系统,额定电压指的是电压有效值。

(2)额定电流 I_N

额定电流是指在一定的周围介质(环境)温度下,电气设备所允许长期通过的最大电流值,是电流有效值。此时,其绝缘部分和载流部分的长期最大发热温度不应超过其长期工作的允许发热温度。为了使设备的设计、制造、选用实现标准化和系列化,额定电流不是连续任意值,而是一组系列值。

(3)额定容量 S_e

电气设备的额定容量(功率)规定的条件与额定电流相同。对发电机、变压器和互感器等可以作为电源的设备,额定容量(功率)是指其能够带负载的能力;对电动机等用电设备,额定容量(功率)是指其消耗的电功率。发电机的容量一般用有功功率(kW)表示,变压器的容量一般用视在功率(kV·A)表示,电动机等的容量一般用有功功率(kW 或 W)表示。

(4)额定频率

额定频率没有特殊要求和说明,我国电力系统的额定频率为 50 Hz。

0.1.3　电气设备的符号

电气设备可用图形符号和文字符号表示。图形符号是电气图中表示电气设备、装置、元器件的一种图形。文字符号是电气图中表示电气设备、装置、元器件的种类和功能的符号。文字符号的字母应采用大写的拉丁字母。文字符号分为基本文字符号和辅助文字符号两种。常用一次设备的名称及图形、文字符号见表0.1。

表 0.1　常用一次设备的名称及图形、文字符号

名称	图形符号	文字符号	名称	图形符号	文字符号
交流发电机		G	自耦变压器		T
双绕组变压器		T	电动机		M
三绕组变压器		T	断路器		QF
隔离开关		QS	调相机		G
熔断器		FU	消弧线圈		L
普通电抗器		L	双绕组、三绕组电压互感器		TV
分裂电抗器		L	电容器		C
负荷开关		Q	具有两个铁芯和两个次级绕组、一个铁芯和两个次级绕组的电流互感器		TA
接触器的主动合、主动断触头		K	避雷器		F
母线、导线、电缆		W	火花间隙		F
电缆头			接地		E

0.1.4　电气主接线

　　一次设备按预期的生产流程所连成的电路,称为电气主接线。主接线表明电能的生产、汇集、转换、分配关系和运行方式,是运行操作、切换电路的依据,又称一次接线、一次电路主系统或主电路。电气主接线直接关系电力系统的安全、稳定、灵活和经济运行。用国家规定的图形和文字符号表示主接线中的各元件,并依次连接起来的单线图,称为电气主接线图。

　　1)电气主接线的基本要求

　　(1)安全性

　　主接线系统必须保证在任何可能的运行方式和检修状态下人员及设备的安全。

　　(2)可靠性

　　主接线系统应保证对用户供电的可靠性,特别是保证对重要负荷的供电。

　　(3)灵活性

　　主接线系统应能灵活地适应各种工作情况,特别是当一部分设备检修或工作情况发生变化时,能够通过倒闸操作,做到调度灵活,不中断向用户供电。

　　(4)经济性

　　主接线系统应保证运行操作的方便以及在保证满足技术条件的要求下,做到经济合理,尽量减少占地面积、节省投资,使电气装置的基建投资和年运行费用最少,如简化接线、减少电压层级等。

　　2)电气主接线的主要形式

　　(1)单母线接线

　　单母线接线如图0.1所示。单母线接线的特点是每一回路均经过一台断路器 QF 和隔离开关 QS 接于一组母线上。断路器用于在正常或故障情况下接通与断开电路。断路器两侧装有隔离开关,用于停电检修断路器时作为明显断开点以隔离电压,靠近母线侧的隔离开关称为母线侧隔离开关(如11QS),靠近引出线侧的隔离开关称为线路侧隔离开关(如13QS)。在主接线设备编号中,隔离开关编号前几位与该支路断路器编号相同,线路侧隔离开关编号尾数为3,母线侧隔离开关编号尾数为1(双母线时尾数为1和2)。在电源回路中,断路器断开之后,若电源不可能向外送电能,断路器与电源之间可以不装隔离开关,如发电机出口。若线路对侧无电源,则线路侧可不装设隔离开关。

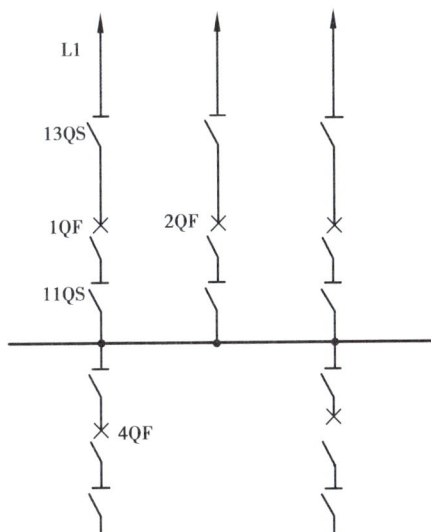

图0.1　单母线接线

单母线接线的优点包括接线简单清晰、设备少、操作方便、投资少、便于扩建。

单母线接线的缺点主要是可靠性和灵活性较差。在母线和母线隔离开关检修或故障时,各支路都必须停止工作;在引出线的断路器检修时,该支路要停止供电。

单母线接线一般用于 6~220 kV 系统及出线回路较少、对供电可靠性要求不高的中小型发电厂与变电站中。

(2)单母线分段接线

单母线分段接线如图 0.2 所示。正常运行时,单母线分段接线有两种运行方式。

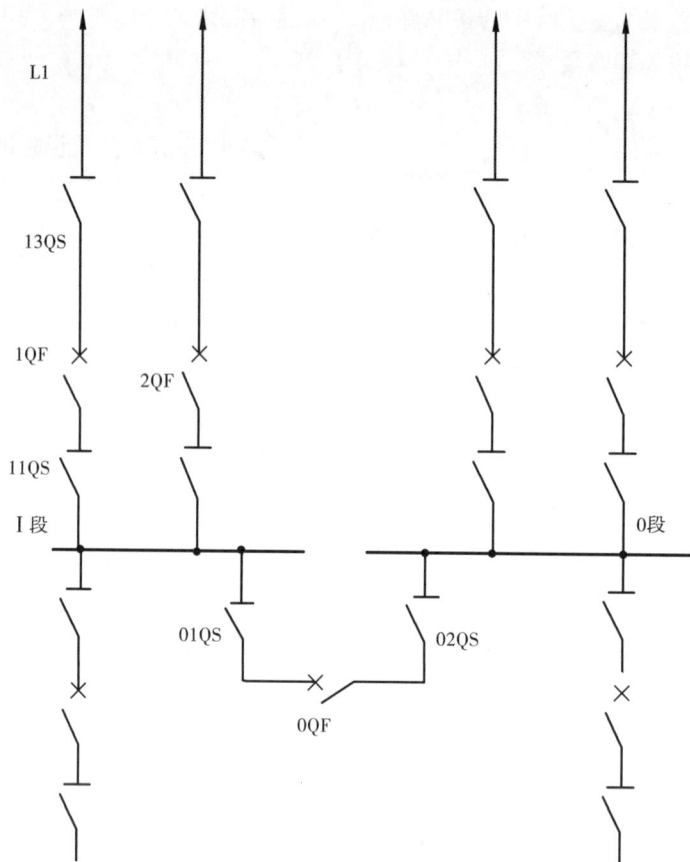

图 0.2 单母线分段接线

①分段断路器 0QF 闭合运行。正常运行时,分段断路器 0QF 闭合,两个电源分别接在两段母线上。两段母线上的负荷应均匀分配,以使两段母线上的电压均衡。运行中,当任一段母线发生故障时,继电保护装置动作,跳开分段断路器和接至该母线段上的电源断路器,另一段则继续供电。有一个电源故障时,仍可以使两段母线都有电,可靠性比较好。但是线路故障时短路电流较大。

②分段断路器 0QF 断开运行。正常运行时,分段断路器 0QF 断开,两段母线上的电压可不相同。每个电源只向接至本段母线上的引出线供电。当任一电源出现故障,接该电源的母线停电,导致部分用户停电,为了解决这个问题,可以在 0QF 处装设备自投装置,或者重

要用户可以从两段母线引接,采用双回路供电。分段断路器断开运行的优点是可以限制短路电流。

单母线分段接线具有以下优点:

a. 当母线发生故障时,仅故障母线段停止工作,另一段母线仍继续工作。

b. 两段母线可看成两个独立的电源,提高了供电可靠性,可对重要用户供电。

单母线分段接线存在以下缺点:

a. 当一段母线故障或检修时,该段母线上的所有支路必须断开,停电范围较大。

b. 任一支路的断路器检修时,该支路必须停电。

单母线分段接线的适用范围如下:

a. 6~10 kV:出线回路为 6 回及以上。

b. 35~63 kV:出线回路为 4~8 回。

c. 110~220 kV:出线回路为 3~4 回。

(3)单母线分段带旁路母线接线

如图 0.3 所示为单母线分段带旁路接线的一种情况。旁路母线经旁路断路器接至 Ⅰ、Ⅱ段母线上。正常运行时,90QF 回路以及旁路母线处于冷备用状态。

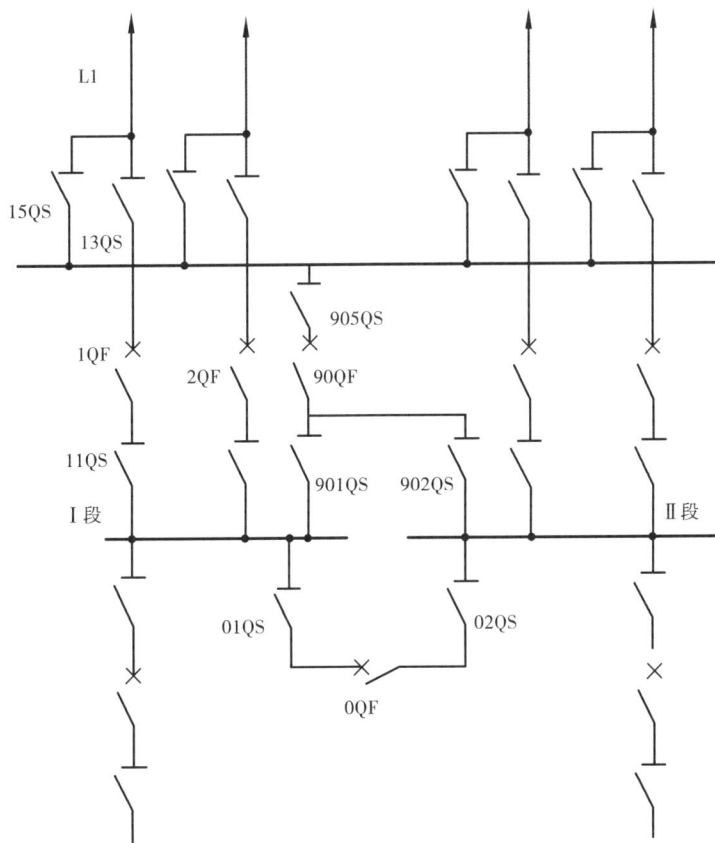

图 0.3　单母线分段带旁路接线(一)

当出线回路数不多时,旁路断路器利用率不高,可与分段断路器合用,并有以下两种形式:

①分段断路器兼作旁路断路器。如图 0.4 所示,从分段断路器 0QF 的隔离开关内侧引

接联络隔离开关05QS和06QS至旁路母线,在分段工作母线之间再加两组串联的分段隔离开关03QS和04QS。正常运行时,分段断路器0QF及其两侧隔离开关03QS和04QS处于接通位置,联络隔离开关05QS和06QS处于断开位置;分段隔离开关01QS和02QS中,一组断开,一组闭合,旁路母线不带电。

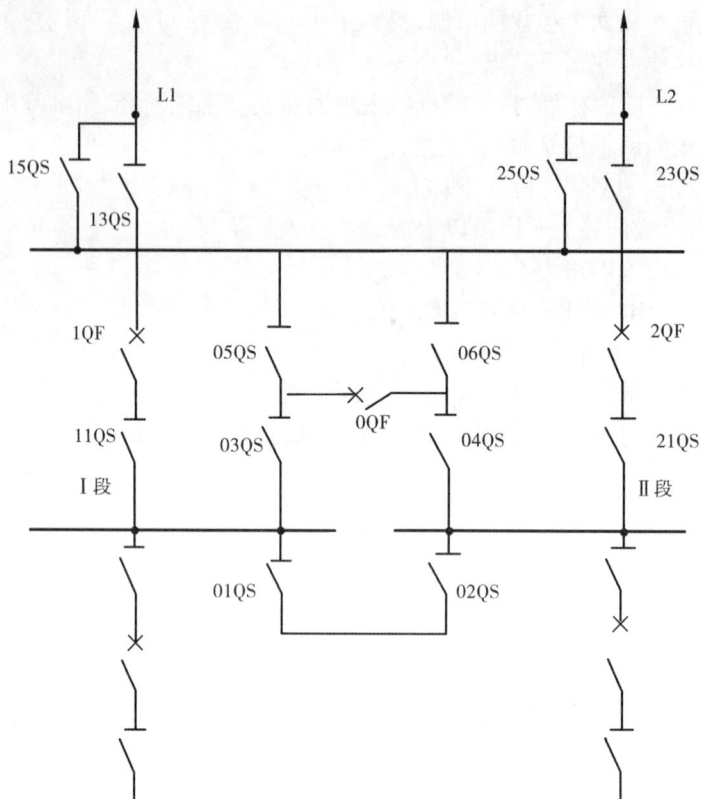

图0.4 单母线分段带旁路接线(二)

②旁路断路器兼作分段断路器。如图0.5所示,正常运行时,两分段隔离开关01QS和02QS,一个投入、一个断开,两段母线通过901QS、90QF、905QS、旁路母线、03QS相连接,90QF起分段断路器作用。

单母线分段带旁路接线的优点是出线断路器故障或检修时可以用旁路断路器代路送电,使线路不停电。

单母线分段带旁路接线的缺点是开关数量多,倒闸操作复杂。

单母线分段带旁路接线的适用范围如下:

a.电压为6~10 kV、出线较多而且对重要负荷供电的装置。

b.35 kV及以上电压,有重要联络线路或较多重要用户时。

(4)双母线接线

双母线接线如图0.6所示。这种接线有两组母线(ⅠWB和ⅡWB),在两组母线之间通过母线联络断路器0QF(以下简称母联断路器)连接。每一条引出线(L1,L2,L3,L4)和电源

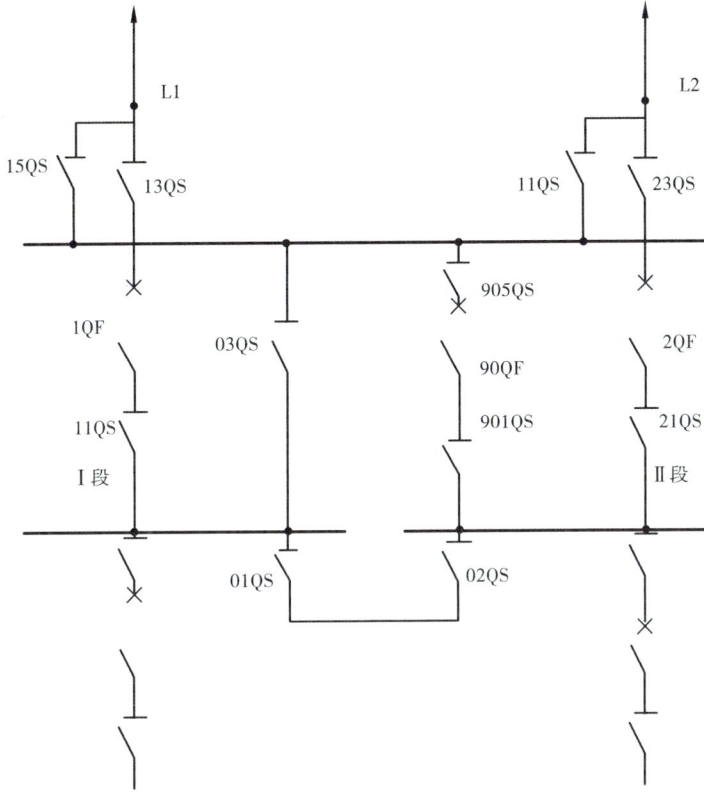

图 0.5　单母线分段带旁路接线（三）

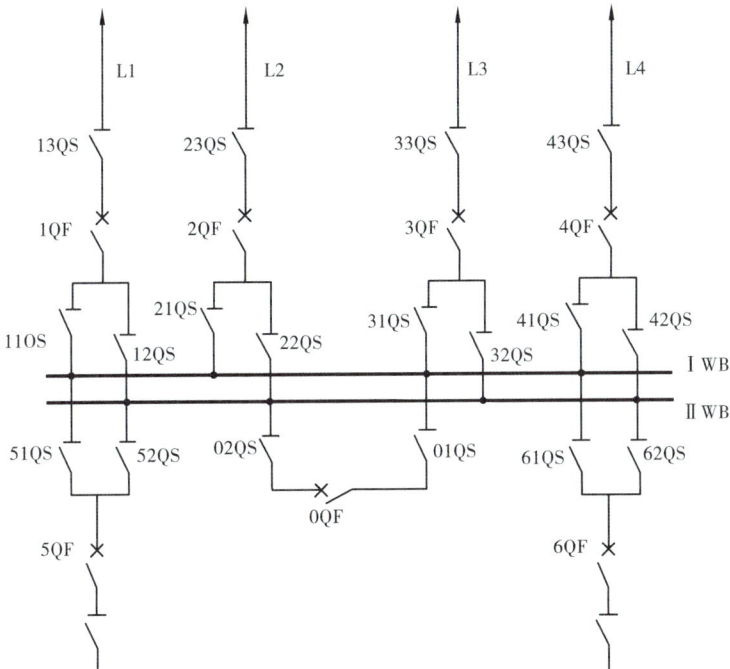

图 0.6　双母接线

支路(5QF,6QF)都经一台断路器与两组母线隔离开关分别接至两组母线上。

双母线接线具有以下优点：

①可靠性高。当母线发生故障时,仅故障母线段停止工作,另一段母线仍继续工作。

②灵活性好。

③便于扩建。

双母线接线存在以下缺点：

①检修出线断路器时该支路仍然会停电。

②设备较多、配电装置复杂,易引起误操作,投资较高、占地面积较大。

双母线接线适用范围如下：

①6～10 kV 短路容量大,有出线电抗器的装置。

②35～60 kV 出线超过8回或电源较多、负荷较大的装置。

③110～220 kV 出线为5回及以上,或者在系统中居重要位置、出线为4回及以上的装置。

（5）双母线分段接线

双母线分段接线如图0.7所示,在双母线接线基础上将其中一段母线分段。双母线分段接线主要适用于大容量进出线较多的装置,适用范围如下：

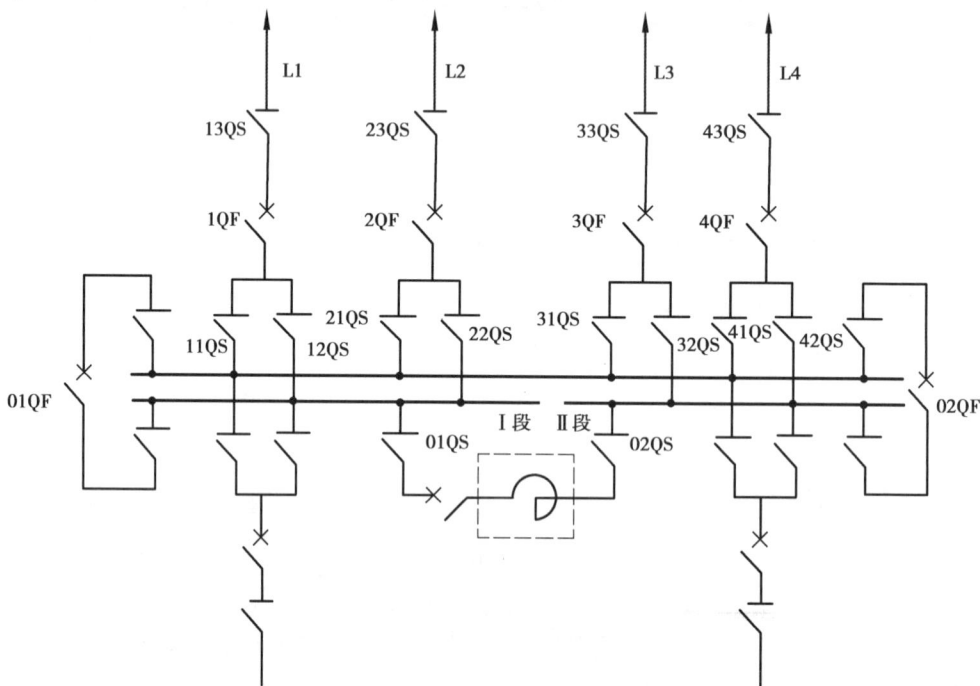

图0.7　双母线分段接线

①220 kV 进出线为10～14回的装置。

②6～10 kV 配电装置中,进出线回路数或者母线上电源较多,输送的功率较大,短路电流较大时,常采用双母线分段接线,并在分段处装设母线电抗器。

（6）双母线带旁路母线接线

双母线带旁路接线如图0.8所示,这种接线方式大大提高了主接线系统的工作可靠性,但是代路过程中的倒闸操作复杂,一般用在220 kV 线路4回及以上出线或者110 kV 线路有

6 回及以上出线的场合。在断路器设备可靠性较高、电力系统联网的情况下,双母线带旁路接线在实际应用中较少。

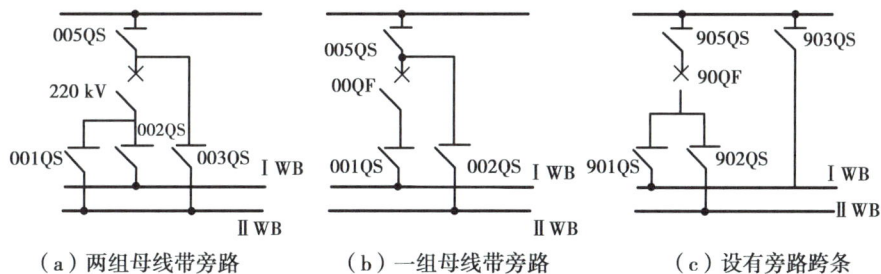

（a）两组母线带旁路　　　（b）一组母线带旁路　　　（c）设有旁路跨条

图 0.8　双母线带旁路接线

（7）一个半断路器接线

一个半断路器接线如图 0.9 所示,又称为 3/2 接线。一个半断路器接线有两组母线,每

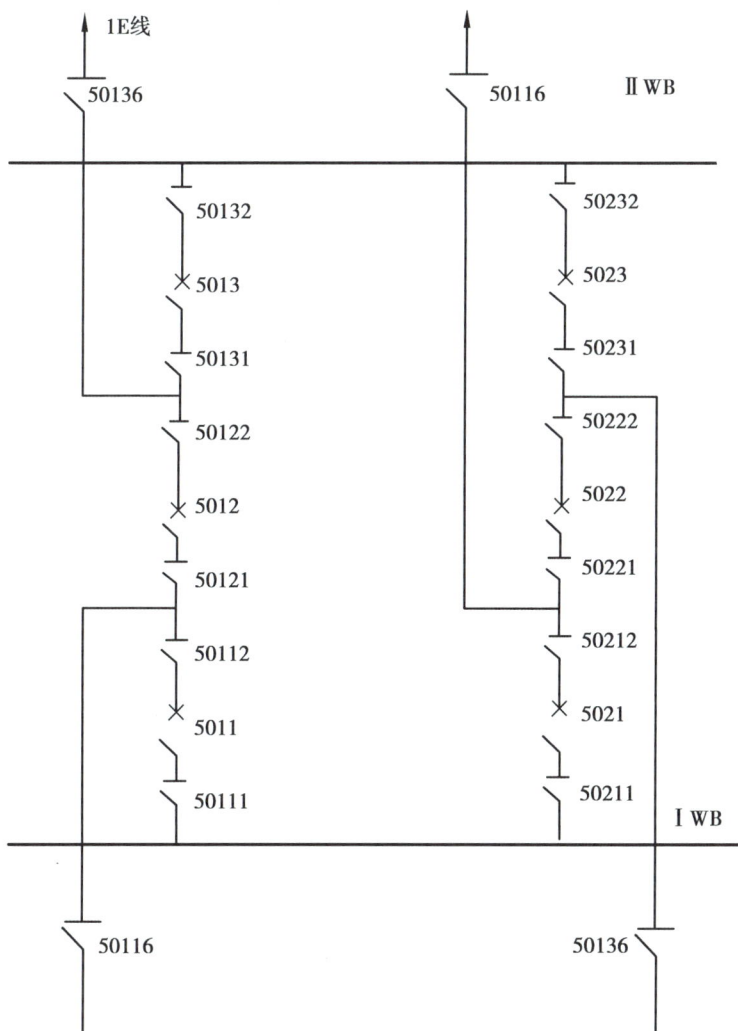

图 0.9　一个半断路器接线

一回路经一台断路器接至一组母线,两个回路间有一台断路器联络,形成一串;每回进出线都与两台断路器相连,而同一串的两条进出线共用3台断路器。正常运行时,两组母线同时工作,所有断路器均闭合。

一个半断路器接线的特点如下:

①运行灵活可靠。

②操作方便。

③一台母线侧断路器故障或拒动,只影响一个回路工作;联络断路器故障或拒动,造成两条回路停电。

④一台半断路器接线的二次接线和继电保护比较复杂,投资较大。

一个半断路器接线广泛应用于进出线回路数为6回及以上,在系统中占重要地位的大型发电厂和变电站的330~500 kV 的配电装置中。

(8)变压器—母线组接线

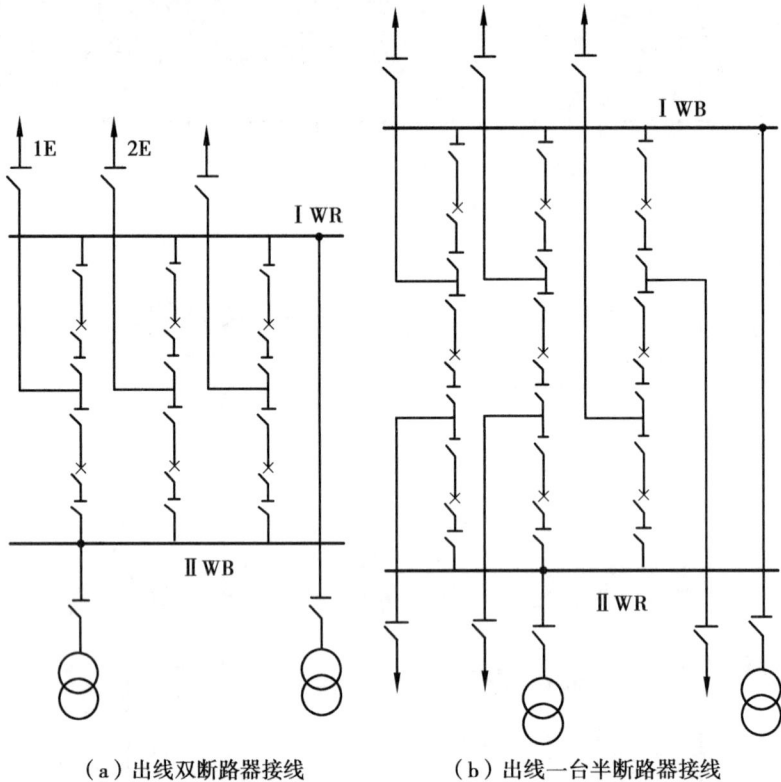

（a）出线双断路器接线　　（b）出线一台半断路器接线

图 0.10　变压器—母线组接线

变压器—母线组接线如图 0.10 所示,变压器直接接入母线,各出线回路采用断路器接线。这种接线方式调度灵活,电源与负荷可自由调配,安全可靠,便于扩建,可用于 220 kV及以上超高压变电站中。

（9）桥形接线

桥形接线如图 0.11 所示,该接线适用于仅有两台变压器和两回出线的装置中。桥形接线分为内桥接线和外桥接线两种。内桥接线线路操作方便,正常运行时变压器操作复杂,在实际接线中可设外跨条来提高运行灵活性。内桥接线适用于两回进线两回出线且线路较长、故障可能性较大和变压器不需要经常切换运行方式的发电厂和变电站中。外桥接线变压器操作方便,线路投入与切除时,操作复杂,桥回路故障或检修时可设内跨条。外桥接线适用于以下场合:两进两出且线路较短、故障可能性小和变压器需常切换,线路有穿越功率通过。

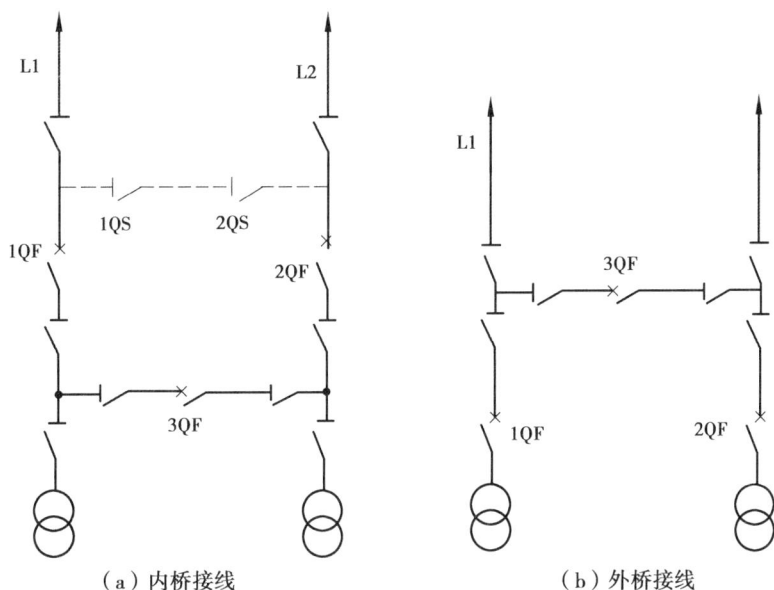

图 0.11　桥形接线

（10）多角形接线

多角形接线如图 0.12 所示,适用于最终容量和出线数已确定的 110 kV 及以上的水电厂。其特点如下:

①检修任一断路器都不中断供电。

②容易实现自动化和遥控。

③运行可靠性高。

④任一断路器故障或检修时,则开环运行,要求接线最多不超过 6 角。

⑤设备选择和继电保护整定难。

⑥不便于扩建和发展。

（11）单元接线

单元接线的特点如下:

①接线简单清晰,电气设备少,配电装置简单,投资少,占地面积小。

②不设发电机电压母线,发电机或变压器低压侧短路时,短路电流小。

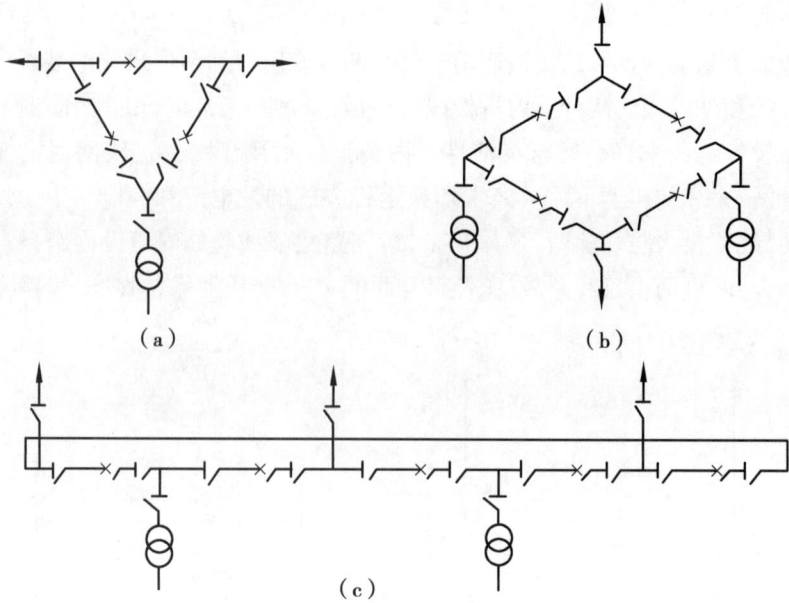

图 0.12　多角形接线

③操作简便,可降低故障的可能性,提高工作的可靠性,继电保护简化。

④任一元件故障或检修时,该回路设备全部停止运行,检修时灵活性差。

单元接线适用于机组台数不多的大、中型不带近区负荷的区域发电厂以及分期投产或装机容量不等的无机端负荷的中、小型水电站。

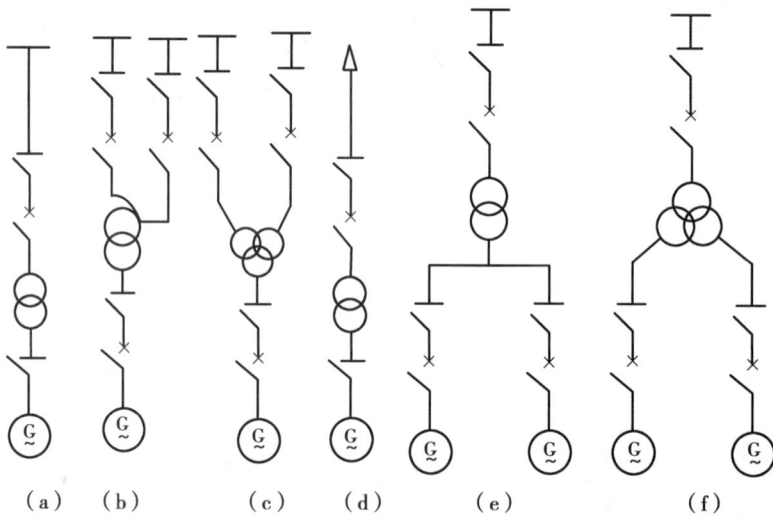

图 0.13　单元接线

0.2 电气设备检修基本知识

0.2.1 变电检修分类

1)按检修的范围、内容划分

对单一变电设备,按检修的范围、内容划分,检修工作可分为 4 类:A 类检修、B 类检修、C 类检修、D 类检修。

(1)A 类检修

A 类检修是指整体性检修,其检修项目包含设备整体更换、解体检修。检修周期按照设备状态评价决策进行。

(2)B 类检修

B 类检修是指局部性检修,其检修项目包含部件的解体检查、维修及更换。检修周期按照设备状态评价决策进行,应符合厂家说明书要求。

(3)C 类检修

C 类检修是指例行检查及试验,其检修项目包含本体及附件的检查与维护。

C 类检修检修周期规定如下:

①基准周期 35 kV 及以下 4 年、110(66) kV 及以上 3 年。可依据设备状态、地域环境、电网结构等特点,在基准周期的基础上酌情延长或缩短检修周期,调整后的检修周期一般不小于 1 年,也不大于基准周期的 2 倍。

②对未开展带电检测的设备,检修周期不大于基准周期的 1.4 倍;对未开展带电检测的老旧设备(大于 20 年运龄),检修周期不大于基准周期。

③110(66) kV 及以上新设备投运满 1~2 年,以及停运 6 个月以上重新投运前的设备,应进行检修。对核心部件或主体进行解体性检修后重新投运的设备,可参照新设备要求执行。

④现场备用设备应视同运行设备进行检修;备用设备投运前应进行检修。

⑤符合以下各项条件的设备,检修可以在周期调整后的基础上最多延迟 1 年:

a.巡视中未见可能危及该设备安全运行的任何异常;

b.带电检测(如有)显示设备状态良好;

c.上次试验与其前次(或交接)试验结果相比无明显差异;

d.上次检修以来,没有经受严重的不良工况。

(4)D 类检修

D 类检修是指在不停电状态下进行的检修。

2）按停电检修范围、风险等级、管控难度等情况划分

按停电检修范围、风险等级、管控难度等情况划分,检修工作可分为大型检修、中型检修和小型检修三类。

①满足以下任意一项的检修作业定义为大型检修:

a. 110(66) kV 及以上同一电压等级设备全停检修。

b. 一类变电站年度集中检修。

c. 单日作业人员达到 100 人及以上的检修。

②满足以下任意一项的检修作业定义为中型检修:

a. 35 kV 及以上电压等级多间隔设备同时停电检修。

b. 110(66)kV 及以上电压等级主变压器及各侧设备同时停电检修。

c. 220 kV 及以上电压等级母线停电检修。

d. 单日作业人员为 50～100 人的检修。

③不属于大型检修、中型检修的现场作业定义为小型检修,如 35 kV 主变压器检修、单一进出线间隔检修、单一设备临停消缺等。

0.2.2　变电检修对人员及作业现场的基本要求

（1）人员要求

身体健康,无妨碍工作的病症;已学会紧急救护法,特别是触电急救;接受安全生产教育并考试合格;具备电气设备检修的相关知识;熟悉待检修设备的结构、动作原理及操作方法,并经过专业培训合格。

（2）作业现场要求

工作人员进入生产现场应装备合格、齐备的劳动防护用品,正确佩戴安全帽。作业现场的生产条件和安全设施等应符合有关标准、规范的要求,急救箱、急救用品齐备。

0.2.3　保证检修工作安全的组织措施和技术措施

保证检修工作安全的组织措施包括:现场勘察制度,工作票制度,工作许可制度,工作监护制度,工作间断,转移和终结制度。

保证检修工作安全的技术措施包括:停电、验电、接地、悬挂标示牌和装设遮栏(围栏)。

0.2.4 检修工作的一般流程

（1）接受工作任务

按规定接受检修任务，明确工作要求。

（2）现场勘察

对检修作业现场不熟悉时，或者工作票签发人、工作负责人认为有必要进行现场勘察的，应根据工作任务组织现场勘察，并填写现场勘察记录。现场勘察应由工作票签发人或工作负责人组织，工作负责人、设备运维管理单位和检修（施工）单位相关人员参加。对涉及多专业、多部门、多单位的作业项目，应由项目主管部门、单位组织相关人员共同参与。现场勘察应查看检修（施工）作业需要停电的范围、保留的带电部位、装设接地线的位置、邻近线路、交叉跨越、多电源、自备电源、地下管线设施和作业现场的条件、环境及其他影响作业的危险点，并提出有针对性的安全措施和注意事项。现场勘察后，现场勘察记录应送交工作票签发人、工作负责人及相关各方，作为填写、签发工作票等的依据。

（3）编制、审核检修方案或标准作业卡

根据检修项目复杂程度编制检修方案或标准作业卡，大、中型检修项目需编制检修方案，小型检修项目编制标准作业卡。检修方案的内容包括编制依据、工作内容、检修任务及人员分工、组织措施、安全措施、技术措施、进度控制保障措施、检修验收工作要求、危险点分析与预控措施等。作业卡的内容包括检修内容、关键质量点及管控措施、危险点分析与预控措施等。

检修方案由检修项目实施单位组织完成。大、中型检修项目的检修方案由检修项目管理单位运检部组织安质部、调控中心完成方案审核，报分管生产领导批准。大型检修项目实施前30 d需完成检修方案编制及审核，中型检修项目实施前15 d需完成检修方案编制及审核，小型检修项目实施前3 d需完成检修方案编制及审核。

（4）现场工作许可开工

现场检修工作需开具工作票，工作票由工作负责人或签发人填写，由设备运维管理单位（部门）签发，也可经设备运维管理单位（部门）审核合格且经批准的检修及基建单位签发。运行单位接收工作票并审核，根据现场及工作票布置现场安全措施。工作许可人在完成现场的安全措施后，会同工作负责人到现场，检查并交代现场停电设备、安全措施，指明相邻的带电设备，双方确认无误后在工作票上分别确认、签名，并许可开工。工作票一式两份，由施工单位工作负责人及运维单位分别收执。

第一种工作票需提前一天送达，第二种工作票可当天送达。一份工作票中，工作负责人和工作许可人不得互相兼任。若工作票签发人兼任工作许可人或工作负责人，应具备相应资质，并履行相应的安全责任。工作签发人可担任工作班成员。

（5）检修班组实施作业

检修作业开工前,由工作负责人向工作班成员宣讲工作票并进行分工,向工作班成员讲明检修作业的工作任务、人员分工、安全预控措施及注意事项,指明作业范围和带电设备。工作班成员必须明确自己在作业过程中的职责。在检修作业过程中,工作负责人应认真履行自己的安全职责,认真监护工作过程。工作班成员必须听从工作负责人的指挥,如有疑问,要及时提出。检修作业必须严格按照检修工艺及质量标准执行。检修作业完成后,工作负责人组织自验收,合格后向运行人员申请竣工验收。

（6）工作终结

现场运行人员根据标准化验收卡组织现场验收,工作负责人应先向运行人员交代所修项目、发现的问题、试验结果和存在问题等,并与运行人员共同检查设备状况、状态,有无遗留物件,场地是否清洁等。全部验收合格,工作负责人填写检修记录,工作负责人、工作许可人在工作票上签名确认后,工作终结。

（7）文本存档

检修人员将检修方案、作业卡等文本存档,检修作业文本要求保存一个检修周期。

0.2.5　工作票执行

1）工作票的作用和意义

工作票制度是保证电力系统安全生产的根本制度,是电力运行和检修管理中一项有效的安全措施。工作票的主要作用是明确工作中的作业人员、工作任务、停电范围及安全措施。

2）工作票执行流程及注意事项

工作票执行流程如图 0.14 所示。

（1）工作票的填写

①根据工作任务的需要和计划工作期限,确定工作负责人。

②根据工作内容及所需安全措施选择使用工作票的种类,调用标准票。

③针对工作场地、工作环境、工具设备、技术水平、工艺流程、作业人员身体状况、思想情绪、不安全行为等可能带来的危险因素,工作负责人要组织分析制订预防高处坠落、触电、物体打击、机械伤害、起重伤害等发生频率较高的人身伤害、设备损坏、风机强迫停运、火灾等事故的控制措施,补充和完善《危险点控制措施票》。

（2）工作票的签发

①当工作负责人填写好工作票时,应交给工作票签发人审核,由工作票签发人对票面内容、危险点分析和控制措施进行审核,确认无误后签发。

②签发工作票的同时,要签发《危险点控制措施票》,不得签发没有《危险点控制措施票》的工作票。

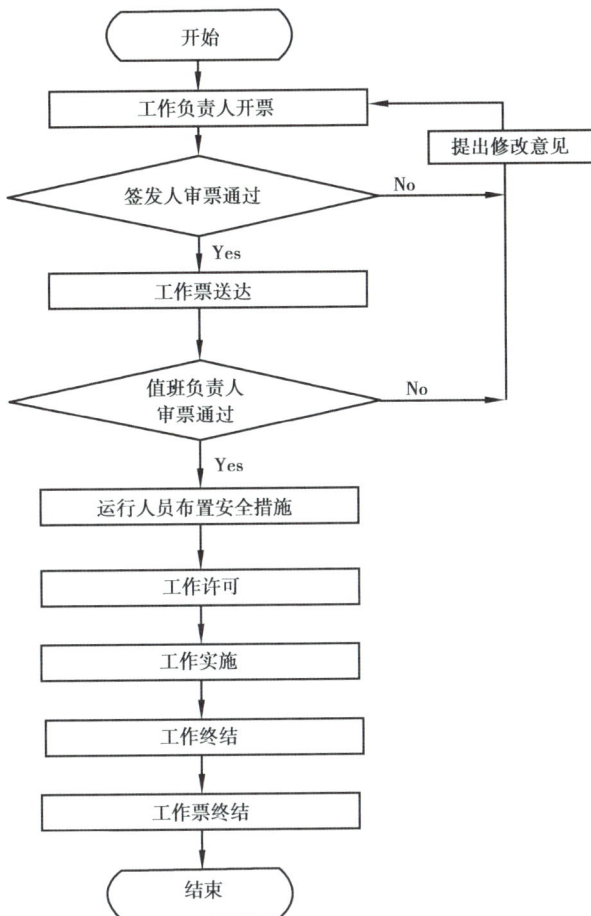

图 0.14 工作票执行流程

（3）工作票的送达和接收

①第一种工作票应在工作前一日送达运行人员，可直接送达或通过传真、局域网传送，但传真传送的工作票许可应待正式工作票到达后履行。临时工作可在工作开始前直接交给工作许可人。第二种工作票和带电作业工作票可在进行工作的当天预先交给工作许可人。

②值班人员接到工作票后，值班负责人应及时审查工作票全部内容，必要时填好补充安全措施，确认无误后，填写收到工作票时间，并在运行值班人员处签名。

③对审查发现的问题应向工作负责人询问清楚。工作票存在以下问题必须重新填写工作票：

a. 工作票使用种类不对。

b. 安全措施有错误或遗漏。

c. 措施中的动词被修改，设备名称及编号被修改，接地线位置被修改，日期、姓名被修改等。

d. 错字、漏字的修改不符合规定。

e. "必须采取的安全措施"栏空白。

f. 在易燃易爆等禁火区进行动火工作没有附带"动火工作票"。

g. 工作负责人和工作票签发人不符合规定。

3）布置安全措施

根据工作票计划开工时间、安全措施内容和工作许可人意见，由运行值班负责人安排运行人员执行工作票所列安全措施。运行人员根据工作票的要求填写操作票，依据工作票做好现场安全措施。

4）工作许可

检修工作开始前，工作许可人会同工作负责人共同到现场对照工作票逐项检查，确认所列安全措施完善并正确执行。工作许可人向工作负责人详细说明哪些设备带电、有触电危险等，交待现场安全措施，双方共同签字完成工作票许可手续。工作票一份由工作负责人持有，一份收存在运行人员处。工作负责人和工作许可人不允许在工作许可开工后，单方面变动安全措施。

5）工作实施

（1）开始工作

工作开始前，工作负责人应针对危险点分析落实相应的控制措施，并将危险点分析与控制措施以及注意事项向全体工作班成员交代清楚，确认熟知、掌握，并分别在《危险点控制措施票》上的"备注"栏中签字承诺后，方可下达开工命令。

（2）工作监护

①开工后，工作负责人必须始终在工作现场认真履行自己的安全职责，认真监护工作全过程。

②工作期间，工作负责人因故暂时离开工作地点时，应指定能胜任的人员临时代替并将工作票交其执有，交待注意事项并告知全体工作班人员，原工作负责人返回工作地点时也应履行同样的交接手续；离开工作地点超过两小时者，必须办理工作负责人变更手续。

③工作期间，如果需要增加（变更）工作班成员，新加入人员必须进行工作地点和工作任务、危险点分析和预控措施学习，接受安全措施交底并签名后，方能加入工作。由工作负责人在工作票上的"工作班成员变动"栏分别注明增加（变更）人员姓名、时间，并由工作负责人负责签名。

④工作负责人变动时，应经工作票签发人同意并通知工作许可人，在工作票上办理变更手续。工作负责人的变更情况应记入运行值班日志。

⑤运行值班人员发现检修人员违反《电力安全工作规程》以及擅自改变工作票内所列安全措施，应立即停止其工作，并收回工作票。

（3）工作间断

工作间断时，工作班人员应从工作现场撤出。每日收工，应清扫工作地点，开放已封闭的通道，并电话告知工作许可人。若工作间断后所有安全措施和接线方式保持不变，工作票可由工作负责人执存。次日复工时，工作负责人应电话告知工作许可人，并重新认真检查确认安全措施是否符合工作票要求。间断后继续工作，若无工作负责人或专责监护人带领，作业人员不得进入工作地点。

（4）工作延期

①工作票的有效期，以值班长批准的工作期限为准。

②工作若不能按批准工期完成时，工作负责人必须提前一小时向工作许可人申明理由，办理申请延期手续。

③延期手续只能办理一次，如需再延期，应重新签发新的工作票，并注明原因。

6）工作终结

工作结束后，工作负责人应全面安排清扫整理工作现场，并周密检查。待全体工作人员撤离工作地点后，在检修交待本上详细记录检修项目、发现的问题、试验结果和存在的问题以及有无设备变动等，并与值班人员共同到现场检查设备状况，有无遗留物件，是否清洁等，然后在工作票上填写工作结束时间，双方签名，工作方告终结。

7）工作票终结

拆除临时围栏，取下标示牌，恢复安全措施，汇报值班长。对未恢复的安全措施，汇报值班长并做好记录，在工作票右上角加盖"已执行"章，工作票方告终结。

对于变电站第一种工作票（见附录）在履行上述检查、交待、确认、双方签字手续后，运行人员应将所做安措拆除情况详细填写在"接地线（接地刀闸）共　组，已拆除（拉开）　组，未拆除（拉开）　组，未拆除接地线的编号　"栏，值班负责人确认后签字，工作票方告终结。

0.2.6　检修应遵循的规程规范

规程是对过程的要求和规定，规范是对行为、条件的要求。在变电检修的整个过程中，检修人员必须严格遵守相关的规程、规范。规程、规范根据发布的单位划分，可分为国家标准、行业标准和企业标准。变电检修需准备的规程、规范如下：

（1）电力安全工作规程

电力安全工作规程是规范电力工作者的工作行为，保证电网、设备及人身安全的重要规程，是电力工作者在作业中始终要严格遵守的规程。与变电检修工作相关的安全工作规程主要有：国家标准 GB 26860—2011《电力安全工作规程（发电厂及变电站电气部分）》，行业标准 DL 408—1991《电业安全工作规程（发电厂和变电所电气部分）》，企业标准 Q/GDW 1799.1—2013《国家电网公司电力安全工作规程（变电部分）》。

（2）变电检修管理及技术规程

国家电网企管〔2017〕206《国家电网公司变电运维检修管理办法》于 2017 年 3 月发布，与变电验收、运维、检测、评价管理规定和《国家电网有限公司十八项电网重大反事故措施》简称为"五通一措"。检修管理规定按设备分类，共计 26 个分册，对变压器、断路器、隔离开关等各类变电设备的检修分类及要求、专业巡视要点、检修关键工艺质量控制要求进行了具体的规定。

（3）变电检修相关规程、规定

《国家电网有限公司十八项电网重大反事故措施》为企业标准，于 2018 年 11 月正式发布。该措施对人身伤亡、系统稳定破坏等十八项电网重大事故从设计、基建和运行阶段等方面提出了反事故措施，其中相关内容对变电检修提供了参考标准，其他相关规程见参考文献。

任务 1　高压隔离开关检修

【任务描述】

2020 年 5 月,运维人员对某 220 kV 变电站巡视时发现隔离开关 5223 B 相示温蜡片融化,红外测温检查 B 相主触头运行温度达 125 ℃,经调度同意,运维人员将 5223 隔离开关转为检修状态。该隔离开关型号为 GW4-126,现场接线图如图 1.1 所示。假设你被任命为此次隔离开关检修的工作负责人,请按照标准化作业流程的要求,实施对 GW4-126 型隔离开关及操作机构的检查、分解、检修、组装和调整。在完成任务的过程中,掌握隔离开关的基本结构与工作原理,掌握隔离开关的拆解、检修、组装、调整操作技能。

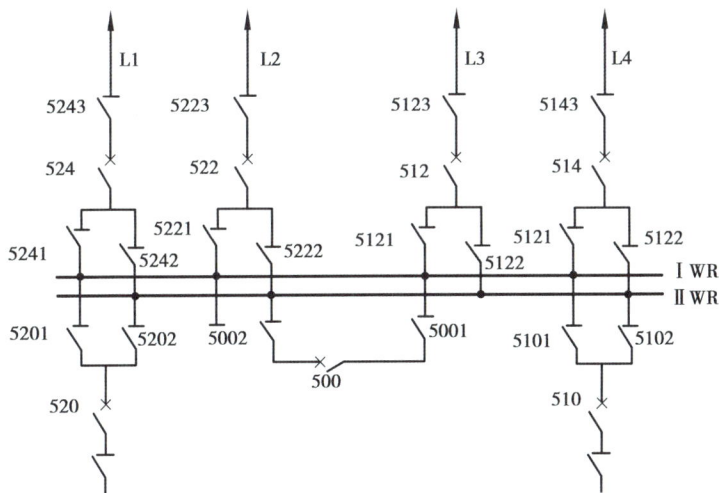

图 1.1　某变电站电气主接线图(110 kV 部分)

【任务目标】

本任务的学习,应该达到的知识目标为熟悉隔离开关的基本原理与结构;掌握隔离开关检修的标准工艺、调试方法和验收标准;熟悉隔离开关相应的规程规范要求。应该达到的能力目标为能正确组织隔离开关检修前勘察,收集检修所需的标准、资料;能正确判断设备运行状态,确定检修方案,并在其中体现危险点分析,制定预控措施;能根据检修方案与标准化作业指导书来组织开展人员、工器具、备品备件及耗材准备工作;能安全、正确地组织开展GW4 型隔离开关标准化解体检修作业;能进行隔离开关常见故障的处理。应该达到的素质目标为具有较强的安全意识、责任意识和按规程规范作业的行为习惯;具有一定的组织策划能力、团队协作能力和沟通协调能力;具有初步收集处理信息的能力和自学能力。

1.1　资　讯

提示:认真学习以下内容,完成资讯后面的学习成果检测。

1.1.1　隔离开关概述

1)隔离开关的用途

隔离开关基本知识

隔离开关是我国电力系统中使用量最大、用途最广泛的高压开关设备。隔离开关又称隔离刀闸,因为它没有专门的灭弧装置,所以不能用来切断负荷电流和短路电流,使用时应与断路器配合。隔离开关的主要用途如下:

(1)隔离电源

在电气设备检修时,先用断路器断开电流后再断开隔离开关,隔离开关有明显可看见的断开点,确保检修设备与带电电网隔开,保证检修工作的安全进行。

(2)改变运行方式

隔离开关与断路器配合,按系统运行方式的需要进行倒闸操作,以改变系统运行接线方式。例如,利用等电位间没有电流通过的原理,用隔离开关将电气设备从一组母线切换到另一组母线上。

(3)接通或断开小电流电路

在运行中,隔离开关可以进行以下操作:

①接通和断开正常运行的电压互感器和避雷器。

②接通和断开励磁电流不超过 2 A 的空载变压器,如 35 kV 级 1 600 kV·A 及以下或 10 kV 级 320 kV·A 及以下的空载变压器,但当电压在 20 kV 及以上时,应使用户外垂直分、合式的三联隔离开关。

③接通和断开电容电流不超过 5 A 的空载线路,如 35 kV 户内三联隔离开关可分、合 5 km 以下的线路,户内三联隔离开关可分、合电压 10 kV、长度 1 km 以内的空载电力电缆。

④接通和断开未带负荷的汇流空载母线。

⑤户外三联隔离开关可分、合电压为 10 kV 及以下,且电流在 15A 以下的负荷电流。

⑥与断路器并联的旁路隔离开关,当断路器在合闸位置时可接通和断开断路器的旁路

电流。

⑦接通和断开变压器中性点的接地线。当中性点接消弧线圈时,只有在系统确认无接地故障时才可进行。

⑧户外带消弧角的三联隔离开关可接通和断开电压为 10 kV 及以下,电流为 70A 以下的环路均衡电流。

2)隔离开关的种类及型号

隔离开关根据安装地点、极数、电压等级等的不同,有多种分类形式。

①按安装场所分为户内式和户外式两种。

②按相数分为单相式和三相式两种,如图 1.2 所示。

③按每极支柱绝缘子的数目分为单柱式、双柱式和三柱式,如图 1.3 所示。

④按隔离开关的动作方向分为闸刀式、旋转式、伸缩式、摆动式、插入式等。

⑤按所配操动机构分为手动式、电动式、气动式和液压式等。

⑥按使用环境分为普通型和防污型两种。

⑦按断口两端有无接地装置及附装接地开关的数量不同,分为不接地、单接地和双接地三种。

⑧按使用特性的不同分为一般用、快分用和变压器中性点接地三类。

⑨按结构形式不同可分为双柱水平旋转式、双柱 V 形水平旋转式、单柱双臂垂直伸缩式、三柱水平旋转式、单柱单臂垂直伸缩式、双柱水平伸缩式、三柱(或五柱)组合式。

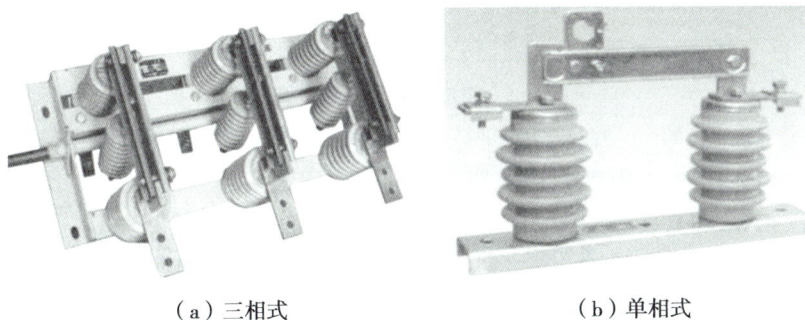

(a)三相式　　　　　　　　　(b)单相式

图 1.2　按相数分类的隔离开关

国产隔离开关的型号及含义如图 1.4 所示。

如 GW4-126D/1250-40 各部分含义为:G 表示隔离开关,W 表示户外,4 为设计序号,额定电压为 126 kV,D 表示有接地隔离开关,额定电流为 1 250 A,额定峰值耐受电流(热稳定电流)为 40 kA。

3)隔离开关的技术参数

隔离开关的技术参数有额定电压、额定电流、动稳定电流和热稳定电流。

①额定电压:隔离开关能承受的正常工作线电压,单位为 kV。

②额定电流:隔离开关可以长期通过的工作电流,单位为 A。隔离开关长期通过额定电流时,其各部分的发热温度不超过允许值。

③动稳定电流:隔离开关在闭合位置时所能通过的短路电流峰值,称为动稳定电流,也

称为额定峰值耐受电流,单位为 kA。它表明隔离开关在冲击短路电流作用下承受电动力的能力。这个值的大小由导电及绝缘等部分的机械强度所决定。

（a）单柱式　　　　　（b）双柱式　　　　　（c）三柱式

图 1.3　按每极支柱绝缘子的数目分类的隔离开关

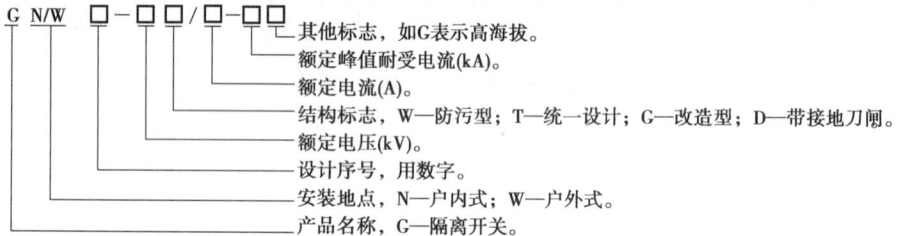

图 1.4　隔离开关的型号及含义

④热稳定电流:隔离开关在规定时间内允许通过的最大电流,单位为 kA。它表示隔离开关承受短路电流热效应的能力,以短路电流的有效值表示。隔离开关的铭牌上规定了一定时间(1 s,2 s,4 s)的热稳定电流。

4)隔离开关的基本结构

如图 1.5 所示,隔离开关的基本结构由导电部分、绝缘子、传动机构、支持底座和操动机构组成。

（1）导电部分

导电部分包括触头、闸刀、接线座。其作用是传导电路中的电流。导电部分通过支持绝缘子固定在支持底座上,用于关合和断开电路,主要包括由操作绝缘子带动而转动的刀闸(动触头或导电杆)、固定在支持底座上的静触头和用来连接母线或设备的接线端。刀闸常由两条或多条平行的铜板或铜管组成,铜板的厚度和条数由隔离开关的额定电流决定。电压等级较高的隔离开关对地距离较高,为了便于母线和电气设备的检修,隔离开关还带有接地刀闸,用其来代替接地线,还要在两者之间装设机械闭锁装置,以保证操作顺序的正确性。

（2）绝缘子

绝缘子包括支持绝缘子和操作绝缘子。其作用是将带电部分和接地部分绝缘开来,并能可靠地承受隔离开关合分单元重力及与之相连接的导线拉力,以及故障电流所产生的电动力、风力、地震引起的振动力,部分或全部绝缘子同时也用作传动机构。隔离开关的绝缘主要有对地绝缘和断口绝缘两种。对地绝缘一般是由支持绝缘子和操作绝缘子等构成。它们通常采用瓷质绝缘子,有的也采用环氧树脂、硅橡胶或环氧玻璃布板等作绝缘材料。具有明显可见的间隙断口的绝缘,通常以空气为绝缘介质。隔离开关断开后,断口间的击穿电压必须大于相对地之间的击穿电压,这样当电路中发生危险的过电压时,首先是相对地发生放电,从而避免触头间的断口先被击穿,保证检修人员安全。

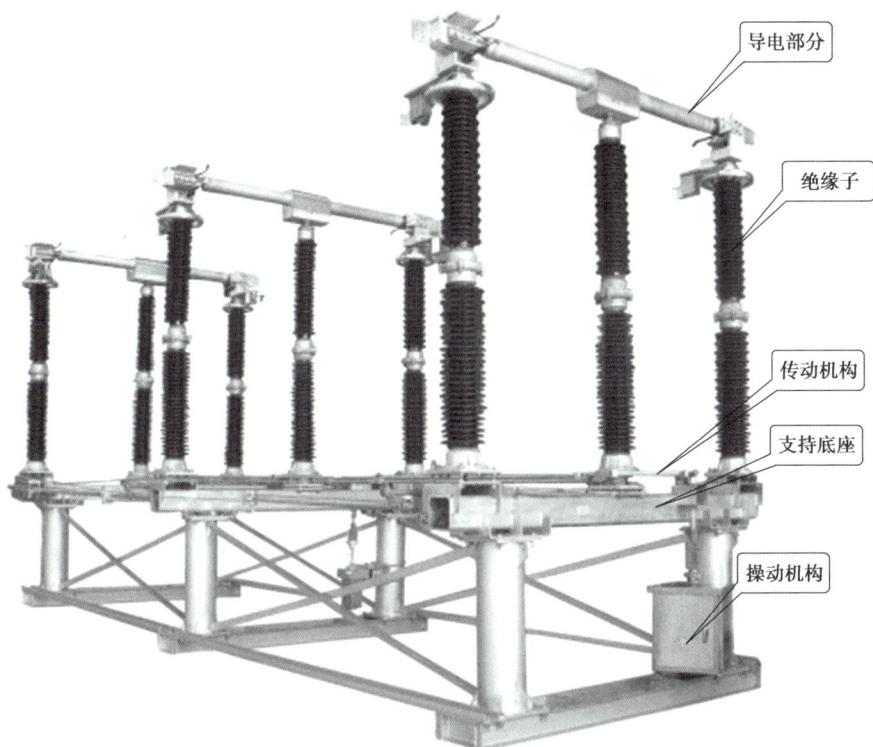

图 1.5　隔离开关的基本结构

（3）传动机构

其作用是接受操动机构的力矩,并通过拐臂、连杆、轴齿或操作绝缘子,将运动传动给触头,以完成隔离开关的分、合闸动作。可根据运行需要,采取三相联动或分相操动方式。

（4）支持底座

该部分起支持和固定作用,其将导电部分、绝缘子、传动机构、操动机构等固定为一体,并使其固定在基础上。支持底座常用螺丝固定在构架或墙体上。

（5）操动机构

其作用是通过手动、电动、气动、液压向隔离开关的动作提供能源。操动机构需准确地执行操作指令,将指令转换为操作能源相应的动作,将手动或电机转动转换为符合要求的机构输出轴的转动,并通过操作传动机构传递至导电部分以执行相应的分、合闸功能。杠杆式手动操动机构用于额定电流小于 3 000 A 的隔离开关;蜗轮式手动操动机构用于额定电流大于 3 000 A 的隔离开关。操动机构由电动机、机械减速传动系统、电气控制系统及箱壳组成,可进行远方控制,也可就地电动控制或利用手柄进行人力操作。

5)隔离开关的操动机构

隔离开关的操动机构是独立于高压开关(包括断路器、隔离/接地开关、负荷开关等)本体以外,对高压开关进行操作的机械操动装置。其主要任务是将其他形式的能量转换成机械能(力和行程或力矩和转角),使高压开关准确地进行分、合闸操作。

(1)隔离开关的操动机构的结构、型号及分类

隔离开关的操动机构的基本构成包括操作能源系统、分闸与合闸控制系统、传动系统及辅助装置4个部分。操动机构的型号和含义如图1.6所示。

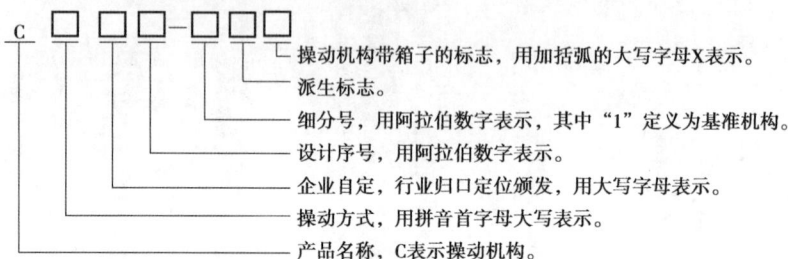

图1.6 操动机构的型号及含义

操动机构按操动方式或传动介质分类,可分为手动机构、电磁机构、弹簧机构、电动机构、液压机构、气动机构等类型。

①手动机构(CS型):用手动直接合闸的操动机构。

②电磁机构(CD型):用电磁铁合闸的操动机构。

③弹簧机构(CT型):事先用人力或电动机使弹簧储能实现合闸与分闸的操动机构。

④电动机构(CJ型):用电动机合闸与分闸的操动机构。

⑤液压机构(CY型):用高压油推动活塞实现合闸与分闸的操动机构。

⑥气动机构(CQ型):用压缩气体推动活塞实现合闸与分闸的操动机构。

在以上类型的操动机构中,气动机构、弹簧机构、电磁机构、液压机构主要用于断路器,手动机构和电动机构主要用于隔离开关。

(2)隔离开关操动机构的原理及结构

①手动操动机构。手动操动机构是靠手动直接合闸的操动机构,主要用来操作220 kV以下高压隔离开关的分、合闸。手动操动机构主要由基座、操作手柄、定位装置和辅助开关组成,一般配有电磁锁装置,可实现隔离开关、接地开关与断路器三者之间的电气连锁,防止误操作。手动操动机构的优点是结构简单、价格低廉、维护工作量少。但是,采用手动操动机构时,必须在隔离开关安装地点就地操作。随着电力自动化程度的提高、智慧变电站的发展,能够实现程序控制的电动操动机构应用更加广泛。电动操动机构既可以电动操作,也可以手动操作。

②CJ型电动操动机构。电动操动机构主要由电动机、传动齿轮、蜗轮、蜗杆、转轴、减速装置、定位装置、辅助开关控制电器、保护电器等组成。电动操动机构一般装于密封金属箱内,机构箱采用三面开门结构,便于维护和检修,打开前门后,从箱内两侧拧开蝶形螺母后,

即可打开两侧门。CJ 型电动操动机构可在现场控制和远方遥控,以 CJ6 型电动操动机构为例,其内部结构如图 1.7 所示。CJ6 型电动操动机构主要由电动机、传动齿轮、蜗轮、蜗杆、转轴、辅助开关及电动机控制附件等组成,机构箱体由钢板或不锈钢板制成,起支撑及保护作用,为便于安装和检修,在正面和侧面各开一门。此操动结构由三相交流电动机驱动,通过齿轮及蜗轮减速输出的动力供操作隔离开关和接地开关之用,可进行远方控制,也可就地电动控制或利用手柄进行手动操作。箱内装设手动与电动连锁装置,以实现手动操作与电动操作之间的电气连锁。

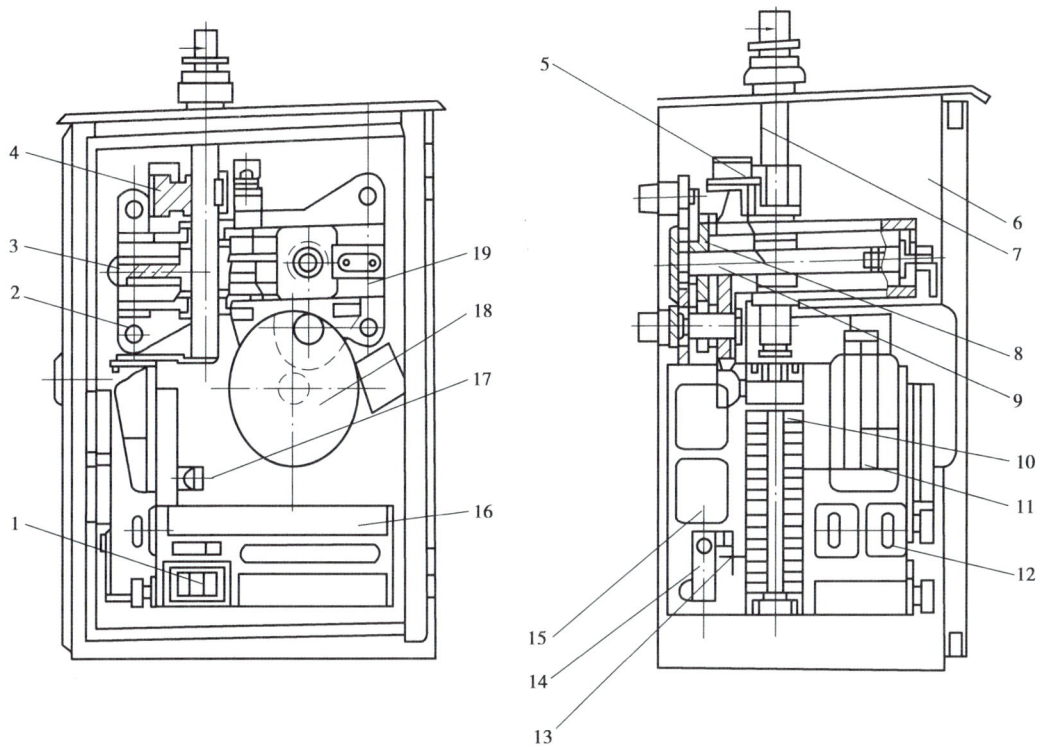

图 1.7 CJ6 电动操作机构内部结构图

1—按钮;2—框架;3——蜗轮;4—定位件;5—行程开关;6—箱;7—主轴;

8—齿轮;9—蜗杆;10—辅助开关;11—刀开关;12—组合开关;13—加热器;14—热继电器;

15—接触器;16—接线端子;17—照明灯座;18—电动机;19—手动闭锁开关

电动机为三相交流异步电动机。机械减速传动系统包括齿轮、蜗杆、蜗轮及输出主轴。蜗杆端部为方轴,可装手动摇柄进行手动操作。为使传动灵活和提高机械可靠性,在蜗杆及齿轮轴两端支承处均装有滚动轴承。

电气控制部分包括低压断路器、控制按钮(分、合、停各一个)、旋钮开关(就地/远方选择)、交流接触器、行程开关、温度控制器、加热器及辅助开关等。低压断路器具有过载及断路保护功能,可对整个控制回路及电动机进行保护。行程开关与机构限位缓冲装置在一起,当机构分、合闸到位后用来切断电动机的控制回路,使其停止。辅助开关具有 6 对或 8 对常开触头、6 对或 8 对常闭触头,主要供用户电气联锁及信号指示用,触头对数也可根据用户要求供应。为保证手动操作人员安全,机构设置了手动、电动相互闭锁。手动操作时,用摇把直接操作蜗杆轴,进行分、合闸操作。摇把插入电动机构蜗杆时,摇把使得串联在控制回路中的微动开关打开,控制回路失电,此时能手动操作,不能电动操作;将摇把拔出时,串联在控制回路中的微动开关合上,控制回路得电,即可进行电动操作。这样就实现了手动、电动相互闭锁,可防止手动操作时电动机突然工作使手柄旋转伤人。

电气控制系统控制电动机,电动机通过两级齿轮减速及一级蜗杆-蜗轮减速,带动输出主轴转动。齿轮减速使用规格不同的齿轮可组成两种传动比,使总的传动也有两种,第一种传动使电动机机构分闸或合闸一次动作时间为 7.5 s(180°)或 3.75 s(90°),第二种传动使电动机机构分闸或合闸一次动作时间为 3.5 s(180°)。

操作操动机构时,先将电源转换开关接通电源。分闸时,按下分闸按钮(就地或远方),将分闸用接触器的控制线圈接通,分闸接触器触点闭合,使三相交流电接通,电动机向分闸方向旋转,通过二级齿轮变速,再经蜗轮、蜗杆减速后将力矩传送给机构主轴,使主轴旋转180°。当主轴转至分闸终点位置时,主轴上的定位件使微动开关动作,切断分闸接触器的控制线圈电流,触点分开,电动机三相电源相应被切断。

合闸时,按下合闸按钮(就地或远方),将合闸用接触器的控制线圈接通,合闸接触器触点闭合,主轴按分闸相反方向旋转使隔离开关合闸,原理与分闸相同。

除了分、合闸按钮,还设有停止按钮以满足异常情况下使用。当发生异常情况时,可立即按"停",使机构停止转动。操作就地/远方选择旋钮,可以实现就地操作时不能进行远方控制操作及远方控制操作时不能进行就地操作的转换。

机构主轴下还装有动合、动断辅助开关,供电气连锁及信号指示用。箱内控制板上还装有热继电器、低压断路器,可以对电动机进行短路、过载保护,低压断路器的热保护功能还能起断相保护,以避免当电机过载、机械卡死或发生其他意外情况而烧毁电动机。低压断路器的电流整定值范围为 1.6~2.5 A,使用时应将低压断路器整定为电动机的额定电流值。为防止机构箱内电气控制元件受潮和在寒冷情况下操作,机构箱内还装有加热驱潮装置,并根据温湿度自动控制,必要时也能进行手动投切。加热器接成三相平衡的负荷,且与电机电源分开。为方便维护和检修,机构箱内装有照明灯。控制电缆进线孔在机构箱底部,为了便于接线,电缆进线孔与接线端子间距离不小于 150 mm。

1.1.2　认识 GW4 型隔离开关

GW4 型隔离开关可配手动或电动操动机构,三相联动操作,电动操作可实现就地和远方控制。根据需要还可配装接地开关。该型隔离开关结构简单紧凑,尺寸小,质量轻,广泛用于 10~110 kV 配电装置中。由于闸刀在水平面内摆动,因此对相间距离的要求较大。

（1）GW4-126 型隔离开关的结构特点

GW4-126 型隔离开关按结构形式属于双柱水平旋转式、电动操作三相联动隔离开关。结构上由接线座装配、触指臂装配（左触头）、触头臂装配（右触头）、绝缘子、底座装配、轴承座装配、接地刀杆和接地开关底座、传动系统、操作机构等组成，如图 1.8 所示。导电系统由电动（或手动）操动机构操动，接地隔离开关由手动操动机构操动。

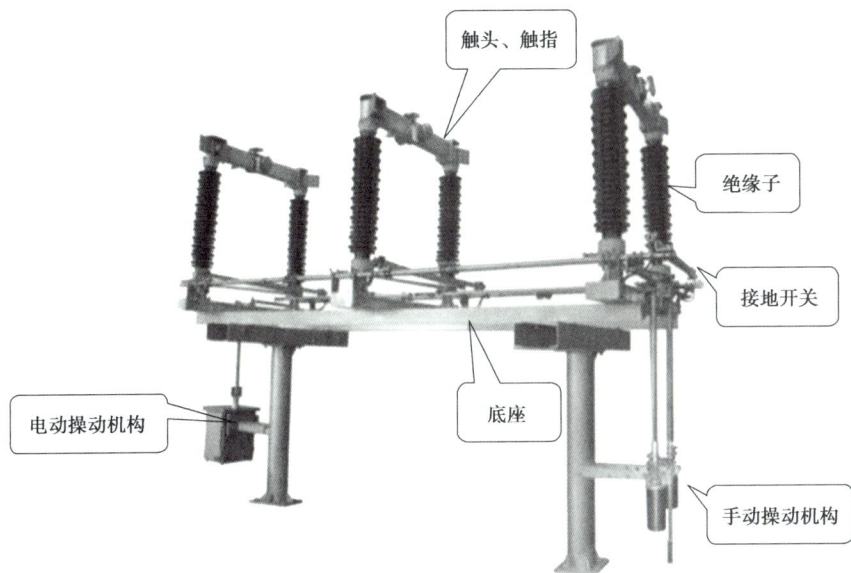

图 1.8　GW4-126 型隔离开关外观图（合闸状态）

（2）GW4-126 型隔离开关的动作原理

GW4-126 型的分、合闸操作，由传动轴通过连杆机构带动两侧柱型瓷柱沿相反方向各自回转 90°，使闸刀在水平面上转动，实现分、合闸。根据使用需要可在单侧或两侧安装接地隔离开关，也可以不安装接地隔离开关。装设接地隔离开关时，当导电系统分开后，利用接地隔离开关将待检修设备或线路接地，以保证安全。导电系统与接地隔离开关间设有防止误操作的机械闭锁装置，并配置微机五防锁和辅助开关，构成电气防止误操作联锁回路，以实现机械闭锁和电气联锁，来达到防止误操作的目的。

（3）GW4-126 型隔离开关的技术参数

GW4-126 型隔离开关的技术参数见表 1.1。

表 1.1　GW4-126 型隔离开关的技术参数

序号	项目名称	单位	技术参数
1	额定电压	kV	126
2	额定电流	A	1 250/2 000
3	额定频率	Hz	50

续表

序号	项目名称		单位	技术参数
4	额定热稳定电流(有效值)		kA	40
5	额定热稳定时间		s	3
6	额定动稳定电流(峰值)		kA	100
7	额定短时工频耐受电压(有效值)	对地	kV	230
		断口	kV	230 + 70
8	额定雷电冲击耐受电压(峰值)	对地	kV	550
		断口	kV	550 + 100
9	接地开关	额定热稳定电流	kA	40
		额定热稳定时间	s	3
		额定动稳定电流	kA	100
10	额定开合母线转换电流		A	1 600
11	机械寿命		次	10 000

1.1.3 隔离开关的运行维护知识

(1)隔离开关的检查和维护

隔离开关在运行中必须巡视检查以下项目:

①标志牌名称、编号齐全、完好。

②绝缘子完整清洁,无破裂、无损伤放电现象;防污闪措施完好。

③导电部分触头接触良好,无过热、变色及移位等异常现象;动触头的偏斜不大于规定数值;接点压接良好,无过热现象,引线驰度适中。

④传动连杆无弯曲、连接无松动、无锈蚀,开口销齐全;轴销无变位脱落、无锈蚀、润滑良好;金属部件无锈蚀,无鸟巢。

⑤法兰连接完好,无裂痕,连接螺丝无松动、锈蚀、变形。

⑥接地刀闸位置正确,弹簧无断股、闭锁良好,接地杆的高度不超过规定数值;接地引下线完整且可靠接地。

⑦机械闭锁装置完好、齐全,无锈蚀变形。

⑧操动机构密封良好,无受潮。

⑨接地装置标志色醒目,螺栓压接良好,无锈蚀。

(2)隔离开关的操作要求

①隔离开关操作前应检查断路器、相应接地刀闸确已拉开并分闸到位,确认送电范围内接地线已拆除。

②隔离开关电动操动机构操作电压应为额定电压的85%～110%。

③手动合隔离开关应迅速、果断,但合闸终了时不可用力过猛。合闸后应检查动、静触头是否合闸到位,接触是否良好。

④手动分隔离开关开始时,应慢而谨慎。当动触头刚离开静触头时,应迅速拉开后检查动、静触头断开情况。

⑤隔离开关在操作过程中,如有卡滞、动触头不能插入静触头、合闸不到位等现象时,应停止操作,待缺陷消除后再继续进行。

⑥在操作隔离开关过程中,若瓷瓶有断裂等异常状况时应迅速撤离现场,防止人身受伤。对 GW6 型、GW16 型等隔离开关,合闸操作完毕后,应仔细检查操动机构上、下拐臂是否均已越过死点位置。

⑦电动操作的隔离开关正常运行时,其操作电源应断开。

⑧操作带有闭锁装置的隔离开关时,应按闭锁装置的使用规定进行,不得随便动用解锁钥匙或破坏闭锁装置。

⑨严禁用隔离开关进行下列操作。

a. 带负荷分、合操作。

b. 配电线路的停送电操作。

c. 雷电时,拉合避雷器。

d. 系统有接地(中性点不接地系统)或电压互感器内部故障时,拉合电压互感器。

e. 系统有接地时,拉合消弧线圈。

(3)操作隔离开关的注意事项

①操作前检查断路器三相应在分闸位置,以防带负荷拉合隔离开关。

②隔离开关、接地刀闸和断路器之间安装有防误操作的闭锁装置,倒闸操作一定要按顺序进行。如被闭锁不能操作时,应查明原因,正常情况下不能随意解锁。

③操作中,如发现有绝缘子严重破损、隔离开关传动杆严重损坏等缺陷,不得进行操作。

④远方控制操作完毕应检查隔离开关的实际位置,以免因控制回路中传动机构故障,出现拒分、拒合现象,同时应检查隔离开关的触头是否到位。

⑤即使发生错合隔离开关,甚至在合闸瞬间发生了电弧,也不准再将隔离开关拉开,否则会造成带负荷拉隔离开关的恶果,此时应将隔离开关合好后切断断路器,再拉开错合的隔离开关。

⑥发现错拉隔离开关时,在隔离开关(触头)刚刚断开而弧光未被拉断时,应立即将隔离开关合上,以避免造成弧光短路事故。但当隔离开关全部拉开时,则不能将隔离开关再合上。

1.1.4 隔离开关的检修知识

（1）隔离开关检修的分类及周期

根据交流高压隔离开关设备的状况、运行时间等因素来决定是否应该对设备进行检修。

①小修：对设备不解体进行的检查与修理。一般应结合设备的预防性试验进行，但周期一般不应超过3年。

②大修：对设备的关键零部件进行全面解体的检查、修理或更换，使之重新恢复到技术标准要求的正常功能。对未实施状态检修且未经过完善化改造、不符合国家电网公司《关于高压隔离开关订货的有关规定》和《交流高压隔离开关技术标准》的隔离开关设备，应该对其进行完善化大修。对未实施状态检修但经过完善化改造、符合国家电网公司《关于高压隔离开关订货的有关规定》和《交流高压隔离开关技术标准》要求的隔离开关设备，推荐每8~10年对其进行一次大修。

③临时性检修：针对运行中发现的危急缺陷、严重缺陷及时进行检修。

④对实施状态检修的高压隔离开关设备，应根据对设备全面的状态评估结果来决定对隔离开关设备进行相应规模的检修工作。

（2）隔离开关的检修项目

隔离开关的小修包括以下项目：

①清除动、静触头表面氧化物，然后涂抹导电脂（导电脂的型号根据厂家要求）。

②检查动、静触头的插入或夹持深度，动、静触头之间的压力，并测量隔离开关和接地刀闸回路电阻。

③检查并清扫操作机构和传动部分轴承、轴套、齿轮、蜗轮、蜗杆等，必要时加润滑脂。

④检查传动部分与带电部分的距离是否符合要求；定位器和制动装置是否牢固，动作是否正确；检查传动机构的运转情况，各部位是否动作顺利、终止位置是否准确，必要时进行调整。

⑤检查各连接部分的紧固件，并按规定的力矩进行紧固。

⑥对绝缘子表面进行清洗和清扫。

⑦对电气操作回路、辅助触点、防误闭锁装置进行检查、校验。

⑧测量电动机构动力电源的绝缘性。

⑨检查隔离开关的底座是否良好，接地是否可靠。

为了解高压隔离开关设备在检修前的状态以及为检修后试验数据进行比较，在检修前，应对被检隔离开关进行检查和试验。隔离开关的检修前检查和试验应包括以下项目：

①隔离开关在停电前、带负荷状态下的红外测温。

②隔离开关主回路电阻测量。

③隔离开关的电气传动及手动操作。

高压隔离开关的大修包括以下项目：

①导电部分的检修包括主触头的检修、触头弹簧的检修、导电臂的检修、接线座的检修。

②操动机构和传动部分检修。

③绝缘子检查。隔离开关的大修项目与技术要求见表1.2。隔离开关大修后应按表1.3的项目和技术要求进行调整及试验工作。

表 1.2　隔离开关的大修项目与技术要求

检修部位	检修项目	技术要求
导电部分	1. 主触头的检修 2. 触头弹簧的检修 3. 导电臂的检修 4. 接线座的检修 5. 接线板的检修	1. 主触头接触面无过热、烧伤痕迹,镀银层无脱落现象 2. 触头弹簧无锈蚀、分流现象 3. 导电臂无锈蚀、起层现象 4. 接线座无腐蚀,转动灵活,接触可靠 5. 接线板应无变形、无开裂,镀层应完好
操动机构和传动部分	1. 轴承座的检修 2. 轴套、轴销的检修 3. 传动部件的检修 4. 机构箱检查 5. 辅助开关及二次元件检查 6. 机构输出轴的检查 7. 主开关和接地开关联锁的检修	1. 轴承座应采用全密封结构,加优质二硫化钼锂基润滑脂 2. 轴套应具有自润滑措施,应转动灵活,无锈蚀,新换轴销应采用防腐材料 3. 传动部件应无变形、无锈蚀、无严重磨损,水平连杆端部应密封,内部无积水,传动轴应采用装配式结构,不应在施工现场进行切焊配装 4. 机构箱应达到防雨、防潮、防小动物等要求,机构箱门无变形 5. 二次元件及辅助开关接线无松动,端子排无锈蚀。辅助开关与传动杆的连接可靠 6. 机构输出轴与传动轴的连接紧密,定位销无松动 7. 主刀与接地刀的机械联锁可靠,具有足够的机械强度,电气闭锁动作可靠
绝缘子	绝缘子检查	1. 绝缘子完好、清洁,无掉瓷现象,上下节绝缘子同心度良好 2. 法兰无开裂,无锈蚀,油漆完好。法兰与绝缘子的结合部位应涂防水胶

表 1.3 隔离开关大修后的调整及试验工作

序号	检查内容	技术要求
1	隔离开关主刀合入时触头插入深度	符合制造厂技术条件要求
2	接地刀闸合入时触头插入深度	符合制造厂技术条件要求
3	检查刀闸合入时是否在过死点位置	符合制造厂技术条件要求
4	手动操作主刀和接地刀闸合、分各 5 次	动作顺畅,无卡涩
5	电动操作主刀和接地刀闸合、分各 5 次	动作顺畅,无卡涩
6	测量主刀和接地刀闸的接触电阻	符合制造厂技术条件要求
7	检查机械联锁	联锁可靠
8	三相同期	符合制造厂技术条件要求

(3)检修后隔离开关的投运

隔离开关在检修后,在投运前应进行以下工作:

①对所有紧固件进行紧固。

②接好隔离开关引线,接线端子及导线对隔离开关不应产生附加拉伸和弯曲应力。

③对所有相对转动、相对移动的零件进行润滑。

④金属件外表面除锈、着漆。

⑤清理现场,清点工具。

⑥整体清扫工作现场。

⑦安全检查。

⑧投运。

资讯学习成果检测

任务 1 咨讯检测
答案

一、填空题

(1)隔离开关又称_____,因为它没有专门的_____,所以不能用来切断_____和_____。

(2)隔离开关可接通和断开励磁电流不超过_____的空载变压器、电容电流不超过_____的空载线路。

(3)隔离开关接通和断开变压器中性点的接地线时,但当中性点接消弧线圈时,只有_____时才可进行。

(4)隔离开关按每极支柱绝缘子的数目分为_____、_____和_____。

(5)隔离开关所配操动机构主要有_____式和_____式。

（6）GW4-126D 按绝缘子数目分类属于　　　　　式，按动作方式分类属于　　　　　式。

（7）热稳定电流是指隔离开关在规定时间内，允许通过的最大电流为　　　　　，单位为 kA。

（8）隔离开关的基本结构由　　　　　、　　　　　、　　　　　、　　　　　、　　　　　等组成。

（9）电动操动机构主要由　　　　　、　　　　　、　　　　　、　　　　　、减速装置、定位装置、辅助开关和控制、保护电器等组成。

二、看图填空

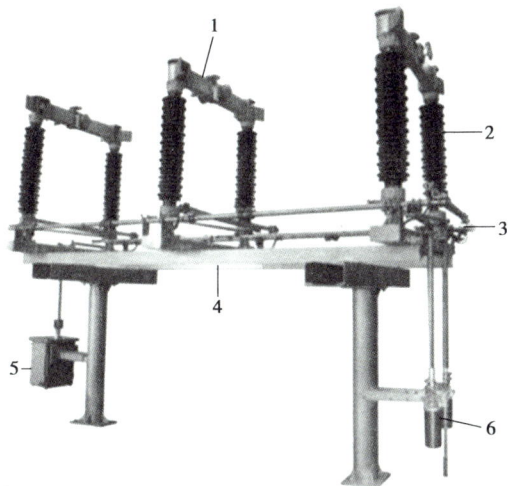

图 1.9

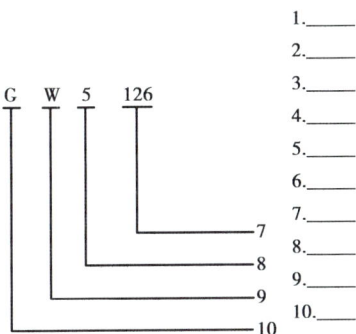

图 1.10

1.＿＿＿＿
2.＿＿＿＿
3.＿＿＿＿
4.＿＿＿＿
5.＿＿＿＿
6.＿＿＿＿
7.＿＿＿＿
8.＿＿＿＿
9.＿＿＿＿
10.＿＿＿＿

1.2　决策与计划

1.2.1　隔离开关常见故障分析及处理

（1）接触部分发热的处理

①进行温度检测，根据发热温度及发展速度决定是否需要向调度申请改变运行方式或减少负荷。过热时应停电检修处理，处理时应认真执行导电回路检修工艺及质量标准。

②解体检修时，严禁使用有缺陷的劣质线夹、螺栓等零部件，用液压压接式设备线夹替换螺栓式设备线夹，接头接触面要清洗干净并及时涂抹导电脂，螺栓使用正确、紧固力度适中。

③对过热频率较高的母线侧隔离开关,要保证检修到位、保证检修质量。对接线座部位,要重点检查导电带两端的连接情况,保证两端接触面清洁、平整、涂抹导电脂、压接紧密。对触头部位,要保证触头的光洁度,并涂抹中性凡士林,检查触头的烧伤情况,必要时要更换触头、触指,触指座要打磨干净,有过热、锈蚀现象的弹簧应更换。要保证三相分、合闸同期,触头的插入深度符合要求和两侧触指压力均匀。为检验检修质量,还应测量回路接触电阻,保证各接触面接触良好。

④对导电膏涂抹不当导致的开关发热(开关触头与触指在电吸尘和自然降尘的作用下,导电膏与尘土混合形成接触电阻大的硬壳而发热),应严格控制导电膏的涂抹量。首先将活动接触面使用无水酒精清洗干净,在导电面上抹一层均匀少量的导电膏,然后用布擦干净,使导电面上只留下微量的薄层导电膏。

⑤对老型号弹簧内拉式的 GW4 型隔离开关,解决触头过热的根本措施是更换为新式触指,消除弹簧分流的可能性,使弹簧不易退火变形,弹性减弱。

(2)支柱式绝缘子断裂和闪络放电的处理

①支柱式绝缘子断裂和闪络放电时应停电处理,处理时应认真执行支柱式绝缘子检修工艺及质量标准。

②新支柱式绝缘子必须是高强度瓷柱,必须使用超声波无损探伤仪对瓷柱进行检测,测试合格后方可使用。

③加强对运行中的支柱式绝缘子维护工作,在探伤诊断良好的基础上,在瓷柱所在水泥结合面处涂敷绝缘子专用防护胶。专用防护胶的主要成分为硅橡胶。其优点为具有很强的憎水迁移性。加上专用胶后,具有常温固化、温度适应范围大、不老化、不起层、粘结力强、憎水性强的优点,不像硅油那样吸附灰尘、污染其他设备,对瓷柱所有水泥结合面有较好的防护作用,能延长瓷柱的使用寿命。

④造成外绝缘闪络的原因,主要是瓷柱的爬电距离和对地绝缘距离不够。防止措施就是更换新的瓷柱,以增加爬电距离和瓷柱高度,提高整体绝缘水平。可以采取带电清扫,加强清扫力度,给隔离开关绝缘子增加硅橡胶伞裙以增大爬电距离和利用 RTV 涂料的憎水性喷涂 RTV。

(3)拒分、拒合的原因及处理

①传动机构及传动系统造成拒分、拒合。由于机构箱进水,各部轴销、连杆、拐臂、底架甚至底座轴承锈蚀卡死,造成拒分、拒合。这时须对传动机构及锈蚀部件进行解体检修,更换不合格元件;加强防锈措施,涂润滑脂,加装防雨罩。传动机构问题严重或有先天性缺陷时应更换。

②电气问题造成拒分、拒合。三相电源闸刀未合上、控制电源断线、电源熔丝熔断、热继电器动作切断电源、二次元件老化损坏或电动机故障等都会造成电动机构分、合闸时,电动机不启动,隔离开关拒动。电气二次回路串联的控制保护元器件较多,包括小型断路器、转换开关、交流接触器、限位开关及联锁开关、热继电器等。任一元件故障,都会导致隔离开关拒动。当按分、合闸按钮不启动时,要首先检查操作电源是否完好,然后检查各相关元件。

发现元件损坏时应更换,并查明原因。二次回路的关键是各个元件的可靠性,必须选择质量可靠的二次元件。

(4)分、合闸不到位的原因及处理

①机构及传动系统造成分、合闸不到位

机构箱进水,各部轴销、连杆、拐臂、底架甚至底座轴承锈蚀,可能造成分、合闸不到位;连杆、传动连接部位、闸刀触头架支撑件等强度不足断裂,将造成分、合闸不到位。针对上述情况,对机构及锈蚀部件进行解体检修,更换不合格元件。加强防锈措施,采用二硫化钼锂基脂。更换带注油孔的传动底座。

②隔离开关分、合闸不到位或三相不同期

造成隔离开关分、合闸不到位或三相不同期的原因有:分、合闸定位螺钉调整不当;辅助开关及限位开关行程调整不当;连杆弯曲变形使其长度改变,造成传动不到位等。当出现隔离开关分、合闸不到位或三相不同期时,应拉开重合,反复合几次,操作时应符合要求,用力适当。如果还未完全合到位,不能达到三相完全同期,应安排计划停电检修。检修时应检查定位螺钉和辅助开关等元件,发现异常进行调整,对有变形的连杆,应查明原因及时消除。

(5)电动操作机构不动作的原因及处理

①机构问题主要表现为操作失灵,如拒动或分、合闸不到位,往往发生在倒闸操作时,影响系统的安全运行。机构箱密封不好或进水造成机构锈蚀严重,润滑干涸,操作阻力增大,在操作困难的同时,还会发生零部件损坏,如变速齿轮断裂、连杆扭弯等。

②二次回路的可靠性将直接影响高压隔离开关的动作可靠性,辅助开关和行程开关切换不到位或者触点接触不良均会造成隔离开关拒动。接线端子接触不良、接触器不吸合、电动机烧坏、二次线绝缘破坏等会造成远方操作失灵。二次回路的关键是各个元件的可靠性,必须选用质量可靠的二次元件。

③电动操作机构不动作应停电处理,处理时应认真执行操作机构检修工艺及质量标准。

1.2.2　现场查勘

现场查勘的内容如下:

①确定待检修隔离开关的安装地点,查勘工作现场周围相邻带电设备与工作区域的距离是否满足"安全规范"要求。

②核对待检修隔离开关台账、技术参数。

③核查检修设备评价结果、上次检修试验记录、运行状况及存在缺陷。

④查勘工器具、设备进入工作区域的通道是否通畅,确定作业工器具的需求,明确工器具、备件及材料的现场摆放位置。

⑤明确作业流程,分析检修、施工时存在的安全风险,制订安全预控措施。

现场查勘过程中需作记录,查勘完成后填写表1.4。

表1.4 现场查勘表

工作任务:高压隔离开关检修	小组:第　组
现场查勘时间:　年　月　日	查勘负责人(签名):

(1)确认待检修隔离开关的安装地点
(2)安全距离是否满足安全规范的要求
(3)待检修隔离开关的技术参数、运行情况及缺陷情况
(4)通道是否通畅
(5)确认本小组检修工位
(6)绘制设备、工器具和材料定制草图

现场查勘记录:

现场查勘报告:

编制(签名):

1.2.3　危险点分析与控制

参照 GB 26860—2011《电力安全工作规程　发电厂和变电站电气部分》、Q/GDW1799.1—2013《国家电网公司电力安全工作规程(变电部分)》及相关规定,根据工作内容和现场勘察结果,对隔离开关本体部分检修作业的风险进行评价分析,制订相应的预控措施,填写表1.5。

表 1.5　高压、隔离开关检修作业风险辨识及预控措施

序号	风险辨识类别	风险辨识项目	预控措施
1	低压触电	接取临时电源	
2	高压触电	误入、误登、误碰带电设备	
3	高空坠落	高处作业	
4	机械伤害	使用工器具或在设备机构或传动部件上工作	
5	落物伤害	起重或交叉作业	
6	感应触电	在可能产生感应电的设备上作业	
7	试验触电	高压试验	

确认(签名):

高压隔离开关检修作业风险辨识与预控措施参考答案

1.2.4　确定安全技术措施

(1)一般安全注意事项

①正确着装,穿好工作服、工作鞋,需穿防滑性能良好的软底鞋,正确佩戴安全帽和劳保手套,高空作业要正确使用安全带。

②按规定办理工作票,工作负责人与班组人员检查现场安全措施,履行工作许可手续。

③开工前,工作负责人组织全体施工人员宣读工作票,交代作业任务(工作内容、人员分工)、交代现场安全措施及带电部位、交代风险辨识及控制措施。

④按标准作业,规范施工。施工过程中相互监督,保证施工安全。

(2)技术措施

①工器具摆放整齐有序,作业现场安静、清洁。

②拆除接线时,做好记录,按记录恢复接线。

③检修后按规定项目进程测试,各部件应符合质量要求。

④使用规范的报告格式,并如实填写数据。

1.2.5 确定检修内容、时间和进度

根据现场查勘报告,编制标准化作业流程表,见表1.6。

表1.6 标准化作业流程表

工作任务	高压隔离开关检修	
工作日期	年 月 日至 年 月 日	工期
工作内容	工作安排	时间(学时)
制订检修计划、作业方案	主持人: 参与人:	
优化作业方案,编制标准化作业卡	主持人: 参与人:	
准备工器具、材料,办理开工手续	主持人: 参与人:	
隔离开关故障分析判断	小组成员训练顺序:	
隔离开关解体检修	小组成员训练顺序:	
隔离开关调整测试	小组成员训练顺序:	
清理工作现场,验收,办理工作终结	主持人: 参与人:	
小组自评互评,教师总结点评	主持人: 参与人:	
确认(签名):	工作负责人: 小组成员:	

1.2.6 工器具和材料准备

(1)工器具及仪器、仪表(见表1.7)

表1.7 隔离开关检修所需工器具及仪器、仪表

序号	名称	规格型号	单位	数量	确认(√)	责任人
1	工作平台		组	1		
2	人字梯		副	1		
3	单梯		副	2		
4	手锤		把	1		
5	活动扳手		把	3		

续表

序号	名称	规格型号	单位	数量	确认（√）	责任人
6	梅花扳手		套	1		
7	套筒扳手		套	1		
8	管钳		把	1		
9	锉刀	粗齿	把	1		
10	板尺	50 cm	把	1		
11	卷尺	5 m	把	1		
12	电钻		把	1		
13	油枪		把	1		
14	钢丝钳	6 in	把	1		
15	锯弓	$\phi30$ mm	把	1		
16	绳索	$\phi10$ mm，20 m	根	2		
17	电焊机		台	1		
18	电源盘		台	1		
19	回路电阻测试仪		台	1		
20	超声波探测仪		台	1		
21	吊车		台	1		

（2）耗材（见表 1.8）

表 1.8　隔离开关检修所需耗材

序号	名称	规格型号	单位	数量	备注	确认（√）	责任人
1	清洗剂		kg	10			
2	低温润滑脂	2 号	瓶	2			
3	凡士林		瓶	1			
4	砂布	0 号	张	10			
5	抹布		kg	1.5			
6	锯条		根	3			
7	钢丝刷		把	3			
8	毛刷	40 mm	把	3			

续表

序号	名称	规格型号	单位	数量	备注	确认(√)	责任人
9	不锈钢螺栓	M6×10 mm	套	25	304钢		
10	不锈钢螺栓	M8×25 mm	套	25	304钢		
11	镀锌螺栓	M10×40 mm	套	40	热镀锌		
12	镀锌螺栓	M12×50 mm	套	25	热镀锌		
13	开口销	$\phi 2$、$\phi 4$、$\phi 5$	个	各12			
14	导电膏		支	6			
15	铁线	10号	kg	3			
16	螺栓松动剂		瓶	1			
17	油漆	黄、绿、红、黑、白、铝粉	kg	各1			
18	防水胶		支	3			
19	二硫化钼		瓶	1			

1.3 实 施

1.3.1 布置安全措施,办理开工手续

按以下步骤布置安全措施,办理开工手续,并填写表1.9、表1.10、表1.11。

①断开回路的断路器,检查确认断路器在分闸位置,断路器就地操作把手已经悬挂"禁止合闸,有人工作"标识牌。

②检查断路器操动机构、信号、合闸电源已切断。

③确认检修间隔线路侧隔离开关已挂地线。

④确认检查间隔四周与相邻带电设备间装设围栏,并向内侧悬挂"止步,高压危险"标识牌。

⑤列队宣读工作票,交代作业任务(工作内容、人员分工)、交代现场安全措施及带电部位、交代风险辨识及控制措施。

⑥准备好检修所需的工器具、材料、备品备件,检查工器具、材料齐全、合格,摆放位置符合规定。

表 1.9　设备停电操作

序号	工作内容	执行人(签名)	确认人(签名)
1	拉开 522 断路器		
2	检查 522 断路器在分位		
3	拉开 5223 隔离开关		
4	拉开 5222 隔离开关		
5	检查 5223,5222,5221 隔离开关在分位		

表 1.10　布置安全措施

序号	工作内容	执行人(签名)	确认人(签名)
1	在 5223 隔离开关与 522 断路器之间装设一组地线		
2	在 5223 隔离开关线路侧装设一组地线		
3	在 522 断路器就地操作把手悬挂"禁止合闸,有人工作"标示牌		
4	在 5222 隔离开关操作把手悬挂"禁止合闸,有人工作"标示牌		
5	在 5221 隔离开关操作把手悬挂"禁止合闸,有人工作"标示牌		
6	在 5223 隔离开关机构处悬挂"在此工作"标示牌		
7	在 5223 隔离开关与相邻带电设备间装设围栏,向内侧悬挂适量"止步,高压危险"标示牌。围栏设置唯一出口,在出口处悬挂"从此进出"标示牌		
8	在 522 断路器端子箱、机构箱断开控制电源和储能电源快分开关		
9	在 5223 机构箱断开控制电源和电机电源快分开关		

表 1.11　办理开工手续

序号	工作内容	执行人(签名)	确认人(签名)
1	列队宣读工作票,交代工作内容、安全措施和注意事项		
2	检查工器具应齐全、合格,摆放位置符合规定		
3	工作时,检修人员与 110 kV 带电设备的安全距离不得小于 1.5 m		

1.3.2　隔离开关检修

按以下步骤及要求进行隔离开关检修,并填写表 1.12、表 1.13。

1)隔离开关触头发热分析

GW4 型隔离开关导电系统触头臂和触指臂结构如图 1.11 所示。触头发热的原因分析如下:

①设计结构缺陷造成触头发热。老型号的 GW4 型隔离开关采用弹簧内拉式的触指,弹簧分流的可能性大,容易退火变形,弹性减弱,触头夹紧力不够,静触头接触部分表面氧化越来越严重,发热也越来越严重。

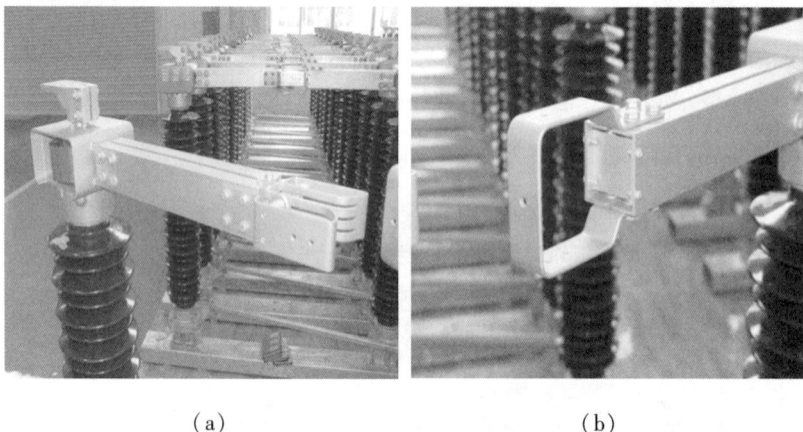

（a）　　　　　　　　　　　　　（b）

图 1.11　GW4 触指、触头实物图

②左右主导电管触头松动,接触电阻增大,导致隔离开关触头发热。GW4 型隔离开关主导电部分由触头与导电管组装而成,接触面为压接接触,如果接头紧固螺栓松动,则接触面压力减小,接触电阻增大,接头温度升高。

③涂抹导电物质不当造成隔离开关接触电阻增大而发热。当涂抹导电膏过厚时,经运行操作,将在触指表面堆积导电膏。在电吸尘和自然降尘的作用下,导电膏与尘土混合形成

接触电阻大的硬壳而发热。

④触头触指磨损,触头触指镀银层变薄,导致接触电阻增大而触头发热。

⑤触指座定位件锈蚀,造成接触电阻增大而发热。

2)隔离开关检修前的检查

隔离开关检修前的检查内容如下:

①隔离开关支架接地是否良好、紧固,无松动、锈蚀,基础是否有裂纹、沉降,安装螺栓是否紧固。

②底座接地是否良好,安装螺栓无松动、锈蚀。

③各销轴及转动部位是否锈蚀。

④垂直连杆是否锈蚀、变形,连接螺栓紧固可靠。

⑤绝缘子表面是否有严重污垢沉积,是否破损伤痕,法兰处是否有裂纹和闪络痕迹。

⑥在隔离开关处于合闸位置时,检查导电杆是否有欠位或过位现象(可以与相邻相比对)。

⑦用红外成像仪检测隔离开关各导电部分及引流线连接部位表面温度有无异常。

⑧接地刀分闸是否到位,闭锁是否良好。

⑨操动机构是否锈蚀、破损、松脱,接线端头连接是否可靠;电气元件工作是否正常,门灯功能是否正常;机构箱密封是否良好,达到防潮、防尘要求,检查密封条是否脱落、老化;机构的电机、减速机传动部件外观是否正常,无损坏现象。机构连接螺栓是否有松动、锈蚀现象。机构各轴销外观检查是否正常,无锈蚀;加热器功能是否正常,加热器导线是否损坏。

3)隔离开关导电部分检修

GW4 型隔离开关导电系统的接线座、铜导电带、触头侧闸刀和触指侧闸刀结构如图1.12所示,铜导电带逆时针绕接于触头臂接线座,软连接顺时针绕接于触指臂接线座。两者绕接方向不同,左右两侧接线座不能调换。拆除隔离开关两侧接线板引流线,并用绝缘绳将两端引线固定在本相支柱瓷瓶上。正确拆除导电系统的每一个部件,由远及近摆放(恢复时由近及远)。

(1)GW4 型隔离开关触头侧闸刀、触指闸刀装配分解

①将单相导电回路装配放于工作平台上,在触头侧闸刀、触指侧闸刀导电管上作标记(便于复装),拆除导电管的连接螺栓,取下导电管及夹板。

②触头侧闸刀分解,如图1.13 所示。拆除 M12 固定螺栓,取下 M12 螺栓、弹簧垫、平垫和触头。

③触指侧闸刀分解,如图1.14 所示。

a.拆除两个 M6 固定螺栓,取下(防雨)罩。

b.拆除定位板上的 4 个 M8 固定螺栓,取下定位板、销、弹簧和触指。

c.拆除固定触指座上 M12 固定螺栓,取下触指座。

(2)触头侧闸刀检修

①拆下触头,用百洁布、酒精对触头进行清洗,若为严重损伤则应进行更换并清理新触

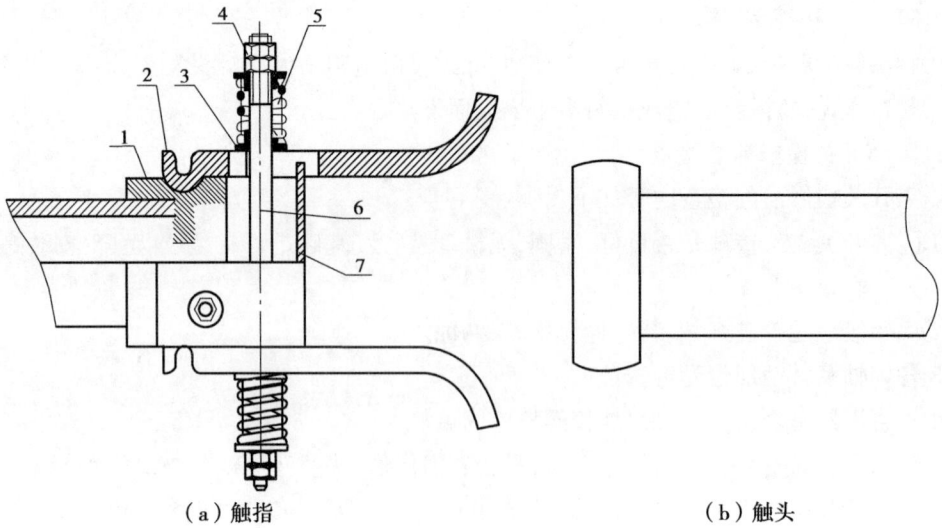

（a）触指　　　　　　　　　　　　（b）触头

图 1.12　触指、触头结构图

1—触指座;2—触指;3—垫圈;4—螺母;5—弹簧;6—螺杆;7—定位板

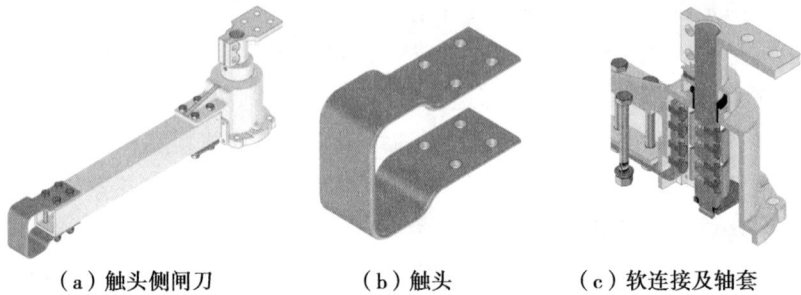

（a）触头侧闸刀　　　　　（b）触头　　　　　（c）软连接及轴套

图 1.13　GW4 型隔离开关触头侧闸刀分解

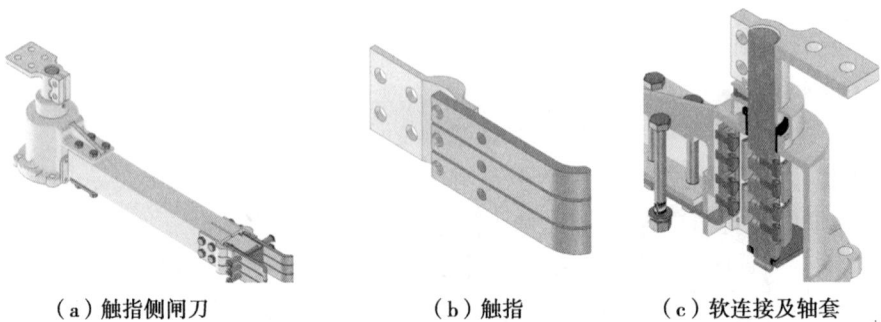

（a）触指侧闸刀　　　　　（b）触指　　　　　（c）软连接及轴套

图 1.14　GW4 型隔离开关触指侧闸刀分解

头表面工业凡士林,直至触头表面无严重烧伤,镀银面光洁无污垢。

②观察软连接及轴套,若软连接和轴套已经严重损伤则应进行更换,若无则不用拆卸软连接及接线夹,用百结布、酒精对接线夹上连母线处进行清洗并涂覆导电脂,直至镀银面光洁无污垢,轴套完好无裂纹。

③用水清洗导体表面(不需拆卸)后用棉布擦干。

④按拆卸时的逆顺序装导电闸刀,导电接触面、触头两侧圆弧部分涂敷适量防氧化导电脂。

（3）触指侧闸刀检修

①拆下触指,用百结布、酒精对触头进行清洗,若为严重损伤则应进行更换并清理新触头表面工业凡士林。观察触指内弹簧有无锈蚀,若已经严重锈蚀则需更换弹簧。要求镀银面光洁无污垢,轴套完好无裂纹。

②观察软连接及轴套,若软连接和轴套已经严重损伤则应进行更换,若无则不用拆卸软连接及接线夹,用百结布、酒精对接线夹上连母线处进行清洗并涂覆导电脂。

③用水清洗导体表面(不需拆卸)后用棉布擦干。

④按拆卸时的逆顺序装导电闸刀,导电接触面、触指上与触头动接触部分涂敷适量防氧化导电脂。

4) 隔离开关操动机构检修

（1）观察故障现象

合上低压断路器 QF1,QF2;按下合闸按钮 SB1,观察接触器是否动作,是否有自保持,电动机运转是否正常,行程开关是否切换;按下分闸按钮 SB2,观察接触器是否动作,是否有自保持,电动机运转是否正常,行程开关是否切换。

（2）故障的判断

如果电动机缺相运行,应查找主回路中的电源回路;如果接触器动作,电动机不转,应查找主回路中的电源回路或者热继电器;如果电动机不能连续运行,应检查控制回路或接触器线圈;如果接触器不动作,电动机不转,应分别检查主回路和控制回路。

（3）控制回路故障查找

根据故障现象,采用分段查找的方法,分别检查分、合闸公共回路,分闸回路,合闸回路,确定故障点。带电查找应注意采取相应的安全措施,使用低压验电器或万用表的交流电压挡,分回路、分段检查。停电检查时,使用万用表的欧姆挡分回路、分段检查。

（4）电动操动机构箱拆装检修

①断开机构箱内全部电源,用毛刷清除灰尘后,拆下交流接触器至电动机的导线。所拆线头均应标有编号。

②松开机构输出轴连接头上的止动螺钉,敲出两只圆锥销,取下连接头。松开轴上密封圈连接片的 4 个螺钉,取下连接片、封垫和护罩。

③拧下机构箱内两个固定辅助开关的螺母及螺杆,将辅助开关悬放到机构箱外(辅助开关上的二次线头可不拆);打开辅助开关的侧盖,逐个检查触点的接触情况并更换个别不良触点。现场解体更换困难时,可先整体换用合格的辅助开关,更换时二次接线头应有标号。

④拆下机构控制板两端的固定螺栓,将控制板拆放至箱底,并在箱内控制电缆头的前后各放一根 10 mm×10 mm×30 mm 的木条。拆下固定电动机的 4 颗螺钉,将电动机放在木条上,并拆下电动机接线盒中 3 根电源线后,将电动机取出机构箱进行检查。用手转动电动机轴,检查有无卡涩和摩擦现象。松开轴上齿轮止钉,取下齿轮和平键后,打开电动机端盖检

查清洗齿轮、轴承和风叶,经加润滑脂后复装。受潮电动机应恢复绝缘,电源线头应有标记。电动机转子、风叶转动无摩擦,转动轻便灵活。电动机绝缘应良好,装配中注意电动机的防水性能。轴不串动,键不松动,绝缘电阻在 2 MΩ 以上。

⑤拧下减速箱齿轮护罩螺钉,拆下塑料护罩后,将液压千斤顶放在机构箱内的木条上(也可用断路器配用电磁机构时慢合闸用的液压千斤顶),升起液压顶杆托住减速箱的重心处,用套筒扳手拧下固定减速箱的 4 颗 M16 螺钉后,平稳地降下液压顶杆,抬出机构箱并使有固定螺孔的一侧平放在地面上进行分解检修。当主轴将要离开机构箱顶部的轴孔时,要扶稳变速箱,防止倾倒。拧出输出轴限位块的沉头螺钉,取下限位块和平键。拧下减速箱上盖 4 颗螺钉,用紫铜棒轻叩主轴与辅助开关连接的端部,使上盖和 2 颗定位钉脱离箱体后取出主轴、蜗轮及平键。将减速箱平放在垫块上,拧下齿轮组后端盖的 2 颗 M8 螺钉,取下端盖并用铜棒、手锤将齿轮组的轴向后端盖方向敲出。取下大小两个齿轮和附件。拧下蜗杆前、后两个端盖螺钉,取下端盖、推力轴承外套和蜗杆。清洗检查轴承、齿轮、蜗轮、蜗杆及油杯环。加足润滑脂后按相反顺序复装。蜗轮、蜗杆无变形,齿轮无断齿。轴承不能修复的应更换,油杯环应清洁并注满润滑脂。

⑥在减速箱抬进机构箱之前,应打开行程开关的盖,检查触点接触是否良好,切换时触点弹性是否正常,用万用表或蜂鸣器检查触点切换与定位件的配合。电动机固定时应调整与减速箱座之间的垫片厚度,使齿轮啮合良好。限位块被限制时行程开关触点应切换并在切换后仍有 4 mm 左右的剩余行程。齿轮啮合应无过松过紧及半边咬合现象。

⑦组装按与分解相反顺序复装,各紧固件完整,并紧固牢固。机构全部复装后应检查输出轴转动角度是否被可靠限制在 180°。辅助开关的切换是否正确。二次线头无锈蚀、撕裂,连接牢固。分、合闸进行到 4/5 时辅助开关应切换。

(5)电动操动机构二次回路及元件检修

①二次回路及元件的分解。

a. 拆下接线端子板与分、合闸按钮,急停按钮,分、合闸接触器,组合开关,刀开关(空气开关)及热继电器、行程开关相连接的二次接线螺钉,拆除二次接线。

b. 从 L 形接线板上分别拆下接线端子板,分、合闸按钮,急停按钮,分、合闸接触器,组合开关,刀开关及热继电器。

c. 拆除辅助开关上的二次接线固定螺钉,拆下二次接线。

d. 拆下辅助开关与减速器箱底座下部间的固定螺栓,拆下辅助开关传动板,取出辅助开关,拧下辅助开关转动盘分、合闸切换块的两个螺钉,取出分、合闸切换块。

e. 在拆下二次接线前,应做好相应记录。

f. 辅助开关分解:拧下连接螺杆,取下轴承板,从转动轴上依次取下带动触点的绝缘块、静触点、静触点夹块及复位弹簧。

②二次回路及元件检修工艺。

a. 检查行程开关,分、合闸按钮,急停按钮等动作是否灵活、正确,触点是否烧伤。如有烧伤痕迹,可用 0 号砂布处理。如破损应更换。

b. 检查二次线接线端子是否紧固,绝缘是否良好。

c. 检查接线端子板、端子排编号,缺的应补齐。端子排如有破损、裂纹应更换,压线螺钉锈蚀应更换。

d. 检查分、合闸接触器的外观有无破损。如破损严重应更换。检查其动作情况,调整好触头开距和超行程后用万用表测试接触器通、断是否可靠,同时检查线圈有无烧伤,必要时更换。

e. 检查接触器触点有无烧伤或有无溶铜小球,动作是否正确可靠,必要时更换。

f. 检查辅助开关动、静触点的氧化情况,用 0 号砂布除去氧化层。检查转动轴及绝缘块,磨损严重应更换。检查触点弹簧有无变形,如变形应更换。检查传动拐臂及连杆,如轻微变形应校正。用 0 号砂布清除快分弹簧的锈蚀。轴承涂抹二硫化钼。

g. 检查行程开关分、合闸按钮,急停按钮、交流接触器、热继电器、辅助开关等的弹簧及弹片,用手轻压弹簧及弹片,检查复位情况,如永久疲劳应更换。

h. 检查热继电器,如破损应更换。

i. 检查热继电器整定设置是否正确。

j. 检查加热器是否良好,自动控制装置动作是否准确可靠,用 2 500 V 绝缘电阻表测量其绝缘电阻应符合要求。

③二次回路及元件检修后复装。辅助开关,分、合闸接触器,行程开关,分、合闸按钮,组合开关,热继电器,刀开关(空气开关)及其接线端子板的检修后复装,按分解相反的顺序进行。复装时应注意以下几点:

a. 检查 L 形接线板,除去锈蚀,校正变形及作防锈处理,锈蚀严重者应更换。

b. 用清洗剂清洗所有零部件,白布擦干后,在所有元件导电接触面涂抹少量的中性凡士林油。

c. 更换锈蚀的紧固件及弹簧。

d. 复装后的辅助开关轴向窜动量不大于 0.5 mm。

e. 用万用表检查行程开关分、合闸,急停按钮,接触器,热继电器,辅助开关等动、静触点通、断情况,并检查切换是否可靠,通、断位置是否正确。

f. 复装后,核对二次接线是否正确。

④二次元件检修质量标准。

a. 行程开关,分、合闸,急停按钮,接触器,热继电器,辅助开关等触点分、合闸位置切换应正确、灵活、无卡涩。触点接触良好,弹簧及弹片的弹性良好。

b. 拆下的二次回路端子线及电缆线头应有标记。

c. 端子排编号清晰、完整,端子排无破损。

d. 用 2 500 V 绝缘电阻表测量控制回路绝缘电阻应大于 10 MΩ,电机回路绝缘电阻大于 2 MΩ。

5)隔离开关装配与调整

(1)单相调整

①调整主相触头与触指的引弧角相接触位置。手动推动主刀闸使主相触头与触指的引弧角相接触,也就是触指内侧"圆 R"的切线处的位置,如果位置不正确,调整交叉连杆,如图1.15 所示。

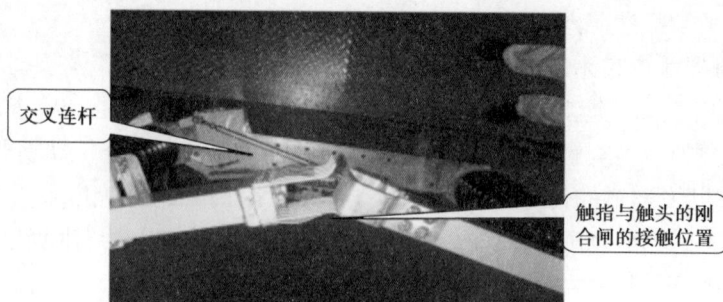

图 1.15　主相触头与触指的引弧角

②调整主操作相刀闸本体的合闸位置。用手操作主相导电臂置于合闸位置,调整水平,观测触指臂和触头臂是否在同一直线,如图1.16 所示,如有偏差,用手或橡皮锤轻敲击导电臂,直至合格为止。

③安装、调整主刀小连杆。将主刀闸推至合闸位置,连上主拐臂及小连杆,主拐臂与主拉杆在一直线后,调整主拐臂的合闸限位螺丝与主拐臂相接触,如图1.17 所示,初步确定中心距为 165 mm。

④安装、调整垂直连杆。连接主刀闸与机构的垂直连杆,将机构摇至合闸位置(行程开关切换后即停,回摇半圈),将包夹对角螺栓拧紧,如图1.18 所示。注意刀闸与机构的位置应一致。

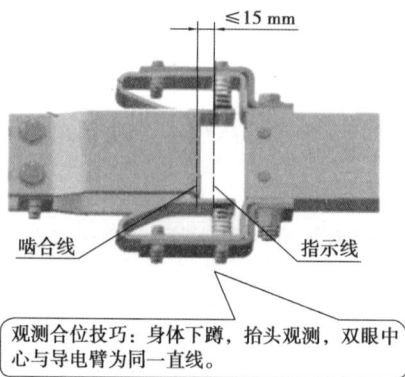

图 1.16　主操作相刀闸本体的合闸位置

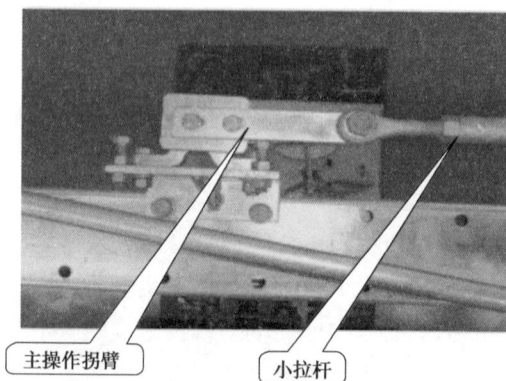

图 1.17　主刀小连杆

⑤单相联调。手动分、合闸,检查主刀闸分、合闸情况,如果合闸不到位(两导电臂不在一直线上),调整小连杆。如果分闸不到位(分闸不是90°),将刀闸摇至半分合位置,调整拐臂中心距,增加中心距,分、合闸角度增加;反之,角度减小。

图 1.18　主刀闸与机构的垂直连杆连接

再手动分、合闸,反复上述步骤,直至满足要求。

(2)三相联动调整

手动推动 B 相、边相刀闸使 B 相、边相触指与触头接触于触指内侧"圆 R"的切线处的位置(位置不正确,调整交叉连杆)。

将 B 相、边相刀闸合上,要求两导电杆水平,连接 AB,BC 之间的传动连杆。

手动分、合闸,检查三相分、合闸情况,如果主相合闸不到位,先调整小连杆,先保证主操作相分合正常。

再手动分、合闸,检查 B 相分、合闸情况,如果 B 相合闸不到位,调整 AB 相连杆,保证 B 相合闸正常。

如果 B 相分闸不到位,通过测量两个导电臂的接线座侧之间距离,与两个导电臂的触头触指侧之间距离比较,如图 1.19 所示。两者距离差应不大于 10 mm(分闸角度90°),调整 B 相拐臂中心距,增加,分闸角度减小;反之,角度增加。

图 1.19　接线座侧之间距离与头触指侧之间距离比较

边相刀闸调整方法与 B 相一致,都要先保证主相合闸到位,再调 B 相、边相。

三相分、合闸正常后,手动慢合,使触头接触于触指的引弧角处,再检查三相同期,以主相为准,合闸三相同期允许值不大于 10 mm。如不符合要求则调整交叉连杆。在各相连杆及拉杆调整完成后再调整分、合闸定位螺栓,间隙为 1 ~ 3 mm,并将各连杆螺母紧固,如图 1.20所示。

间隙1~3 mm

图1.20　分、合闸定位螺栓

手动调节到位后,应连接二次接线,并进行电动操作调整。连接一次引线及接地引下线,操动机构也应接地。

(3)安装调整后的检查

①检查所有传动、转动部分是否润滑良好。

②检查所有轴销螺栓是否紧固可靠。

③检查所有开口销是否插上、打开。

6)检修质量检查

①将隔离开关置于分、合闸中间位置,主触头同期距离小于10 mm。

②将隔离开关置于合闸位置,主触头和圆柱形触头与两排触指同时接触,主触头两侧导电臂成一条直线。

7)收尾工作

①恢复引线。

②对支架、基座、连杆等铁部件进行除锈防腐处理。

③按照现有台账核对检修设备铭牌编号,更新相关检修记录。

④刷漆。

表1.12　GW4-126型隔离开关检修流程及质量要求

序号	检修内容	质量要求	检修记录	执行人(签名)	确认人(签名)
1	搭设隔离开关专用检修架	(1)装设过程中登高作业应使用合格的安全带和安全帽 (2)作业人员及工具保证对带电设备1.5 m安全距离			

续表

序号	检修内容	质量要求	检修记录	执行人（签名）	确认人（签名）
2	取下隔离开关两侧引线	（1）拆卸引流线时,应注意保护接线板导电面不受损伤 （2）用绳子将引流线固定在本相支柱绝缘子上			
3	拆下 B 相触头臂、触指臂	拆卸中应注意扶持导电臂,防止其跌落损伤。			
4	处理 B 相烧伤触头、触指臂	（1）按检修工艺要求分解各部件 （2）更换烧伤触指 （3）导电接触面均匀涂抹一层中性凡士林			
5	回装 B 相触头臂、触指臂	（1）保证开口方向正确 （2）各连接部位应紧固			
6	检查 A,C 相烧伤情况	触指导电面无烧伤痕迹			
7	机构调整	（1）三相同期小于等于 10 mm （2）合闸位置成直线,分闸位置允许误差 1 mm			
8	恢复引线	用细砂纸打磨导电接触面,并涂抹导电膏			
9	接触电阻试验	单相接触电阻小于等于 140 μΩ			
10	电动传动试验	隔离开关置半分合位,电动操作分合 3 次,机构、信号、触头应正确到位			
11	刷漆	（1）带电部位 50 mm 内不得刷漆 （2）核对相序,避免颜色错误			
12	拆除检修架	登高作业应使用合格的安全带和安全帽。			
13	清洁现场	设备工器具无遗留			

表 1.13　隔离开关故障分析及处理

故障现象	可能原因	处理措施	执行人（签名）	确认人（签名）
导电回路发热				
绝缘子断裂故障				
机构拒动				
机构误动				

1.4　检查控制

1.4.1　工作检查

1）小组自查

检修工作结束后，工作负责人带领小组作业成员进行自查。小组自查项目及质量要求见表 1.14。

表 1.14　小组自查项目及质量要求

序号	检查项目		质量要求	确认（√）
1	资料准备	工作票	正确、规范、完整	
		现场查勘记录		
		检修方案		
		标准作业卡		
		调整数据记录		
2	检修过程	正确着装	穿长袖工作服，戴安全帽，穿绝缘鞋	
		工器具选用	一次性准备齐全工器具	
		检查安全措施	隔离开关闭锁可靠；接地线、标示牌挂装正确	
		隔离开关分解检修	拆卸方法、步骤正确；零部件不得碰伤掉地	
		操动机构分解检修	拆卸方法、步骤正确；零部件不得碰伤掉地	

序号	检查项目		质量要求	确认(√)
2	检修过程	隔离开关装配调整	装配顺序与拆卸顺序相反；各紧固螺栓紧固	
		施工安全	遵守安全规程,不发生习惯性违章或危险动作	
		工具使用	正确使用和爱护工具	
		文明施工	工作完后做到"工完、料尽、场地清"	
3	检修记录	完善正确	如实记录,项目完整	
4	遗留缺陷:		整改措施:	

2)小组交叉检查

为保证检修质量,小组自查之后,小组之间进行交互检查,小组交叉项目及质量要求见表1.15。

1.4.2　工作终结

(1)清理现场,办理工作终结。

a.清点查收工具、仪表并清理工作场地,做到"工完、料尽、场地清"。

b.清扫现场,恢复安全措施。

(2)填写检修报告

(3)整理资料

表 1.15　小组交叉项目及质量要求

序号	检查内容	质量要求	检查结果
1	资料准备	资料完整、规范。	
2	检修过程	无安全事故、符合规程要求。	
3	检修记录	记录完整、规范。	
4	工具使用	正确使用和爱护工具,工具无损坏。	
5	文明施工	施工现场有序、整洁。	

被检查组:　　　　　　　　　　检查实施组:

1.5 考核与评价

1.5.1 考核

对学生掌握相关专业知识的情况进行笔试或口试考核。对检修技能的考核,参照表1.16的评分细则进行考核。

表 1.16　GW4 型隔离开关检修考核评分细则

技能操作项目		GW4 型隔离开关检修				
姓名		班级		学号		标准分	100 分
开始时间		结束时间		实际用时		得分	
序号	评分项目	评分内容及要求	评分标准		扣分原因	得分
1	预备工作 (5 分)	1. 安全着装 2. 工器具及仪器、仪表检查	1. 未按照规定着装,每处扣 0.5 分 2. 工器具及仪器、仪表选择错误,每处扣 0.5 分;未检查扣 3 分 3. 其他不符合条件,酌情扣分			
2	班前会 (5 分)	1. 交代工作任务及任务分配 2. 交代危险点及预控措施	1. 未交代工作任务,扣 2 分 2. 未进行人员分工,扣 1 分 3. 未交代危险点及预控措施,扣 2 分;交代不全,酌情扣分 4. 其他不符合条件,酌情扣分			
3	检查安全措施 (10 分)	1. 检查现场安全措施设置是否与工作票所列的安全措施一致 2. 检查现场安全措施是否满足检修要求,必要时补充	1. 检查安全措施设置情况,每错漏一处扣 2 分 2. 其他不符合条件,酌情扣分			

续表

序号	评分项目	评分内容及要求	评分标准	扣分原因	得分
4	调试、试验及常见故障处理(45)	整体调试、试验及常见故障处理	1. 未完成指定调试、试验及故障处理工作,每处扣 20 分 2. 检修后未达到产品说明书和相关规范的要求,每处扣 5 分 3. 检修过程中发生危及人身安全事件,每处扣 20 分 4. 检修过程中发生仪器仪表损坏,每次扣 20 分		
5	标准化作业卡(15 分)	完整填写标准化作业卡	1. 未填写标准化作业卡,扣 10 分 2. 未对检修结果进行判断,扣 5 分 3. 检修数据记录不全,每处扣 1 分		
6	履行竣工汇报手续和整理现场(5 分)	1. 履行竣工汇报手续 2. 将作业现场整理并恢复	1. 未履行竣工汇报手续,扣 5 分 2. 未清点、整理工器具、材料,扣 5 分 3. 现场有遗留物,每件扣 1 分 4. 其他不符合条件,酌情扣分		
7	收工点评(5 分)	1. 总结检修内容 2. 总结发现的安全及技术问题,提出相应改进措施	1. 未点评,扣 5 分 2. 其他不符合条件,酌情扣分		
8	综合素质(10 分)	1. 着装及精神面貌 2. 现场组织及配合 3. 执行工作任务时,大声呼唱 4. 不违反电力安全规定及相关规程	1. 着装不整齐,精神不饱满,扣 5 分 2. 现场组织不够有序,工作人员之间配合不默契,扣 5 分 3. 执行工作任务时未大声呼唱,扣 2 分 4. 有违反电力安全规定及相关规程的情况,扣 10 分 5. 损坏设备或严重违章,标准分全扣		
教师(签名)			得分		

1.5.2 评价

学习过程评价由学生自评、互评和教师评价构成。各小组成员对自己小组和其他小组在检修资料准备、检修方案制订、检修过程组织、职业素养等方面进行评价,并提出改进建议。教师根据学习过程存在的普遍问题,结合理论和技能考核情况,对学生的相关知识学习、技能掌握、职业素养等方面进行评价。参照表1.17进行学习综合评价,并填写表1.18。

表1.17　学习综合评价表

学习情境	高压隔离开关检修					
评价对象						
评价项目	子项目	评价标准	自评（20%）	互评（30%）	教师评价（50%）	综合评价
资讯（15%）	收集资料（7%）	资料齐全、内容丰富。				
	引导问题（8%）	回答问题正确。				
计划与决策（20%）	故障判断（4%）	分析和判断合理。				
	现场查勘（4%）	实施了现场查勘,查勘记录完整,如实反映现场状况。				
	危险点分析（4%）	危险点分析全面,预控措施到位。				
	任务安排（4%）	人员及进度安排合理可行。				
	材料工具（4%）	材料和工具准备齐全,并检查合格。				
实施（40%）	安全措施（10%）	对安全措施进行检查,保证安全措施完善。				
	使用工具（4%）	工具使用方法正确规范。				
	工艺工序（10%）	工序正确,无漏项,无错序;工艺符合规范要求。				

续表

评价项目	子项目	评价标准	自评 （20%）	互评 （30%）	教师评价 （50%）	综合评价
实施 （40%）	工器具管理 （4%）	工器具管理符合规范要求。				
	检修质量 （8%）	检修质量符合规范要求。				
	文明施工 （4%）	按标准要求设置安全警示标志牌、现场围挡；材料、构件、料具等堆放有序，垃圾及时清理；临时设施质量合格；施工安全，无事故发生。				
检查控制 （10%）	全面性 （5%）	检查项目无遗漏				
	准确性 （5%）	检查方法正确				
职业素养 （15%）	吃苦耐劳 （4%）	能忍受艰苦的环境，完成长时间的检修工作，不抱怨，享受劳动过程。				
	团队合作 （4%）	检修班组成员各负其责，互相关照，配合默契。				
	创新 （2%）	能积极思考，就工艺、工序等方面提出改进措施。				
	"5S"管理 （5%）	及时整理、整顿工器具和材料，做到科学布局，取用快捷；及时清扫，美化环境；将整理、整顿、清扫进行到底，保持环境处在美观的状态；遵守各项规定，养成习惯。				
评语						
教师签字			日期			

表 1.18 学习评价记录表

序号	项目	主要问题	整改建议
1	资讯		
2	计划与决策		
3	实施		
4	检查控制		
5	职业素养		
被评价对象：		评价人：	

任务 2　高压断路器检修

【任务描述】

某供电公司 220 kV 变电站 110 kV L2 线路 522 断路器存在套管瓷体瓷釉剥落和机构卡涩现象,计划于 2020 年 5 月对 522 断路器本体和操动机构进行检修。该断路器型号为 LW25-126,现场接线图如图 2.1 所示。假设你被任命为此次断路器检修的工作负责人,请按照标准化作业流程的要求,实施对 LW25-126 断路器本体及操作机构的检查、维护、调整及试验。本任务要求掌握断路器的基本结构与工作原理,掌握断路器本体及操作机构的检查、维护、调整及试验操作技能。

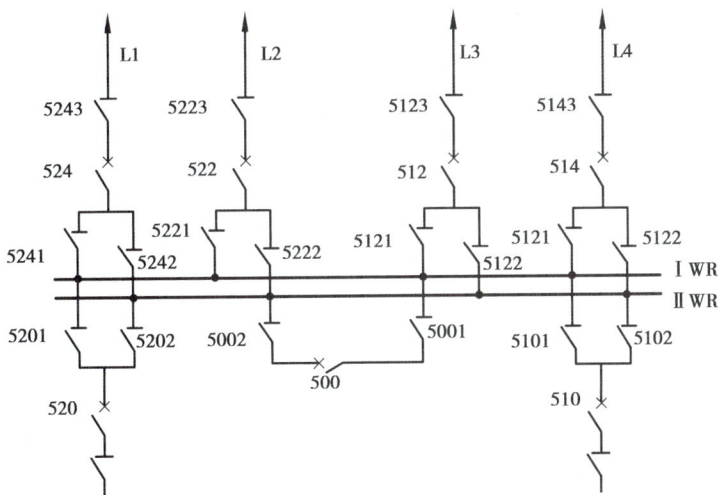

图 2.1　某变电站电气主接线图(110 kV 部分)

【任务目标】

通过本情境学习,应该达到的知识目标为熟悉断路器的基本原理与结构;掌握断路器检修的标准工艺、调试方法和验收标准;熟悉断路器相应的规程规范要求。应该达到的能力目标为能正确组织断路器检修前勘察,收集检修所需的标准、资料;能正确判断设备运行状态,确定检修方案,并在其中体现危险点分析,制订预控措施;能根据检修方案与标准化作业指导书来组织开展人员、工器具、备品备件及耗材准备工作;能安全、正确地组织开展 LW25-126 型断路器本体及操作机构的检查、维护、调整及试验作业;能进行断路器本体及操动机构常见故障的处理。应该达到的素质目标为具有较强的安全意识、责任意识和按规程规范作业的行为习惯;具有一定的组织策划能力、团队协作能力、沟通协调能力;具有初步收集处理信息的能力、自学能力。

2.1 资 讯

提示:认真学习以下内容,完成资讯后面的学习成果检测。

2.1.1 高压断路器概述

1)高压断路器的作用及要求

(1)高压断路器的作用

断路器是能开断、闭合和承载运行状态的正常电流,并能在规定时间内承载、闭合和开断规定的异常电流(如短路电流)的电气设备,通常也称为开关。通常将额定电压为 3 kV 及以上主要用于开断或闭合电路的高压电器称为高压断路器。

高压断路器是电力系统中重要的电气设备,在电力系统的安全、经济和可靠运行中起着十分重要的作用。高压断路器在电力系统的作用体现在以下两方面:

①控制作用,即根据电网的运行要求,将一部分电气设备或线路投入或退出运行状态,转为备用或检修状态;

②保护作用,即在电气设备或线路发生故障时,通过继电保护或自动装置使断路器跳闸,将故障部分从电网迅速切除,保证非故障部分的正常运行。

(2)高压断路器的基本要求

由于断路器要在正常工作时接通和切断负载电流,短路时切断短路电流,并受环境变化的影响,因此对高压断路器的要求,大致有以下几个方面。

①工作可靠。断路器在额定条件下,应能长期可靠地工作,并能在正常或故障情况下准确无误地完成关合和开断电路的指令,其拒动或误动都将造成严重的后果。

②具有足够的开断能力。断路器的开断能力是指能够安全切断最大短路电流的能力,它主要决定于断路器的灭弧性能,并保证具有足够的热稳定和动稳定。开断能力的不足可能发生触头跳开后电弧长时续燃,导致断路器本身爆炸飞弧,引起事故扩大的严重后果。

③具有尽可能短的切断时间。当电网发生短路故障时,要求断路器迅速切断故障电路。这样可以缩短电力网的故障时间和减轻短路电流对电气设备的危害。在超高压电网中,迅

速切断故障电路,可以增加电力系统的稳定性。因此,分闸时间是高压断路器的一个重要参数。

④结构简单,价格合理。在要求断路器工作安全可靠的同时,还应考虑到经济性。因此,要求断路器结构简单、尺寸小、质量小、价格合理。

2)高压断路器的种类及型号

高压断路器由于安装地点、灭弧介质等的不同,有多种分类形式。

①按安装地点不同,高压断路器分为户内式和户外式两种。

②按灭弧介质不同,高压断路器分为油断路器、真空断路器、六氟化硫(SF_6)断路器、压缩空气断路器、磁吹断路器等。

(1)油断路器(图2.2)

采用油作为灭弧介质的断路器叫油断路器。

油除了作为灭弧介质外,还作为触头开断后的绝缘及带电部分与接地外壳之间绝缘介质的断路器称为多油断路器。

油只作为灭弧介质和触头开断后的绝缘介质,而带电部分对地之间绝缘采用瓷或其他介质的断路器称为少油断路器。

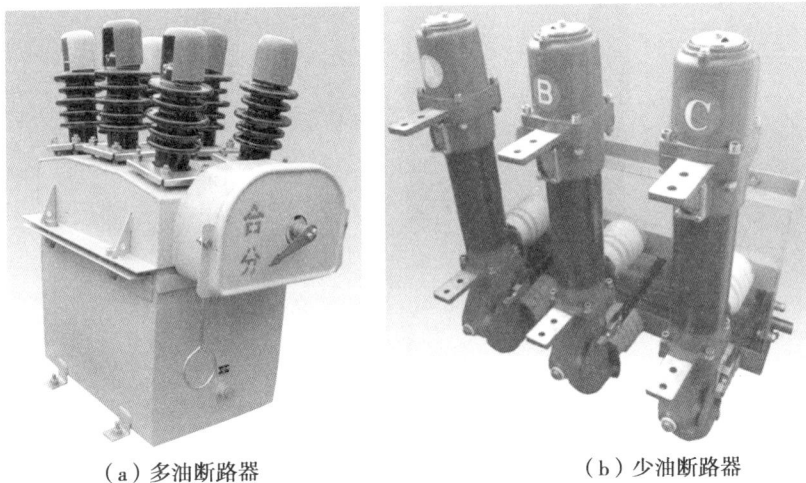

(a)多油断路器　　　　　　　　(b)少油断路器

图2.2　油断路器

(2)真空断路器(图2.3)

利用真空的高介质强度来灭弧的断路器,称为真空断路器。

(3)六氟化硫(SF_6)断路器(图2.4)

采用具有优良灭弧性能和绝缘性能的 SF_6 气体作为灭弧介质的断路器,称为六氟化硫断路器。

(4)压缩空气断路器

利用压缩空气作为灭弧介质的断路器,称为压缩空气断路器。压缩空气除了作灭弧介质外,还作为触头断开后的绝缘介质。

图 2.3　真空断路器

图 2.4　SF$_6$断路器

（5）磁吹断路器

利用狭缝灭弧原理，靠电磁力吹弧，将电弧吹入狭缝中冷却灭弧的断路器，称为磁吹断路器。

以上断路器中，应用最广泛的是真空断路器和六氟化硫（SF$_6$）断路器。

国产断路器的型号及含义如图 2.5 所示。

例如，LW25-126/3150-40 型断路器中，L 表示六氟化硫断路器，W 表示户外式，25 为设计序号，126 表示额定电压为 126 kV，3 150 表示额定电流为 3 150 A，40 表示额定短路开断电流为 40 kA。

ZN28-12/1000-20 型断路器中，Z 表示真空断路器，N 表示户内，28 为设计序号，12 表示

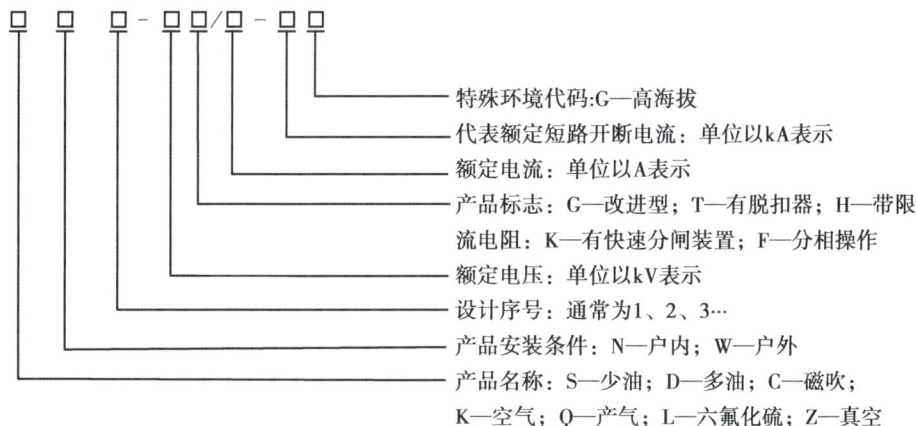

图 2.5　高压断路器型号含义

额定电压 12 kV，1 000 表示额定电流为 1 000 A，20 表示额定开断电流为 20 kA。

3）断路器的技术参数

断路器的主要技术参数有额定电压、最高工作电压、额定电流、额定断路电流、额定断流容量、动稳定电流、热稳定电流、合闸时间、分闸时间等。

（1）额定电压

额定电压是指断路器能承受的正常工作电压。额定电压指的是线电压，并标于铭牌上。国家标准规定，断路器的额定电压等级有：10、20、35、60、110、220、330 及 550 kV 等。额定电压不仅决定了断路器的绝缘要求，而且在一定程度上决定了断路器的总体尺寸和灭弧条件。

（2）最高工作电压

考虑到输电线路有电压降，线路供电端母线额定电压高于受电端母线额定电压，这样断路器可能在高于额定电压下长期工作，因此，规定断路器有一个最高工作电压。按国家标准，对于额定电压在 220 kV 及以下的设备，其最高工作电压为额定电压的 1.15 倍；对于 330 kV 的设备，则为 1.1 倍。

（3）额定电流

额定电流是指铭牌上所标明的断路器可以长期通过的工作电流。断路器长期通过额定电流时，断路器各部分的发热温度不会超过允许值。额定电流决定了断路器触头及导电部分的截面，并且在某种程度上决定了它的结构。

（4）额定断路电流

在额定电压下，断路器能可靠切断的最大电流，称为额定断路电流，它表明了断路器的断路能力。当电压不等于额定电压时，断路器能可靠切断的最大电流，称为该电压下的断路电流。当电压低于额定电压时，断路电流较额定断路电流有所增大，但有一个最大值，并称其为极限断路电流。

（5）额定断流容量

额定断流容量也是表明断路器切断能力的参数。

（6）热稳定电流

热稳定电流是指断路器在规定时间内，允许通过的最大电流。热稳定电流表明了断路器承受短路电流热效应的能力。

（7）动稳定电流

动稳定电流表明断路器在冲击短路电流作用下，承受电动力的能力。这个值的大小由导电及绝缘等部分的机械强度所决定。

（8）合闸时间

对有操动机构的断路器，自发出合闸信号（即合闸线圈加上电压）起，到断路器接通为止所需的时间，称为断路器的合闸时间。一般合闸时间大于分闸时间。

（9）分闸时间

分闸时间是指从发出跳闸信号（即跳闸线圈加上电压）起，到断路器开断、三相电弧完全熄灭为止所需的全部时间。分闸时间为断路器的固有分闸时间与电弧熄灭时间之和。一般分闸时间为 $0.06 \sim 0.12$ s，分闸时间小于 0.06 s 的断路器，称为快速断路器。固有分闸时间是指跳闸线圈通电到灭弧触头刚分离的这段时间。熄弧时间是指灭弧触头分离到各相电弧完全熄灭的这段时间。

4）断路器的基本结构

断路器的基本结构由开断元件、支撑绝缘、传动元件、底座、操动机构组成。

（1）开断元件

开断元件由断路器的动、静触头及灭弧室、载流回路、均压电容及辅助切换装置（包括辅助触头和并联电阻）等组成。它是断路器的核心元件，控制、保护等方面的任务都需由它来完成。其他组成部分都是配合开断元件，为完成上述任务而设置的。

（2）支撑绝缘

支撑绝缘由绝缘子、瓷套或其他材料的绝缘件组成。它用来支撑断路器的器身，把处于高电位的开断元件与地电位部件在电器上隔绝，确保其对地绝缘，承受断路器的操作力与各种外力。

（3）传动元件

传动元件由各种连杆、齿轮、拐臂或空气管道等组成。将操作指令及操作传递给开断元件的触头和其他部件的中间环节。

（4）底座

底座是整台断路器基础，一般指断路器的底座、底架或罐体，用来支撑和固定断路器。

（5）操动机构

操动机构由电磁、弹簧、液压、气动及手动、电动机等各类操动机构的本体和配件组成。向开断元件的分、合操作提供能量，并实现各种规定顺序的操作。

5) 断路器的操动机构

(1) 断路器操动机构的结构组成及型号含义

高压断路器通过触头的运动实现开断和关合,因此必须依靠相应的机械操动系统才能完成。在断路器本体以外的机械操动装置称为操动机构。操动机构与断路器动触头之间的连接部分称为传动和提升机构。

操动机构是独立于断路器本体以外的机械操动装置,通过它可对断路器进行操作,通常与断路器分开装设。一种型号的操动机构可以配用不同型号的断路器,同一型号的断路器也可以配装不同型号的操动机构。操动机构将其他形式的能量转换成机械能,使断路器准

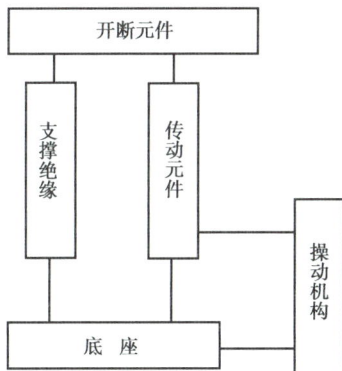

图 2.6　断路器组成的逻辑框图

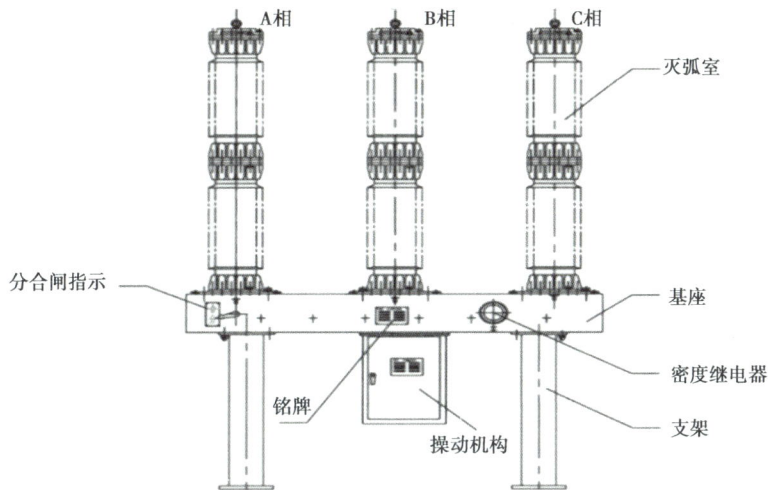

图 2.7　SF_6 断路器外形结构示意图

确地进行分、合闸。

高压断路器操动机构主要由做功元件、传动元件、维持与脱扣机构、缓冲装置、操作回路等元件组成。

①做功元件:其作用是把其他形式的能量转变为动能。例如,电磁操动机构中的合闸电磁铁、弹簧操动机构和气动操动机构中的弹簧,液压操动机构中的储压筒等。

②传动元件:其作用是改变操动力的大小、方向、位置、行程及运动性质等,因此,传动系统是整个操动机构中最为复杂的部分。

③维持与脱扣机构:操动机构除了使断路器动触头做分、合闸运动外,还要能使其维持在合闸位置和解除合闸状态,因此,需专门设置维持与脱扣机构。维持与脱扣机构的方式很多,但都必须考虑到快速、可靠地脱扣,并尽可能地减少其脱扣功。

④缓冲装置:为了保证断路器的分、合闸性能,运动系统仍有很大的剩余动能,使操动机构和断路器产生很大的冲击。缓冲装置的作用是吸收运动系统的剩余动能,使操动机构和

断路器免受冲击。

⑤操作回路:操作回路的作用是根据分、合闸命令,正确地完成分、合闸任务的指挥系统,也是实现自动化和远距离操作的重要组成部分。

断路器操动系统的组成如图2.8所示。

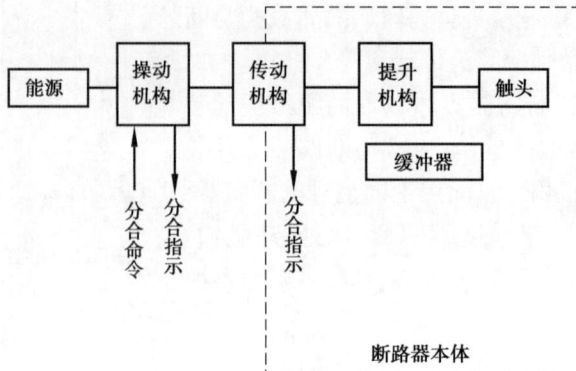

图2.8　断路器操动系统的组成

高压断路器操动机构的型号及含义如图2.9所示。

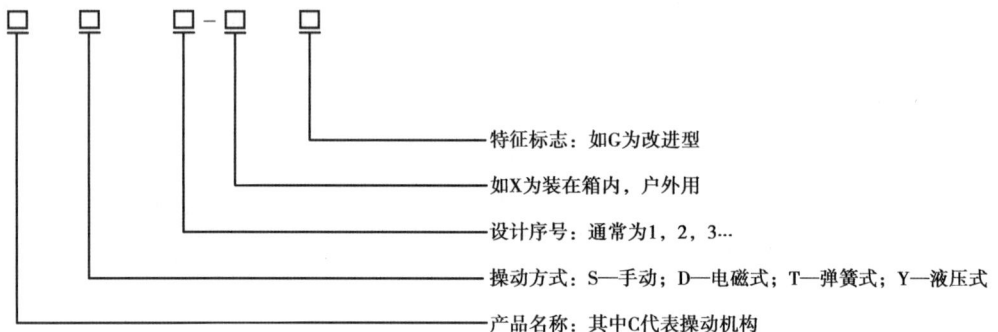

图2.9　高压断路器操动机构型号含义

例如,CY3中C代表操动机构,Y代表液压式,3为设计序号。CD2为电磁操动机构,D代表电磁式,2为设计序号。

(2)操动机构的分类及特点

断路器的操动机构按操作能量不同分为手动机构、电磁机构、弹簧机构、液压机构、气动机构等,各类操动机构特点见表2.1。

表2.1　各类操动机构特点

操动机构类型	主要优点	主要缺点	备　注
手动机构	1.结构简单,价格低廉 2.不需要合闸能源	1.操作受人力限制,合闸时间长,不能实现重合闸 2.合闸能力小 3.就地操作,不安全	用于电压等级较低(12 kV以下)、额定开断电流很小的断路器

续表

操动机构类型	主要优点	主要缺点	备　注
电磁机构	1.结构简单、工作可靠、制造成本较低 2.运行经验丰富	1.合闸线圈消耗的功率大,需要配备大功率直流电源 2.使用和维护复杂 3.耗费材料多	主要用于 35 kV 及以下电压等级的断路器,不是发展方向
弹簧机构	1.不需要大功率储能源,紧急情况下可手动储能,交直流电源都可以用 2.灵活性高,运行维护简单 3.暂时失去电源时仍能操作一次	1.机械加工工艺要求高 2.结构较复杂	用于自能式断路器或操作功较小的断路器,是发展方向
液压机构	1.操作功大,动作平稳、速度快 2.不需要大功率电源 3.暂时失去电源仍能操作多次	1.结构复杂、加工工艺要求高 2.油系统的工作压力大,渗漏问题突出 3.价格较贵	用于操作功较大的断路器,在 110 kV 及以上电压等级的断路器中广泛使用,是发展方向
气动机构	1.气动机构的操作功率大、动作速度快 2.不需要大功率电源 3.暂时失去电源仍能操作多次	1.结构复杂 2.需要空气压缩设备	排水问题突出,在高压断路器中使用较多,适用于有空压设备的场所
电动机构	1.结构简单,动作可靠 2.采用数字技术与电动机控制技术相结合	1.输出功率较小 2.抗干扰能力有待提高	适用于操作功较小的断路器

目前,弹簧操动机构和液压操动机构为断路器操动机构的发展方向,如图 2.10 所示。

（3）断路器操动机构的原理及基本要求

①操动机构原理。断路器的操动机构接到分闸或合闸命令后,将能量通过传动机构传递给提升机构。传动机构将相隔一定距离的操动机构和提升机构连在一起,并可改变两者的运动方向。提升机构是带动断路器动触头运动的机构,它使动触头按照一定轨迹运动,通常为直线运动或近似直线运动。断路器合闸能源可以是人力、电磁能、弹簧能、气体或液体的压缩能,分闸能源可以是在合闸过程中储能的分闸弹簧,也可以直接用气体或液体的压缩能。

由于断路器操作时速度很快,为了减轻断路器在分、合闸终了时的撞击,避免零部件损坏,还需装设分、合闸缓冲器。缓冲器一般装设在提升机构附近。为了反映断路器的分、合闸位置,在操动机构及断路器上应具有反映断路器位置的机械指示器。

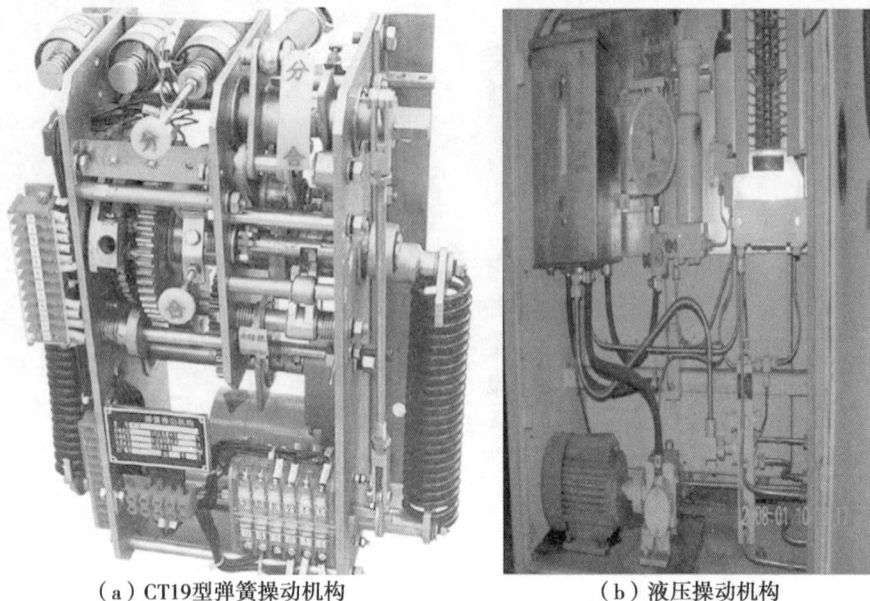

（a）CT19型弹簧操动机构　　　　　　　　（b）液压操动机构

图 2.10　断路器常用操动机构

②操动机构的基本要求。断路器的分、合闸操作是依靠操动机构来实现的,操动机构的质量和动作性能对断路器的工作性能和可靠性有着直接影响。对断路器操动机构的基本要求如下:

a.合闸操作。操动机构应有足够的合闸功率及较快的合闸速度,不仅能关合正常工作电流,而且在关合短路故障发生预击穿时,能克服短路电流的电动力作用合到位;合闸时,应能使触头平稳过渡到稳定状态,不发生弹跳现象;在合闸终了位置,应能使触头保持在良好的接触状态;在保证合闸稳定性的前提下,尽可能缩短合闸时间。

b.维持合闸。在合闸过程中,合闸命令的持续时间很短,操动机构的操作力只能在短时间提供。因此,操动机构必须有维持合闸部分,以确保断路器在合闸命令和操作力消失后仍保持在合闸状态。

c.分闸操作。分闸能量必须在合闸的同时完成储能,能量不受外界条件影响。无论在什么条件下,一旦分闸命令发出后,必须执行并分闸。分闸时间必须在规定的范围内。分闸时间太短,短路电流的直流分量过大,会引起分闸困难;分闸时间太长,会影响系统的稳定性。操动机构不仅能实现自动分闸,在某些特性情况下,还应能手动分闸。

d.自由脱扣。断路器在合闸过程中,如操动机构又接到分闸命令,这时操动机构不应继续执行合闸命令而应立即分闸。

e.防跳跃。断路器关合永久性短路故障,相应的保护动作自动分闸后,即使合闸命令未解除,断路器也不能再次合闸。防跳跃主要是防止断路器多次重复关合短路故障。

f.复位。断路器分闸后,操动机构的每个部件应能自动恢复到准备合闸状态。

g. 闭锁。为了保证断路器的动作可靠,操动机构应具有相应的闭锁装置,如分、合闸位置闭锁,弹簧机构的位置闭锁,气动、液压机构的压力闭锁等。分、合闸位置闭锁保证断路器在合闸位置时,操动机构不能进行分闸操作;断路器在分闸位置时,操动机构不能进行合闸操作。弹簧机构的位置闭锁是保证弹簧储能达不到规定要求时,操动机构不能进行分、合闸操作。气动、液压机构的压力闭锁是保证气体或液体压力达不到规定要求时,操动机构不能进行分、合闸操作。

2.1.2　认识 SF$_6$ 断路器

SF$_6$ 断路器原理与结构

SF$_6$ 断路器是利用 SF$_6$ 气体作为绝缘和灭弧介质的断路器。SF$_6$ 断路器属于气体吹弧式断路器,其特点是工作气压较低,在吹弧过程中气体不排出断路器体外,而在封闭系统循环使用。SF$_6$ 断路器在高压及超高压系统中占主导地位,并且正在向中压系统发展。

1) SF$_6$ 气体的性能

SF$_6$ 气体是一种无色、无味、无毒的惰性气体,在常温常压下,密度约为空气密度的 5 倍。SF$_6$ 气体化学性质非常稳定,在空气中不燃烧,不助燃。SF$_6$ 气体的热稳定性好,热分解温度大约为 500 ℃。

SF$_6$ 分子很容易吸附自由电子,形成负离子,具有较强的电负性。但在一定电场下,这些离子很难积累足够的能量导致气体电离。同时,因为气体中的自由电子减少,降低了气体被击穿的危险性,因此,SF$_6$ 气体具有良好的绝缘性能。在均匀电场中,SF$_6$ 的绝缘强度相当于大气的 2 ~ 3 倍;在 0.3 MPa 压力下,绝缘强度超过变压器油。但在不均匀电场中,其绝缘强度会下降。因此,SF$_6$ 断路器的部件多呈同心圆状,以使电场均匀。由于 SF$_6$ 分子吸附自由电子后变为负离子,负离子容易和正离子复合形成中性分子,使电弧空间的导电性能迅速降低。特别在电弧电流接近零值时,这种作用更加显著。当采用 SF$_6$ 气体吹弧时,大量新鲜的 SF$_6$ 分子不断和电弧接触,使灭弧更加迅速。

SF$_6$ 气体是多原子的分子气体,在电弧高温下分解和电离的情况非常复杂。SF$_6$ 气体中弧心部分热导率低、温度高、电导率大;其外焰部分热导率高、温度低、电导率小。所以,电弧电流几乎集中在弧心部分。因此,在 SF$_6$ 气体中,可以看到很细、很亮的电弧,几乎看不到外焰部位。这也是 SF$_6$ 气体灭弧时间短的原因之一。当电弧电流减小趋近于零值时,SF$_6$ 分子电负性显著,从而使电流保持连续,可使细小的弧心一直存在到极小的电流范围。SF$_6$ 电弧的这种特点,使断路器开断小电流时,也不会由于截流作用而产生操作过电压。

2) SF$_6$ 断路器结构

(1) SF$_6$ 断路器本体结构

SF$_6$ 断路器按照总体布置及外形结构的不同,分为瓷柱式和落地罐式两种,如图 2.11 和图 2.12 所示。

瓷柱式 SF$_6$ 断路器的外形结构与少油断路器和压缩空气断路器相似,灭弧室布置成 T 形或 Y 形,我国生产的 SF_6 断路器大多采用这种形式。110~220 kV 断路器每相一个断口,整体成 I 形布置;330~500 kV 断路器每相两个断口,整体成 T 形布置。瓷柱式 SF_6 断路器的灭弧室置于高强度的瓷套中,用空心瓷柱支撑并实现对地绝缘。动触头穿过瓷柱,与操动机构的传动杆相连。灭弧室内腔和瓷柱内腔相通,充有相同压力的 SF_6 气体。瓷柱式 SF_6 断路器结构简单,运动部件少,产品系列性好,但其重心高、抗震能力差。

(a)T形   (b)I形

(c)Y形   (d)U形

图 2.11　瓷柱式 SF_6 断路器

落地罐式 SF_6 断路器沿用了多油式断路器的总体结构方案,是将断路器装入一个外壳接地的金属罐中。落地罐式 SF_6 断路器每相由接地的金属罐、充气套管、电流互感器、操动机构和基座组成。断路器的灭弧室置于接地的金属罐中,高压带电部分由绝缘子支持,对箱体的绝缘主要依靠 SF_6 气体。绝缘操作杆穿过支持绝缘子,将动触头与机构传动轴相连接,在两根出线套管的下部可安装电流互感器。落地罐式 SF_6 断路器的重心低,抗震性能好,灭弧断口间电场较均匀,开断能力强,可以加装电流互感器,还能与隔离开关、接地开关、避雷器等融为一体,组成复合式开关设备;但是罐体耗材量大,用气量大,制造困难,成本较高。

图 2.12　落地罐式 SF_6 断路器

（2）并联电容器

断路器采用多断口结构时,每个断口的电压分布取决于断路器断口电容和对地电容的大小。由于断口的工作条件不同,加在每个断口的电压相差较大,会影响断路器灭弧能力。因此,多断口断路器通常在每个断口并联一个适当容量的电容器,以改善各个断口的电压分配,使开断过程中各断口的恢复电压基本相等,每个断口的工作条件接近相同。此外,装设并联电容器还能降低弧隙恢复电压上升速度,提高断路器近区故障开断能力。

（3）合闸电阻

合闸电阻指在断路器断口间通过辅助触头接入的电阻。合闸电阻与断路器灭弧室断口并联,也称并联电阻。为了限制合闸及重合闸的操作过电压,500 kV SF_6 断路器主要采取在断口上并联合闸电阻的方式。一般每相合闸并联电阻值在 400 Ω 左右,电阻片是由碳质烧结而成,外形与避雷器阀片很相似,但其热容量要大得多。合闸电阻按其设计安装方式可分为两类:一类是合闸电阻片与辅助断口均置于同一套管内,也可把电阻片布置在辅助断口两侧,使电阻片在工作发热后更有利于热量扩散;另一类是合闸电阻片与辅助断口不在同一瓷套内,而是各自成独立元件,串联后并联在灭弧室两侧。按其工作原理可分成两种:一种是合闸电阻在断路器合闸后,其辅助触头退回原位;另一种是合闸电阻在断路器合闸后被短接,但其辅助触头并不分离,分闸后才退回原有状态,等待下一次合闸操作。

3）SF_6 断路器灭弧原理

SF_6 断路器的灭弧室一般由动触头、绝缘喷嘴和压气活塞连在一起,通过绝缘连杆由操动机构带动。静触头制成管形,动触头是插座式,动、静触头的端部镶有铜钨合金。绝缘喷嘴用耐高温、耐腐蚀的聚四氟乙烯制成。SF_6 断路器根据灭弧原理不同,可分为双压式、单压式、旋弧式、自能式四种。

（1）双压式灭弧室

双压式 SF_6 断路器结构比较复杂,早期应用较多,目前已被淘汰,这里不做赘述。

（2）单压式灭弧室

单压式灭弧室内 SF_6 气体只有一种压力，工作压力一般为 0.6 MPa。在分闸过程中，动触杆带动压气缸，使 SF_6 气体自然形成一定压力。当动触杆运动至喷口打开时，气缸内的高压力 SF_6 气体经喷口吹灭电弧，完成灭弧过程。

单压式灭弧室按开断过程中动、静触头之间开距的变化分为定开距和变开距两种。定开距灭弧室的两个喷嘴保持在固定位置，动触头与压气缸一起运动。在开断电流的过程中，断口两侧的引弧触头间的距离不随动触头桥的运动发生变化。变开距灭弧室在开断电流的过程中，动、静触头之间开距随动触头的运动而发生变化。定开距灭弧室灭弧能力强，燃弧时间短，但压气室的体积比较大，220 kV、500 kV 电压等级的 SF_6 断路器多采用这种灭弧室结构。变开距灭弧室所需操动功率小、工作可靠性高、维修工作量少、安装容易，在 SF_6 断路器中应用较广。

（3）旋弧式灭弧室

旋弧式灭弧室在静触头附近设置磁吹线圈。开断电流时，线圈通过电弧电流，在动、静触头之间产生磁场，使电弧沿着触头中心高速旋转。由于电弧的质量较轻，在高速旋转时，使电弧逐渐拉长，最终熄灭。

旋弧灭弧室主要有以下特点：灭弧能力强，大电流时容易开断，小电流时也不产生截流现象，因此不致引起操作过电压，开断电容电流时，触头间的绝缘较高，不致引起重燃现象；灭弧室结构简单，不需要大功率的操动机构；电弧局限在圆筒电极内腔上高速运动，电极烧损均匀，电寿命长。旋弧灭弧室在 10～35 kV 电压等级的 SF_6 开关设备上大量采用。

（4）自能式灭弧室

随着断路器向小型化、高性能方向发展，利用自能灭弧原理的断路器正得到广泛应用。自能灭弧是利用电弧自身能量将电弧熄灭。自能灭弧原理包括旋弧式和热膨胀式两种。旋弧式主要用于中压系统；热膨胀式主要用于高压系统。

热膨胀式灭弧室利用电弧自身能量使 SF_6 气体加热膨胀，产生较高的压力，形成气体吹弧。为了克服开断小电流时吹弧能力不足的问题，通常采用小型辅助压气活塞，辅以压气灭弧。传统的单压式断路器利用操动机构带动气缸与活塞相对运动来压气灭弧，所需操作功大，操动机构不得不采用液压或气动机构，而液压或气动机构的漏油或漏气给用户带来很多问题。在单压式断路器中，操动机构是发生故障最多的组件。热膨胀式断路器的出现大大减少了操作功，减轻了操动机构的负担，同时简化了灭弧室的结构，提高了断路器的可靠性。

早期的自能式断路器采用"压气 + 热膨胀增压"技术，灭弧室采用热膨胀室和压气室分开的双气室结构。开断大电流时，靠电弧能量自身使热膨胀室增压，在电流过零时反向吹弧；开断小电流时，带有泄压阀的辅助压气室起作用，故只需产生较小的气压熄灭小电流电弧。其灭弧原理是：在大电流阶段，电流堵塞喷口，被电弧加热的气体反流入压气缸中，使气缸中压力增高，当电弧电流变小，弧区压力下降，喷口开放时，压气缸中的高压气体吹向电弧，使之熄灭。这种灭弧室结构相对简单，在一定程度上利用了电弧能量，操动机构要克服的反压力随开断电流大小而变。

新型的自能式断路器采用了多种复合灭弧技术,如热膨胀 + 压气 + 助推、热膨胀 + 减少压气行程、旋弧 + 热膨胀 + 助吹、热膨胀 + 辅助压气 + 双动等。热膨胀 + 辅助压气 + 双动灭弧室仍属于双室的自膨胀灭弧原理,但由于采用了上、下 触头在开断时反向运动的结构,在几乎不增加操作功的基础上,使刚分速度显著增加,提高了大电流时的开断能力。

自能式 SF$_6$ 断路器优化了灭弧室结构,降低了操作功,从而使配用轻型的弹簧机构成为可能,替代了液压或气动机构,减小了操作噪声,避免了操动机构介质泄漏的问题,提高了操作可靠性,是将来断路器的发展方向。但是降低操作功会使断路器某些开断性能受到影响,从而限制其使用。由于自能式断路器主要依靠短路电弧自身的能量提高灭弧室内 SF$_6$ 气体的压力,以达到熄弧压力,这样势必会增加燃弧时间,加重喷口和触头的烧损程度,使介质强度的初始恢复速度降低,从而影响短路开断能力、电寿命次数、近区故障开断能力。同时,自能式 SF$_6$ 断路器的灭弧室结构复杂,部件增多,而且在开断大小不同电流时均须可靠配合,这既增大了制造难度,同时也可能对可靠性造成不利影响。

采用弹簧机构克服了液压机构的渗漏问题,但可能发生更多的机械故障,如机械变形、损伤、卡滞及分、合闸锁扣失灵等,而弹簧本身的制造质量也难以控制。配用弹簧操动机构的自能式 SF$_6$ 断路器的出现,解决了运行部门长期以来被液压机构的渗漏所带来的困扰。但是,自能式 SF$_6$ 断路器仍处于发展过程中,缺乏运行经验,在其显现优势的同时,也有许多新出现的问题待解决。

2.1.3　高压断路器的检修知识

1) 高压断路器检修分类及检修周期

高压断路器的检修分为大修、小修及临时性检修。由于电力企业采用不同的检修制度,因此检修的周期应根据企业采取的检修制度确定。对实施状态检修的设备,应根据设备状态评估的结果来确定断路器是否需要检修、进行何种方式检修;对未实施状态检修的设备,一般应结合设备的预防性试验进行小修,但周期一般不应超过 3 年。满足表 2.2 规定的条件之一时,应进行大修。

表 2.2　高压断路器大修周期

断路器类型	电寿命	机械寿命	运行时间
SF$_6$断路器	累计故障开断电流达到设备技术条件中的规定	机械操作次数达到设备技术条件中的规定	12～15 年（推荐）
少油断路器	累计故障开断电流达到设备技术条件中的规定	机械操作次数达到设备技术条件中的规定	6～8 年（推荐）
真空断路器	累计故障开断电流达到设备技术条件中的规定	机械操作次数达到设备技术条件中的规定	8～10 年（推荐）

2）断路器的检修项目

（1）小修项目

①绝缘瓷套或复合绝缘子检查。

②机构传动箱的检查，包括分闸位置及分、合闸指示牌、拉杆系统的检查。

③密度表检查。

④支架检查。

⑤电气元件检查，包括分、合闸指示灯、门灯、计数器、加热器、温控器、加热器低压断路器、电动机低压断路器及接触器、远方/就地/隔离控制转换开关和就地合/分闸控制开关、继电器、电阻、端子排、储能指示标签、辅助开关检查。

⑥储能限位开关检查。

⑦缓冲器检查，包括分闸缓冲器漏油及螺栓松动的检查。

⑧掣子装置检查。

⑨机构箱螺栓、轴销、卡圈检查。

⑩机构箱清洁、防锈、润滑检查。

⑪机构箱机械元件磨损检查。

⑫驱动机构检查。

⑬分、合闸弹簧检查。

⑭SF_6露点测量。

⑮主回路电阻检查。

（2）大修项目

①包括小修的所有项目。

②拆卸断路器：

a. 拆卸机构箱与断路器连接拉杆；

b. 拆卸机构箱；

c. 拆卸断路器本体。

③本体解体检修（更换全套密封圈\触头\喷口\压气缸）。

④组装断路器本体极柱。

⑤机构大修：

a. 对所有转动轴、销、运动部件进行更换；

b. 螺栓、螺母紧固检查；

c. 润滑；

d. 组装机构箱。

⑥组装断路器。

⑦断路器真空注气处理。

⑧断路器机械特性测试调整。

⑨按照出厂试验要求开展修后试验。

3）SF₆断路器检修工艺流程

由于 SF₆ 断路器制造厂家很多，不同型号、不同结构、不同电压等级、不同运行条件的 SF₆ 断路器，很难给出统一的检修周期、检修项目和检修工艺标准。一般由用户根据运行和预防性试验中发现的问题，确定检修的项目和内容，制订具体检修方案。对于 SF₆ 断路器的大修，由于受现场人员的技术水平、检修设备、检修条件的限制，一般委托制造厂家或专业的检修单位实施大修工作。具备检修条件的用户，可以在厂家技术人员的指导下进行大修工作。下面介绍 SF₆ 断路器的检修流程、检修内容及质量标准，供现场检修时参考。

SF₆ 断路器大修流程由于断路器电压等级不同、类型不同而有所差异，通用的大修作业流程如图 2.13 所示。在实际大修工作中，必须按照断路器大修相关规程及厂家的说明书，结合现场条件，确定大修流程。小修和临时性检修的工艺流程可参照大修流程、相关标准、制造厂家规定执行。

4）检修准备工作及基本要求

（1）检修资料的准备

为了保证高压断路器检修工作的针对性、检修方案制订的科学性，检修前应对设备的安装情况、运行情况、故障情况、缺陷情况及断路器近期的试验检测等方面情况进行详细、全面的调查分析，以判定断路器内综合状况，为现场检修方案的制订打好基础。检修前应收集的资料包括设备使用说明书，设备图纸，设备安装记录，设备运行记录，故障情况记录，缺陷情况记录，检测、试验记录及其他资料。

（2）检修方案的确定

检修前应通过对设备资料的分析、评估，编制完善的检修方案。检修方案主要内容应包括检修的组织措施、安全措施和技术措施，检修的项目、标准、工期、流程等。

（3）检修材料、工器具及备件准备

检修前，应根据断路器的检修项目准备必要的检修工器具、试验仪器、备件及材料等，如检修专用支架、起重设备、吸尘器、万用表、断路器测试仪器等。还应按制造厂说明准备相应的辅助材料，如导电硅脂、密封胶、砂布等。另外，还应准备专用工具，如手力操作杆、专用扳手、专用测速工具等。

（4）检修安全措施

①施工现场工作人员必须严格执行《电业安全生产规程》，明确停电范围、工作内容、停电时间，检查安全措施与工作内容是否相符。

②现场如需进行电气焊工作，要开动火工作票，应由专业人员操作，严禁无证人员进行操作，同时要做好防火措施。

③向生产厂家技术人员提供《电业安全生产规程》，并介绍变电站的接线情况、工作范围、安全措施。

④在断路器传动前，对各部位要进行认真检查，防止造成人身伤害和设备损坏事故。

⑤当需接触润滑脂或润滑油时，需准备防护手套，抽真空时必须有专人监护。

⑥检修前应针对被检修断路器的具体情况，对危险点进行详细分析，做好充分的预防措

施,并组织所有检修人员共同学习。

⑦SF₆气体工作安全要求:

a. 按规定制定工作人员防护措施;

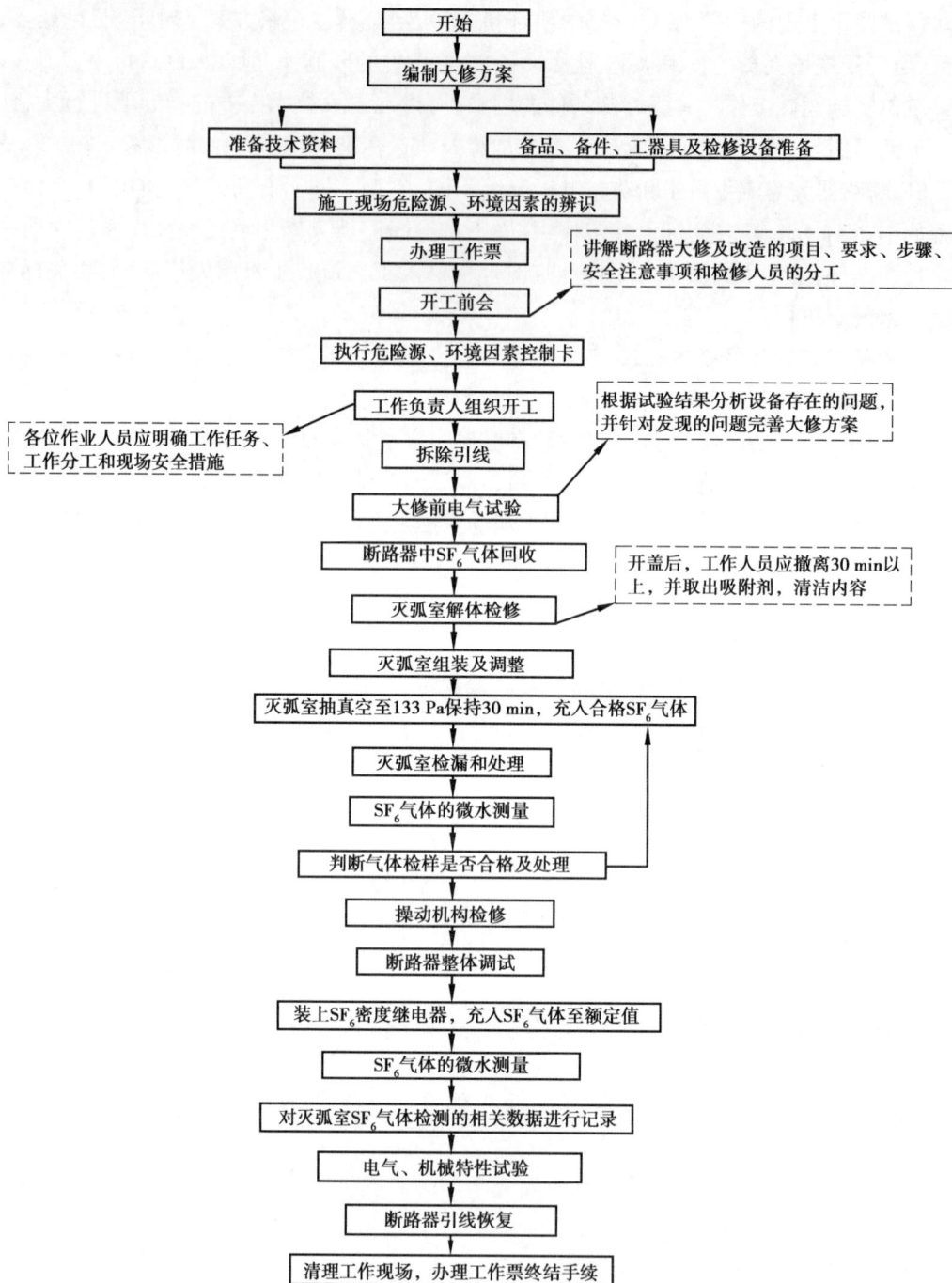

```
                      ┌──────────┐
                      │   开始    │
                      └────┬─────┘
                      ┌────┴─────┐
                      │ 编制大修方案 │
                      └────┬─────┘
          ┌────────────────┴────────────────┐
    ┌─────┴─────┐                  ┌─────────┴──────────┐
    │ 准备技术资料 │                  │ 备品、备件、工器具及检修设备准备 │
    └─────┬─────┘                  └─────────┬──────────┘
          └────────────────┬────────────────┘
            ┌──────────────┴──────────────┐
            │ 施工现场危险源、环境因素的辨识    │
            └──────────────┬──────────────┘
                    ┌───────┴───────┐       ┌─────────────────────────┐
                    │   办理工作票      │       │ 讲解断路器大修及改造的项目、要求、步骤、│
                    └───────┬───────┘       │ 安全注意事项和检修人员的分工        │
                    ┌───────┴───────┐       └─────────────────────────┘
                    │    开工前会      │
                    └───────┬───────┘
            ┌───────────────┴────────────────┐
            │ 执行危险源、环境因素控制卡           │
            └───────────────┬────────────────┘
                    ┌───────┴───────┐       ┌─────────────────────────┐
                    │ 工作负责人组织开工  │       │ 根据试验结果分析设备存在的问题,    │
                    └───────┬───────┘       │ 并针对发现的问题完善大修方案       │
  ┌──────────────────┐┌───┴───┐           └─────────────────────────┘
  │ 各位作业人员应明确工作任务、││ 拆除引线  │
  │ 工作分工和现场安全措施    │└───┬───┘
  └──────────────────┘┌───┴───┐
                    │ 大修前电气试验  │
                    └───┬───┘
            ┌───────────┴───────────┐
            │ 断路器中SF₆气体回收        │
            └───────────┬───────────┘    ┌────────────────────────┐
                    ┌───┴───┐           │ 开盖后,工作人员应撤离30 min以 │
                    │ 灭弧室解体检修  │       │ 上,并取出吸附剂,清洁内容     │
                    └───┬───┘           └────────────────────────┘
            ┌───────────┴───────────┐
            │ 灭弧室组装及调整           │
            └───────────┬───────────┘
  ┌─────────────────────┴──────────────────────┐
  │ 灭弧室抽真空至133 Pa保持30 min,充入合格SF₆气体     │
  └─────────────────────┬──────────────────────┘
                    ┌───┴───┐
                    │ 灭弧室检漏和处理 │
                    └───┬───┘
                    ┌───┴───┐
                    │ SF₆气体的微水测量 │
                    └───┬───┘
            ┌───────────┴───────────┐
            │ 判断气体检样是否合格及处理     │
            └───────────┬───────────┘
                    ┌───┴───┐
                    │ 操动机构检修  │
                    └───┬───┘
                    ┌───┴───┐
                    │ 断路器整体调试 │
                    └───┬───┘
        ┌──────────────┴──────────────┐
        │ 装上SF₆密度继电器,充入SF₆气体至额定值 │
        └──────────────┬──────────────┘
                    ┌───┴───┐
                    │ SF₆气体的微水测量 │
                    └───┬───┘
        ┌──────────────┴──────────────┐
        │ 对灭弧室SF₆气体检测的相关数据进行记录  │
        └──────────────┬──────────────┘
                    ┌───┴───┐
                    │ 电气、机械特性试验 │
                    └───┬───┘
                    ┌───┴───┐
                    │ 断路器引线恢复  │
                    └───┬───┘
            ┌───────────┴───────────┐
            │ 清理工作现场,办理工作票终结手续 │
            └───────────────────────┘
```

图2.13 SF₆断路器大修作业流程图

b. 工作现场应具有强力通风,以清除残余气体;

c. 准备具有微孔过滤器的真空吸尘器,用于除去断路器中形成的电弧分解物;

d. 在取出 SF$_6$ 断路器中的吸附剂、清洗金属和绝缘零部件时,检修人员应穿戴全套安全防护用品,并用吸尘器和毛刷清除粉末。

(5)对检修环境的要求

断路器的解体检修,尤其是 SF$_6$ 断路器的解体检修对环境的清洁度、湿度的要求十分严格,灰尘、水分的存在都会影响断路器的性能,故应加强对现场环境的要求。具体要求如下:

①大气条件:温度应在 5 ℃以上,相对湿度应小于80%。

②重要部件分解检修工作尽量在检修间进行。现场应考虑采取防雨、防尘保护。

③有充足的施工电源和照明措施。

④有足够宽敞的场地摆放器具、设备和已拆部件。

(6)废油、废气等废物处理措施

①使用过的 SF$_6$ 气体应用专业设备回收处理。

②SF$_6$ 电气设备内部含有有毒的或腐蚀性的粉末,有些固态粉末附着在设备内及元件的表面,应用吸尘器仔细将这些粉末彻底清除干净。用于清理的物品需要用浓度约20%的氢氧化钠水溶液浸泡后深埋。

③所有溢出的油脂应用吸附剂覆盖,按化学废物处理。

5)SF$_6$ 断路器本体大修内容及质量标准

SF$_6$ 断路器大修包含本体检修和操动机构检修两部分,本体大修内容及技术要求见表2.3。

表 2.3 SF$_6$ 断路器本体大修内容及技术要求

检修项目	检修内容	技术要求
瓷套或套管	检查均压环	均压环应完好无变形
	检查瓷件内外表面	瓷套内外无可见裂纹,浇装无脱落,裙边无损坏
	检查主接线板	主接线板应无变形、开裂,镀层应完好
	检查法兰密封面	密封面沟槽平整无划伤
	检查并联电容器(柱式)	电容器无渗漏现象,电容量和介质损耗值符合要求
灭弧室	弧触头和喷口的检修:检查零部件的磨损和烧损情况	(1)弧触头烧损大于制造厂规定值,或有明显碎裂,或触头表面有铜析出现象,应更换新弧触头 (2)喷口和罩的内径大于制造厂规定值或有裂纹、有明显的剥落或清理不干净时,应更换喷口、罩
	检查绝缘拉杆、绝缘件表面情况	表面无裂痕、划伤,如有损伤,应更换

续表

检修项目	检修内容	技术要求
灭弧室	合闸电阻的检修 （1）电阻片无裂痕,无烧伤痕迹及破损电阻值应符合制造厂阻值 （2）检查电阻动、静触头的情况	（1）检查电阻片外观,测量每极合闸电阻规定 （2）合闸电阻动、静触头无损伤,如损伤情况严重,应予以更换
	并联电容器的检修（罐式）: （1）检查并联电容的紧固件是否松动 （2）进行电容量测试和介质损耗测试	（1）电容器完好、干净,如有裂纹应整体更换 （2）并联电容值和介质损耗应符合规定
	压气缸检修:检查压气缸等部件内表面	压气缸等部件内表面无划伤,镀银面完好
SF$_6$气体系统	SF$_6$充放气止回阀的检修:更换止回阀密封圈,对顶杆和阀心进行检查	顶杆和阀心应无变形,否则应进行更换
	对管路接头进行检查并进行检漏	SF$_6$管接头密封面无伤痕
	对SF$_6$密度继电器的整定值进行校验,按检修后现场试验项目标准进行	密度继电器整定值应符合制造厂规定

6）高压断路器操动机构检修

高压断路器常见的操动机构有电磁、液压、弹簧、气动机构等。考虑到操动机构种类繁多,检修流程、检修工艺相差较大,本节介绍的检修项目和质量要求仅供现场检修时参考。

（1）液压机构检修项目及质量要求（见表2.4）

表2.4　液压机构检修项目及质量要求

检修部位	检修项目	质量要求
储压筒	检查储压筒内壁及活塞表面	应光滑、无锈蚀、无划痕,否则应更换
	检查活塞杆	（1）表面无划伤、镀铬层完整无脱落,杆体无弯曲、变形现象 （2）杆下端的泄油孔应畅通、无阻塞

续表

检修部位	检修项目	质量要求
储压筒	检查止回阀	钢球与阀口应密封良好
	检查铜压圈、垫圈	外观良好、无划痕
	组装及充氮气	(1)各紧固件应连接可靠 (2)充氮气后,止回阀应无漏气现象,预充压力应符合厂家要求
阀系统	检修分、合闸电磁铁	(1)阀杆应无弯曲、变形,符合要求 (2)阀杆与铁芯结合牢固,不松动 (3)线圈无卡伤、断线现象,绝缘应良好 (4)组装后铁芯运动灵活,无卡滞
	检修分、合闸阀	(1)钢球(阀锥)应无锈蚀、无损坏 (2)钢球(阀锥)与阀口应密封严密,密封线应完整 (3)阀杆无变形、弯曲,复位弹簧无损坏、锈蚀,弹性良好 (4)组装后各阀杆行程应符合要求
	检修高压放油阀(截流阀)	(1)钢球(阀锥)应无锈蚀、无损坏 (2)钢球(阀锥)与阀口应密封严密,密封线应完整 (3)阀杆应无变形、弯曲、松动,端头应平整 (4)复位弹簧应无损坏、锈蚀,弹性应良好
	检查安全阀	安全阀动作及返回值符合要求
工作缸	检查缸体、活塞及活塞杆	(1)缸体内表面、活塞外表面应光滑、无沟痕 (2)活塞杆应无弯曲,表面无划伤痕迹、无锈蚀
	检查管接头	应无裂纹和滑扣
	组装工作缸	(1)应更换全部密封垫 (2)组装后,活塞杆运动应灵活
油泵及电机	检修油泵	(1)柱塞间隙配合应良好,高、低压止回阀密封应良好 (2)弹簧无变形,弹性应良好,钢球无裂纹、锈蚀,球托与弹簧、钢球配合良好 (3)油封应无渗漏油现象,各通道应畅通、无阻塞
	检修电动机	(1)轴承应无磨损,转动应灵活 (2)定子与转子间的间隙应均匀,无摩擦现象 (3)整流子磨损深度不得超过规定值 (4)电动机的绝缘电阻应符合标准要求

续表

检修部位	检修项目	质量要求
油箱及管路	清洗油箱及滤油器	油箱应无渗漏油现象,油箱及滤油器应清洁、无污物
	清洗、检查及连接管路	(1)管路、管接头、卡套及螺母无卡伤、锈蚀、变形、开裂现象 (2)连接后的管路及接头应紧固,无渗漏油现象
加热和温控装置	检查加热装置	应无损坏,接线良好,工作正常。加热器功率消耗偏差应在制造厂规定范围以内
	检查温控装置	温度控制动作准确,加热器接通和切断的温度范围符合制造厂规定
其他部位	检查机构箱	表面无锈蚀,无变形,无渗漏雨水现象
	检查传动连杆及外露零件	无锈蚀,连接紧固
	检查辅助开关	触点接触良好,切换角度合适,接线正确
	检查压力开关	整定值应符合制造厂要求
	检查分、合闸指示器	指示位置正确,安装连接牢固
	检查二次接线	接线正确
	校验油压表	油压表指示正确,无渗漏油现象
	检查操作计数器	动作应正确

(2)弹簧机构检修项目及质量要求(见表2.5)

表2.5 弹簧机构检修项目及质量要求

检修部位	检修项目	质量要求
操作机构箱	检查机构箱	表面无锈蚀、变形,无渗漏雨水现象
	检查清理电磁铁扣板、掣子等	(1)分、合闸线圈安装牢固,无松动、卡伤、断线现象,直流电阻符合要求,绝缘良好 (2)衔铁、扣板、掣子无变形,动作灵活
	检查传动机构及其他外露部件	无锈蚀,连接紧固
	检查辅助开关	触点接触良好,切换角度合适,接线正确
	检查分、合闸弹簧	无锈蚀,拉伸长度应符合要求
	检查分、合闸缓冲器	测量缓冲曲线应符合要求

续表

检修部位	检修项目	质量要求
操作机构箱	检查分、合闸指示器	指示位置正确,安装连接牢固
	检查二次接线	接线正确
	储能开关	动作正确
	检查储能电动机	电动机零储能时间符合要求

（3）电磁机构检修项目及质量要求（见表 2.6）

表 2.6　电磁机构检修项目及质量要求表

检修部位	检修项目	质量要求
操作机构箱	检查机构箱	表面无锈蚀、变形,无渗漏雨水现象
	检查清理电磁铁扣板、掣子等	(1)分、合闸线圈安装牢固,无松动、卡伤、断线现象,直流电阻符合要求,绝缘良好 (2)衔铁、扣板、掣子无变形,动作灵活
	检查传动机构及其他外露部件	无锈蚀,连接紧固
	检查辅助开关	触点接触良好,切换角度合适,接线正确
	检查分闸弹簧	无锈蚀,拉伸长度应符合要求
	检查分、合闸指示器	指示位置正确,安装连接牢固
	检查二次接线	接线正确
	检查合闸接触器储能开关	接触良好、动作正确

7）断路器检修后的调整与试验

断路器检修后的调整与试验包括灭弧室行程调整、本体与机构连接部分的调整、SF_6 气体微水测量和泄漏检测、电气与机械特性试验等内容。由于各厂家制造的 SF_6 断路器结构不同,所配置的操动机构不同,因此调整、试验的方法和技术要求也有较大区别。这里只介绍调整与试验项目,调整、试验的方法和技术要求以厂家的产品说明书和预防性试验规程为准。断路器检修后的调整与试验项目见表 2.7。

表 2.7　断路器检修后的调整与试验项目

序号	项目	检查内容
1	灭弧室部分	触头行程及插入行程
2	本体与机构的连接	调整、测量机构工作缸行程
		调整、测量分闸时的 A 尺寸
		调整合闸保持弹簧
		调整分闸缓冲器
		调整引弧距
3	储能器	氮气预充压力调整
4	SF_6气体系统	调整并校验密度继电器动作值
		SF_6气体微水测量
		SF_6气体泄漏检测
5	机构压力表与压力开关	校验压力表,调整压力开关动作值
6	安全阀	调整并校验安全阀
7	机械特性	合闸时间、分闸时间、合-分时间
		合闸速度、分闸速度
		合闸、分闸三相不同期
		辅助开关动作时间
		合闸电阻提前投入时间
8	控制线圈	合闸线圈的直流电阻和绝缘电阻
		分闸线圈的直流电阻和绝缘电阻
9	低电压动作特性	分闸线圈
		合闸线圈(或合闸接触器)
10	操作试验	额定操作电压下的远方和就地操作
		机构补压及零起打压时间
		防止失压慢分试验
11	主回路	回路电阻测量

续表

序号	项目	检查内容	
12	绝缘试验	绝缘电阻	控制回路对地,辅助回路对地
			电动机线圈对地、主回路及绝缘拉杆
		1 min 工频耐压试验	控制回路对地,辅助回路对地
			电动机线圈对地,主回路合闸对地
			主回路分闸端口间
		电容器的绝缘电阻、电容量及介质损耗测量(装有并联电容的断路器)	
		绝缘油试验	

8)断路器检修后的投运

断路器在检修后,在投运前应进行以下工作:

①对所有紧固件进行紧固。

②接好断路器引线,接线端子及导线对断路器不应产生附加拉伸和弯曲应力。

③对所有相对转动、相对移动的零件进行润滑。

④金属件外表面除锈、着漆。

⑤清理现场,清点工具。

⑥整体清扫工作现场。

⑦安全检查。

⑧投运。

资讯学习成果检测

任务 2　咨讯检测答案

一、填空题

1.高压断路器按灭弧介质和灭弧原理不同可分为　　　　断路器、　　　　断路器、　　　　断路器、　　　　断路器。

2.高压断路器具有　　　　、　　　　、　　　　和　　　　等功能。

3.SF₆ 断路器根据灭弧原理不同,可分为　　　　、　　　　、　　　　、　　　　四种。

4.以 LW25-126 为例说明各部分代表的含义:　　　　;　　　　;　　　　;　　　　。

5.LW25-126 断路器由　　　　、　　　　、　　　　几部分组成。

二、选择题

1.LW25-126 断路器采用的操动机构类型为(　　　　)。

　　A.弹簧机构　　　　B.液压机构　　　　C.气动机构　　　　D.永磁机构

2. LW25-126 断路器常规产品使用的环境温度范围为(　　)。

    A. -30 ℃ ~ +40 ℃   B. -40 ℃ ~ +40 ℃

    C. -50 ℃ ~ +40 ℃   D. -60 ℃ ~ +40 ℃

3. LW25-126 断路器的主回路电阻为(　　)。

    A. ≤30 μΩ   B. ≤40 μΩ   C. ≤70 μΩ   D. ≤100 μΩ

三、判断题

1. 压气式 SF_6 断路器按灭弧室结构可分为定开距和变开距。　　　　　　(　　)

2. 弹簧操动机构是以气体储能、以高压油推动活塞进行分、合闸操作的机构。 (　　)

四、简答题

高压断路器有何作用?

2.2　决策与计划

2.2.1　SF_6 断路器故障分析及处理方法

SF_6 断路器以其优良的动作特性在高压系统占主导地位,但运行中的 SF_6 断路器仍会发生故障。统计资料表明,SF_6 断路器常见的故障主要有微水含量超标、泄漏、拒分和拒合等。

1) 微水含量超标

在 SF_6 断路器安装、运行、检修过程中,微水含量是十分重要的控制指标。微水含量超标,将引起闪络放电甚至开关设备爆炸,直接影响断路器的安全可靠运行,甚至危及人身和电网安全。因此,必须采取有效的预防措施,严格控制断路器的微水含量。

(1)微水含量超标的原因

①充入 SF_6 气体水分不合格,新气或再生气体水分超过标准。

②充入 SF_6 气体带进水分。充入 SF_6 气体时,由于工艺不当,如充气时钢瓶未倒立,管路、接口不干燥,装配时暴露在空气中时间过长等导致带进水分:回收 SF_6 气体时,干燥、净化不彻底,带进水分。

③绝缘件带入水分。主要指气体绝缘设备中使用的有机绝缘材料内部所含有的水分,在长期运行过程中,这部分水分会慢慢释放出来。

④吸附剂带入水分。由于吸附剂活化处理时间短,安装时暴露在空气中时间过长可能带入水分。

⑤透过密封件带入水分。由于大气中水蒸气的分压力通常为气体绝缘设备中水分压力的几十倍到几百倍,在这一压差作用下,大气中的水分会逐渐透过密封件进入气体绝缘设备。

⑥设备的渗漏。在充气口、管路接口、法兰处、铝铸件砂孔等处，空气中水蒸气会逐渐渗透到设备内部。气体绝缘设备的泄漏点是水分渗入设备内部的通道，时间越长，渗入水分越多。

渗入 SF_6 断器中的水分既存在于 SF_6 气体中，又吸附于绝缘件和导体表面。运行中 SF_6 气体微水含量与温度有密切关系，主要是因为绝缘件和气体中水分之间的分压力随温度的变化而变化。温度升高时，SF_6 气体中微水含量上升；温度降低时，SF_6 气体中微水含量下降。因此，测试 SF_6 气体微水含量时应进行温度修正，将实测温度的数据折算到 20 ℃时的数据，再与标准值相比较。

（2）SF_6 断路器微水含量控制措施

①严格控制 SF_6 新气的含水量，SF_6 气体质量必须符合国家标准。

②抽真空。在设备充气之前，应将设备抽真空至 67 Pa 以下，持续 1 h。这种方法对于除去设备内部构件表面吸附的水分很有效，但对减少绝缘件内部所含水分效果不理想，即使抽真空时间延长至 24 h，效果也不明显，因为绝缘件内部所含水向外扩散速度太慢。

③绝缘件的处理。绝缘件出厂时，如果没有进行特殊密封包装，安装前又未作干燥处理，则其在运行中所释放的水分将在气体含水量中占有很大比例。在安装现场未组装的绝缘件应存放于充有干燥氮气的容器中。

断路器的零部件在装配前须进行干燥处理，所有零部件在清洗干净后烘干，进行抽真空密封包装，再放置在专用仓库。专用仓库相对湿度不得超过 65%。绝缘件在加工过程中不允许渗水。断路器应在空调间装配，应保证一定的温度和湿度。温度控制在约 20 ℃，保证工人不出汗；湿度控制在 70%。密封件和喷口应保存在 20 ℃ 干燥的恒温箱内。灭弧室应在温度 20 ℃、相对湿度 60% 的无尘装配间装配，这样既能保证密封件和灭弧室装配质量，又可确保不吸收空气中的水分。

④采用渗透率小的密封件，加强气体绝缘设备密封面的加工、组装的质量管理，保证密封良好。断路器法兰面及动密封应采用双密封圈密封，这样做一方面可加强密封效果，减少 SF_6 气体的漏气量，另一方面可减少外界水分进入 SF_6 断路器中。

⑤采用高效吸附剂。使用前应进行活化处理，配置时应尽量缩短暴露于大气中的时间，尽量减少吸附剂自身带入的水分。

⑥加强运行中 SF_6 气体含水量的监视测量。对于含水量超过管理标准的 SF_6 气体，应适时加以干燥处理。

通过对上述各个环节的严格管理，控制 SF_6 断路器中 SF_6 气体的微水含量，使充入断路器设备内部 SF_6 气体的微水含量满足国家标准规定，即交接时（新设备）不大于 150 μL/L（20 ℃时），运行中不大于 300 μL/L（20 ℃时）。

（3）SF_6 断路器微水含量处理

①用回收装置将已充 SF_6 气体回收。

②对断路器气室抽真空。当真空度达到 133.32 Pa 以下开始计时，维持真空至少 30 min。

③停泵并与泵隔离,静止 30 min 后读取真空度 A 值。

④静止 5 h,读取真空度 B 值,要求 $B - A < 66.66$ Pa(极限允许值 133.32 Pa),否则检漏处理并重复前三步骤。

⑤对断路器充合格的 SF_6 气体至 $0.05 \sim 0.1$ MPa,静止 12 h 后,含水量小于 450 μL/L 判为合格。如大于 450 μL/L,应重新抽真空,并用高纯氮气充至额定压力,进行内部冲洗。

⑥处理后静止 12 h,测量断路器气室的含水量应不大于 150 μL/L。

2)泄漏

泄漏是一种很普遍的自然现象,凡是存在浓度差、温度差、压力差的地方都会有泄漏存在。SF_6 断路器的泄漏可分为开关本体和连接处的泄漏,以及液压机构的泄漏。

本体及连接处的泄漏主要在焊缝、支持瓷套与法兰连接处、灭弧室顶盖、提升杆密封处、管路接头、密度继电器接口、压力表接头、三联箱盖板等部位。为了减少连接部位发生泄漏的可能,装配前必须用白布或优质卫生纸蘸酒精仔细清擦密封面和密封圈,仔细检查,确认无缺陷后才能装配。同时,还应擦净法兰、螺栓孔及连接螺栓上的灰尘,以免带入密封面。

SF_6 气体泄漏后需要及时补气,查找并处理泄漏点,否则就不能保证断路器的正常工作。一方面,大气中的水分会通过泄漏点渗入断路器内部,影响断路器的电气绝缘性能,导致零部件锈蚀,可能造成断路器爆炸事故;另一方面,SF_6 气体泄漏到大气中,会吸收红外辐射而产生温室效应,对环境造成污染和破坏生态平衡;此外,水分含量严重超标的 SF_6 气体在火花和电晕的作用下,可能会分解产生剧毒的物质,对人体器官造成伤害,严重时甚至会危及生命。

断路器的操动机构主要有电磁、弹簧、液压机构,气动机构则应用不多。从近年来使用情况看,液压机构的缺陷和故障率最高。液压机构的故障主要表现在油气系统密封不良引起的渗漏。对于不同的液压机构,其泄漏的部位及情况有所不同。液压机构主要泄漏部位在阀门、密封圈、密封垫、高低压油管、压力表、压力继电器接头处、工作缸活塞杆、储压筒活塞的密封面等处。

液压机构的泄漏对断路器运行会造成严重影响,小的泄漏既影响设备的清洁,也会引起油泵的频繁起停、打压或补压时间过长;大量的渗油会造成失压故障,液压油进入储压筒使氮气侧压力异常升高,从而导致误动,造成设备缺陷,影响设备的安全运行。

消除液压机构泄漏需要设计、制造、材料选用、加工装配、安装调试等多方面的共同努力,制造厂家的设计和选材是前提,加工装配是关键,安装调试是基础。无论哪一个环节出问题,都会最终影响断路器产品的性能、质量和可靠性。

3)拒动或误动

断路器拒动的情况可分为拒分、拒合。断路器误动情况较多的是偷跳,特别是一相偷跳。造成断路器拒分或拒合的原因主要有两方面:一方面是断路器本身和操动机构的故障;另一方面是电气控制及其二次回路的故障。区分二者的主要依据是观察断路器发出的各种信号,如红绿灯的指示、闪光变化情况及分、合闸接触器、分、合闸铁芯动作情况。

不同类型的操动机构发生故障时,会发出不同的信号。液压机构故障会发出交流电动机失压、压力异常、合闸闭锁、分闸闭锁、低 SF_6 压力闭锁等信号;弹簧机构故障会发出未储能信号、低 SF_6 压力闭锁信号等。

当控制开关转到"合闸"位置,绿灯熄灭后又亮或者闪光,合闸电流表有摆动,可能是合闸电压太低,导致操动机构动力不足,不能将提升杆提到位,传动机构的动作未完成;也可能是操动机构调整不当,如合闸铁芯超程或缓冲间隙不够、合闸铁芯的顶杆调整不当、四连杆机构未过死点、维持机构未能将断路器保持在合闸位置、电磁阀失灵等。当控制开关转到"分闸"位置,红灯熄灭后又亮或者闪光,电流表有摆动,此种情况说明断路器已经动作,但因维持机构有故障,未能使断路器保持在分闸位置。

当控制开关转到"合闸"或"分闸"位置,红、绿指示灯不发生变化,绿灯闪光而红灯不亮,或者红灯闪光而绿灯不亮,电流表不摆动,喇叭响,说明操动机构没有动作,问题主要在电气方面。电气方面故障主要有:

①熔断器熔断或接触不良。

②合闸母线电压太低。根据《高压断路器运行规程》要求,对合闸电流线圈通电时,端子电压不应低于额定电压的 80%,也不得高于额定电压的 110%。若合闸母线电压太高或太低,均会造成断路器拒合。

③分、合闸控制回路接触不良,控制电源熔断器熔断或接触不良,红绿灯不亮,控制开关的触点、断路器辅助开关触点、防跳继电器的触点接触不良,都会导致分、合闸控制回路不通而发生拒合、拒分。

④分、合闸控制回路接线端子松动,分、合闸线圈断线。

4)回路电阻缺陷

回路电阻缺陷对应的原因可能有以下几个方面:

①测量点接触面氧化(图 2.14);

②断路器灭弧室内部合闸不到位;

③灭弧室内部导电膏(润滑脂)问题;

④用于无功补偿回路,投切电容器组累计一定次数后灭弧室烧蚀严重(图 2.15)。

分别对应的检修、处理方法如下所示:

①检查测量点位置,去除测量点表面的氧化皮,再进行测量。

②重新分、合闸再测,并根据厂家提供的断路器拐臂位置测算灭弧室是否合闸到位。如机构已合闸到位、本体未合闸到位,则需要厂家对断路器进行重新调整。

图 2.14　测量点接触面氧化图

③灭弧室内部电接触部位都会涂覆导电膏,如果涂覆过量,或者导电膏本身质量问题就可能导致回路电阻异常超标。

④查看断路器操作次数,对于 AVC 控制的投切断路器一般 1 年左右即可达到 1 000 多

次。结合厂家给出的大修点判定条件,对断路器停电后进行 X 射线数字成像,查看内部放电烧蚀情况,必要时进行解体检查并更换断路器本体。

图 2.15　灭弧室烧蚀

5)断路器绝缘失效故障

断路器绝缘失效故障对应的原因可能有以下几个方面:

①断路器断口间绝缘筒或绝缘支撑件闪络、击穿。

②灭弧室瓷套内表面发生闪络。

③灭弧室瓷套外表面发生闪络。

图 2.16　绝缘子闪络

分别对应的检修、处理方法如下所示:

①断口间绝缘电阻值很低,但是外部找不到闪络痕迹,基本可以判断断路器内部绝缘失效。用电力设备专用内窥镜深入灭弧室进行检查。确认后,需要对断路器进行大修或者更换新的断路器本体。

②开断次数较多,以及灭弧室瓷套内部存在其他污秽,会导致灭弧室瓷套内部表面闪络。绝缘电阻很小,外表未见明显放电痕迹。此时,需要拆解并更换瓷套,或者更换新的断路器本体。

③由于外部污秽在雪水融化或者小雨条件下在瓷套外表面形成了放电通道,随着泄漏电流的增大,最终形成外部闪络。瓷套外表面可见明显放电痕迹。对外表面进行擦拭后,断路器本体绝缘电阻应能恢复。处理方法为:对表面进行去污处理,重新完成相关试验后即可投运。若瓷套表面有裂纹或伞裙碎裂,建议更换瓷套或者更换断路器本体。

6）套管炸裂故障

套管炸裂故障对应的原因可能有以下几个方面：

①长距离运输颠簸导致瓷套裂纹；

②瓷套本身质量缺陷未检查出来；

③瓷套绝缘瓷与法兰水泥粘接部位有缝隙，导致雨水进入后，在气温骤降时，水分结冰体积膨胀，将套管挤压撑破。

发生套管炸裂故障需要更换瓷套或者断路器本体。

7）断路器机械故障

断路器机械故障对应的原因可能有以下几个方面：

①绝缘拉杆金属接头部位拉脱、连杆销脱落。

②断路器拐臂箱位置拐臂、金属连杆、花键轴出现机械故障。

分别对应的检修、处理方法如下所示：

①对灭弧室进行 X 射线数字成像，观察内部零件位置及异常状态。根据观察的结果，对断路器进行拆解、返修；或更换断路器本体。

②对零件进行着色探伤，必要时进行 X 射线数字成像，确定失效零件后，对其进行更换，并重新完成出厂试验、现场试验后投运。

8）液压机构故障

液压操动机构在运行中常见的故障有高压油路渗漏、油泵自动打压和控制回路故障、氮气预压力异常、压力过高或过低等。

（1）运行中失压导致零表压

运行中，液压机构压力降到零时发出的信号有压力降低信号、压力异常信号，断路器的位置指示红、绿灯均不亮，机构压力表指示为零，原因多为高压油路严重渗漏。此时，油泵启动回路已被闭锁，不再打压，机构压力降到零，对断路器的安全运行不利。如果此时发生慢分闸，断路器可能发生爆炸。

发现液压机构运行中失压导致零表压时，应尽快安排停电检修。不能停电时，可带电检修机构。停电检修处理完毕后，应先启动油泵打压至正常工作压力，再进行一次合闸操作，使机构阀系统处于合闸保持状态，才能去掉卡板，装上操作熔断器。这样可以防止在油泵打压时，油压上升过程中出现慢分闸。去掉卡板时，应先检查卡板不受力，以确认机构已处于合闸保持状态。

（2）油泵打压时间超过规定

油泵打压储能时，一般规定压力从零上升到正常工作压力时间不应超过 3 min。如果油泵长时间打压，可能会烧坏电动机；如果在油泵打压时自动停泵触点打不开，会使机构压力过高，影响安全运行。

油泵打压时间超时一般是由于各级阀门发生严重的渗漏，放油阀、控制阀关闭不严或合闸二级阀处于半分半合状态；油泵的吸油管压扁，进油不通畅；油泵低压侧有气体或漏气。针对不同情况，处理方法不同。

①油泵内部高压密封损坏,球阀密封不良时,处理方法:拆开清洗,更换密封闸。

②只有一个柱塞工作,柱塞与缸座的配合有间隙时,处理方法:将其拆下检查,过滤液压油,必要时更换柱塞或缸座。

③油泵内有空气时,处理方法:打开排气孔排气,多次打压排除油泵中的气体。

④吸油阀的螺丝可能裂纹时,处理方法:拆开后进行更换处理。

⑤高压油路有渗漏时,处理方法:针对故障处进行处理。

⑥滤油器被脏物堵住时,处理方法:拆除清洗严重时更换处理。

(3)液压操作系统压力异常

液压操作系统的油回路或电气回路发生故障,往往会引起系统的油压异常升高或降低。压力过高或异常降低的原因有:

①油泵启动打压,"油泵停止"微动开关位置偏高或触点打不开。

②储压筒活塞因密封不良或者筒壁有磨损,造成油气混合。

③气温过高或过低,使预压力过高或过低。

④微动开关触点失灵,在信号缸活塞杆超出停泵触点开关位压力表失灵或存在误差,压力表开关关闭,不能正确反映油压。

⑤微动开关触点失灵,在信号缸活塞杆超出停泵触点开关位置时,电动机电源不能切断,继续打压。

⑥二次中间继电器损坏,触点断不开,以及接触器卡滞,电动机始终处于运行状态。

⑦高压接头有渗油现象,阀体被油中脏东西垫起或密封垫损坏。

查明液压操作系统压力异常原因后,做相应的处理,对相关零部件进行修理或更换。

2.2.2　现场查勘

①确定待检修断路器的安装地点,查勘工作现场周围相邻带电设备与工作区域的距离是否满足安全规范要求。

②核对待检修断路器的台账、技术参数。

③核查检修设备评价结果、上次检修试验记录、运行状况及存在缺陷。

④查勘工器具、设备进入工作区域的通道是否通畅,确定作业工器具的需求,明确工器具、备件及材料的现场摆放位置。

⑤明确作业流程,分析检修、施工时存在的安全风险,制定安全预控措施。

2.2.3　危险点分析与控制

参照 GB 26860—2011《电力安全工作规程发电厂和变电站电气部

断路器本体部分检修作业风险辨识与预控措施

分》、Q/GDW1799.1—2013《国家电网公司电力安全工作规程(变电部分)》及相关规定,根据工作内容和现场勘察结果,对断路器本体部分检修作业的风险进行评价分析,制定相应的预控措施,填表2.8。

表2.8　断路器本体部分检修作业风险辨识及预控措施

序号	危险点	控制措施
1	操作机构误动作,伤害作业人员	
2	进行电气参数试验时触电伤人	
3	拆接交、直流电源时发生短路和灼伤	
4	低压触电	
5	误入(误碰/误登)带电间隔(设备)造成人员触电	
6	有毒气体毒害作业人员	
7	搬运长物时触碰带电部位	

2.2.4　确定安全技术措施

1)一般安全注意事项

①正确着装,穿好工作服、工作鞋,需穿防滑性能良好的软底鞋,正确佩戴安全帽和劳保手套,高空作业要正确使用安全带。

②按规定办理工作票,同班组人员检查现场安全措施,履行工作许可手续。

③开工前,工作负责人组织全体施工人员宣读工作票,交代作业任务(工作内容、人员分工),交代现场安全措施及带电部位、交代风险辨识及控制措施。

④按标准作业,规范施工。施工过程中相互监督,保证施工安全。

2)技术措施

①拆除接线时,做好记录,按记录恢复接线。

②工器具摆放整齐有序。

③检修后按规定项目进程测试,各部件应符合质量要求。

2.2.5　确定检修内容、时间和进度

根据现场查勘报告,编制标准化作业流程表(见表2.9)。

表2.9　标准化作业流程表

工作任务	高压断路器检修	
工作日期	年 月 日至 年 月 日	工期
工作内容	工作安排	时间(学时)
制定检修计划、作业方案	主持人：　　参与人：	
优化作业方案,编制标准化作业卡	主持人：　　参与人：	
准备工器具、材料,办理开工手续	主持人：　　参与人：	
断路器故障分析判断	小组成员训练顺序：	
断路器本体检修	小组成员训练顺序：	
断路器操作机构检修	小组成员训练顺序：	
断路器二次回路检修	主持人：　　参与人：	
断路器调整测试	主持人：　　参与人：	
清理工作现场,验收,办理工作终结	工作负责人： 小组成员：	
小组自评互评,教师总结点评		
确认(签名)：	工作负责人： 小组成员：	

2.2.6　工器具和材料准备

1)工器具、仪器仪表(见表2.10)

表2.10　断路器本体检修所需工器具及仪器、仪表

序号	名称	规格型号	单位	数量	确认(√)	责任人
1	工作平台		组	1		
2	人字梯		副	1		
3	单梯		副	2		
4	手锤		把	1		

续表

序号	名称	规格型号	单位	数量	确认(√)	责任人
5	活动扳手		把	3		
6	梅花扳手		套	1		
7	套筒扳手		套	1		
8	管钳		把	1		
9	锉刀	粗齿	把	1		
10	板尺	50 cm	把	1		
11	卷尺	5 m	把	1		
12	电钻		把	1		
13	油枪		把	1		
14	钢丝钳	6 in	把	1		
15	锯弓	30 mm	把	1		
16	绳索	ϕ10 mm,20 m	根	2		
17	电焊机		台	1		
18	电源盘		台	1		
19	绝缘电阻测试仪		台	1		
20	回路电阻测试仪		台	1		
21	机械特性测试仪		台	1		
22	超声波探测仪		台	1		
23	吊车		台	1		

2)耗材(见表 2.11)

表 2.11　断路器本体检修所需耗材

序号	名称	规格型号	单位	数量	备注
1	清洗剂		kg	10	
2	低温润滑脂	2 号	瓶	2	

续表

序号	名称	规格型号	单位	数量	备注
3	凡士林		瓶	1	
4	砂布	0 号	张	10	
5	抹布		kg	1.5	
6	锯条		根	3	
7	钢丝刷		把	3	
8	毛刷	40 mm	把	3	
9	不锈钢螺栓	M6×10 mm	套	25	304 钢
10	不锈钢螺栓	M8×25 mm	套	25	304 钢
11	镀锌螺栓	M10×40 mm	套	40	热镀锌
12	镀锌螺栓	M12×50 mm	套	25	热镀锌
13	开口销	$\phi2$、$\phi4$、$\phi5$	个	各 12	
14	导电膏		支	6	
15	铁线	10 号	kg	3	
16	螺栓松动剂		瓶	1	
17	油漆	黄、绿、红、黑、白、铝粉、银灰	kg	各 1	
18	防水胶		支	3	
19	二硫化钼		瓶	1	

2.3 实 施

2.3.1 布置安全措施,办理开工手续

1)布置安全措施

按以下步骤布置安全措施,办理开工手续,并填写表 2.12、表 2.13、表 2.14。

①拉开断路器,检查确认断路器在分闸位置,断路器就地操作把手已经悬挂"禁止合闸,有人工作"标识牌。

②检查断路器操动机构、信号、合闸电源已切断。

③确认检修间隔断路器两侧隔离开关靠断路器侧已挂地线或合接地刀闸。

④确认检查间隔四周与相邻带电设备间装设围栏,并向内侧悬挂"止步,高压危险"标识牌。

⑤列队宣读工作票,交代作业任务(工作内容、人员分工),交代现场安全措施及带电部位,交代风险辨识及控制措施。

⑥准备好检修所需的工器具、材料、备品备件,检查工器具、材料齐全、合格,摆放位置符合规定。

表 2.12　设备停电操作

序号	工作内容	执行人(签名)	确认人(签名)
1	拉开 522 断路器		
2	拉开 5223 隔离开关		
3	拉开 5222 隔离开关		
4	检查 5223、5222、5221 隔离开关在分位		

表 2.13　布置安全措施

序号	工作内容	执行人(签名)	确认人(签名)
1	在 5223 隔离开关与 522 断路器之间装设一组地线		
2	在 5222 隔离开关与 522 断路器之间装设一组地线		
3	在 522 断路器就地操作把手悬挂"在此工作"标识牌		
4	在 5222 隔离开关操作把手悬挂"禁止合闸,有人工作"标识牌		
5	在 5221 隔离开关操作把手悬挂"禁止合闸,有人工作"标识牌		
6	在 5223 隔离开关操作把手悬挂"禁止合闸,有人工作"标识牌		
7	在 5223 断路器与相邻带电设备间装设围栏,向内侧悬挂适量"止步,高压危险"标识牌。围栏设置唯一出口,在出口处悬挂"从此进出"标识牌		
8	在 522 断路器端子箱、机构箱断开控制电源和储能电源快分开关		

续表

序号	工作内容	执行人（签名）	确认人（签名）
9	在 5223、5222 和 5221 机构箱断开控制电源和电机电源快分开关		
10	在 522 断路器保护屏及测控屏悬挂"在此工作"标识牌，并在相邻运行设备上挂"运行设备"红布帘		

表 2.14　办理开工手续

序号	工作内容	执行人（签名）	确认人（签名）
1	工作票负责人按公司有关规定办理好工作票许可手续，完成现场"三交"工作		
2	本作业负责人对本班工作人员进行明确分工，并在开工前检查确认所有工作人员正确使用劳保用品		
3	在本作业负责人带领下进入作业现场并在工作现场向所有工作人员详细交代作业任务、安全措施和安全注意事项，全体工作人员应明确作业范围、进度要求等内容，并在到位人员签字栏上分别签名		

2）SF$_6$ 断路器检修时的安全防护

除了以上安全防护外，SF$_6$ 断路器检修时还需注意其安全防护。

①断路器解体前，应对断路器内 SF$_6$ 气体进行必要的检测。根据有毒气体含量，采取相应的安全防护措施。

②断路器解体检修时，检修人员应穿防护服、戴防毒面具。断路器封盖打开后，应暂时撤离现场 30 min 以上。

③断路器解体前，应用 SF$_6$ 气体回收净化装置净化处理 SF$_6$ 气体，并对断路器抽真空，用氮气冲洗 3 次后，方可进行解体检修。

④在取出吸附剂、清洗金属和绝缘部件时，检修人员应穿戴全套的安全防护用品，并用吸尘器和毛刷清除粉尘。

⑤将取出的吸附剂、金属粉末等废物放入酸或碱溶液中处理至中性后，进行深埋处理，深度应大于 0.8 m。

⑥回收利用的 SF$_6$ 气体，需进行净化处理，达到国家标准后方可使用。对排放的废气，事前需作净化处理，达到国家环保规定要求后才能排放。

⑦在检修车间检修时，解体检修净化车间要密封、低尘降，并保证有良好的引风排气设施，其换气量应保证在 15 min 内全车间换气一次。排气口应设置在底部。

⑧工作结束后，使用过的防护用具应清洗干净，检修人员要做好个人卫生。

2.3.2　高压断路器检修

按以下步骤及要求进行 LW25-126 型断路器检修,并填写表 2.19、表 2.20。

1)检修前的检查和试验

①为了解高压断路器检修前的状态以及方便检修后将试验数据进行比较,检修前应对被检断路器进行检查和试验。

②断路器修前的检查项目应包括外观检查、渗漏检查、瓷套检查、压力指示、动作次数、储能器检查等。

③断路器检修前的试验项目包括:

a.断路器开距、接触行程(超行程)测量,断路器主回路电阻测量,断路器机械特性试验。

b.在额定操作压力和额定操作电压下,分别测量断路器三相的合闸时间、合闸速度、分闸时间、分闸速度,同相断口间的同期、三相间的同期,以及辅助开关动作时间与主断口的配合等。

④断路器的低电压动作试验。在额定操作压力状态下,分别测量并记录断路器合闸、分闸最低动作电压。

⑤试验断路器液压(气动)机构的零起打压时间及补压时间。

断路器检修前主要检查部位及要求如图 2.17 所示。

图 2.17　SF_6 断路器外观目视检查

（1）外观目视检查

①引线及线夹：检查引线有无散股、断股，张力是否适当；线夹连接是否牢固，有无发热烧伤痕迹；线夹螺栓是否松动及锈蚀。测温片有无变色。

②绝缘套管：检查瓷体有无破损、裂纹和放电痕迹及脏污程度。

③机构箱：检查箱体脏污程度，是否密封，有无锈蚀。储能指示是否正确，SF$_6$气体压力是否在合格范围内。

④底座、设备支架：检查设备底座连接是否牢固、支架支撑是否稳固，箱体密封是否良好。

检查断路器底座，底座无变形、螺栓连接应无松动。螺栓如有松动，用相应的力矩紧固。

⑤接地、基础：检查接地体是否良好无锈蚀，基础有无倾斜下沉。

检查断路器底座接地线，接地线螺栓连接应无松动。螺栓如有松动，用相应的力矩紧固。

对 LW25-126 断路器本体着重检查密封情况，拆开本体、机构等后，后盖板恢复必须进行放水密封处理。

（2）设备清扫

①绝缘套管清扫：用清洁布擦拭套管上的污垢和灰尘。

a.检查断路器瓷瓶表面，用棉布蘸取清洁剂将瓷瓶表面灰尘和污渍擦拭干净。擦拭时，应从上向下擦拭瓷瓶，同时检查瓷瓶表面是否有可见裂纹，裙边有无损坏。若瓷瓶有较深裂纹，应及时更换瓷瓶。

b.检查 RTV 有无脱落，憎水性是否良好。

c.对瓷瓶及法兰各密封处进行气体检漏，检漏应采用灵敏度为 10^{-6} 的卤素检漏仪，不应有漏点存在，如发现漏点应与厂家联系。

②对本体污秽部分，用干净丝绸蘸取无水乙醇擦拭外壳并揩干。

③端子排、机构箱清扫：用扁油刷或手风器清除接线端子排及继电器、接触器、转换开关上的积尘，打开机构箱底部排污孔将箱内灰尘杂物等清理干净，如图 2.18 所示。

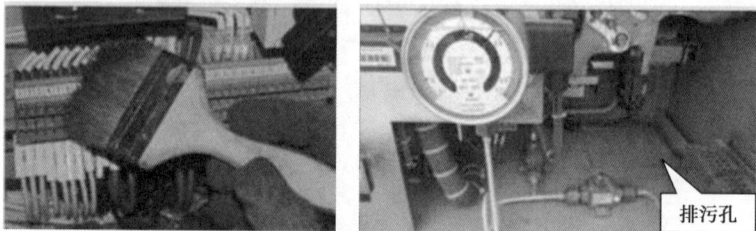

图 2.18　设备清扫

（3）机械传动部件除垢

用扁油刷清扫传动部件的灰尘，用清洁布或平头螺丝刀清理风干的油垢、杂物，如图 2.19所示。

（4）金属件除锈补漆

①用砂纸、钢丝刷打磨剔除设备锈蚀部分。

图 2.19　机械传动部分除垢

②除锈后先涂防锈底漆,再涂面漆。检查底座是否有锈蚀等现象;若有腐蚀,需对锈蚀柜面进行防腐处理。

处理方法:用机械方法(如铜刷)彻底清除钢板和其他钢质部件上的油漆损伤区域的铁锈,轻轻研磨油漆层周围并除去油污,然后立即涂上防锈底漆,待底漆干后涂上面漆,只能使用相溶的油漆。

2)断路器本体部分检修

(1)引线及线夹

检查断路器三相上下接线座,检查设备线夹接触面以及固定螺栓孔,查看是否有腐蚀氧化现象。若有腐蚀,应将腐蚀部分用砂纸打磨除掉,再涂抹一定的导电膏。若腐蚀较为严重,应更换接线座。

①解体检查线夹,用砂纸将设备线夹接触面、设备接线板接触面打磨干净,均匀涂抹中性凡士林,并更换测温片。更换有裂纹烧伤的线夹。

②用砂纸、钢丝刷打磨轻微锈蚀的线夹连接螺栓,更换锈蚀严重的螺栓,如图 2.20 所示。

图 2.20　引线及线夹检修

③使用力矩扳手紧固设备线夹、设备线夹与接线板间固定螺栓(表 2.15)。如线夹与线

夹固定螺栓力矩值采用 M10 力矩值22.6 N·m、M12 力矩值39.6 N·m,线夹与母线固定螺栓力矩值采用 M10 力矩值17.7 N·m、M12 力矩值31.4 N·m,并在螺栓上涂抹黄油,如图2.21 所示。

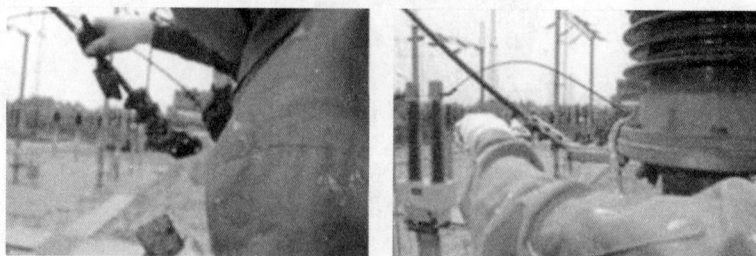

图2.21　紧固设备线夹及螺栓

表2.15　螺栓的紧固力矩值

螺栓规格/mm	力矩值/(N·m)
M8	8.8~10.8
M10	17.7~22.6
M12	31.4~39.6
M14	51.0~60.8
M16	78.5~98.1
M18	98.0~127.4
M20	156.9~196.2
M24	274.6~343.2

④散股母线处理:摘下散股母线,由远而近沿导线缠绕方向捋顺散股,用铝绑带绑扎散股部位并重新固定,导线中部散股采取绑扎处理。断股母线处理:更换断股母线。

⑤过松、过紧母线的调整:过松时,剪去多余部分,重新固定;过紧时可通过增加连接板、U 形环、延长母线等方法解决。不能调整时更换母线。

(2)绝缘套管

瓷体无破损、裂纹及爬电痕迹。瓷体瓷釉剥落面积超过 300 mm² 时,用瓷釉漆或环氧树脂胶修补。

(3)测量操作连杆行程

图2.22 中 $L1$ 至 $L2$ 的值为断路器的触头行程,应满足产品安装使用说明书规定值。

(4)加热系统

①温控器电源指示灯显示正常,二次接线紧固。加热器无损坏、变形,安装牢固,电阻测量正常。

②对温控器温度可调的加热系统通电试验,加热器通电 5 min 后,加热板工作正常。

图 2.22　测量操作连杆行程

③更换损坏的加热器、温控器,如图 2.23 所示。

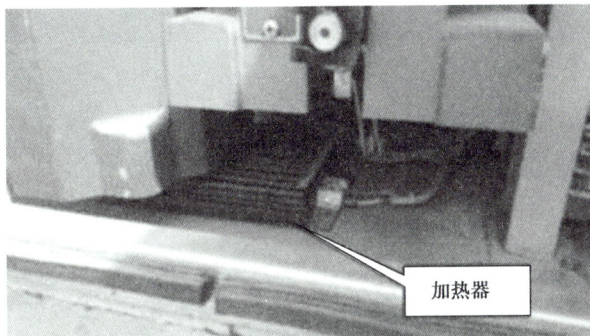

加热器

图 2.23　加热系统

(5)设备支架

①金属设备支架存在锈蚀的,除锈涂漆。

②紧固各部连接螺栓(压平弹垫片),并涂抹黄油。

③基础有轻微裂纹或剥落的,可修整补强。

④支架中心线应垂直于地面,当倾斜角度超过正常角度 0.3% 时应校正支架。

(6)接地

①外壳保护接地通过接地线单独接地,各部连接良好,紧固连接螺栓压平弹垫片。

②紧固端子箱二次电缆接地线螺栓,应接触牢固,如图 2.24 所示。

3)断路器操作机构检修

断路器的操作机构检修项目如下所示。

(1)机构箱体

更换损坏的密封条,用防火泥封堵电缆孔,如图 2.25 所示。

图 2.24 接地情况

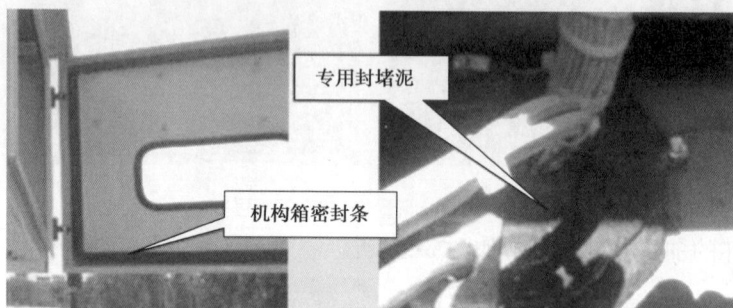

专用封堵泥

机构箱密封条

图 2.25 机构箱体

（2）操作及传动机构

①试验检查分、合闸指示、储能指示、灯光显示及计数器动作情况。可通过调节分、合闸指示与运动部件的传动杆长度来矫正分、合闸指示位置，调整挂钩松脱的计数器或更换损坏的计数器，更换损坏的指示灯。

②补装缺失的垫片、卡销、螺栓螺帽，确认各部零件齐全，紧固连接螺栓（压平弹垫）。摩擦及运动部件加注润滑油，保持机构动作灵活可靠，如图 2.26 所示。

检修操作及传动机构时，确认断路器电机及控制电源已断开，储能已释放。

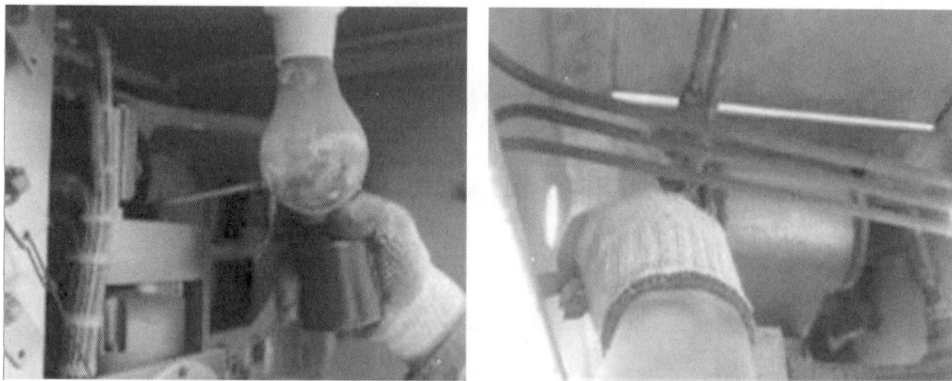

图 2.26 操作箱内元件更换及螺栓紧固

a. 用万用表测量检查转换开关、行程开关、继电器、接触器接点动作准确，如有异常应调整或更换，如图 2.27 所示。

b. 紧固机构箱内二次接线，补装脱落或模糊不清的电缆牌和线号管。绑扎松动、脱落的二次引线，防止引线脱落侵入传动机构，如图 2.28 所示。

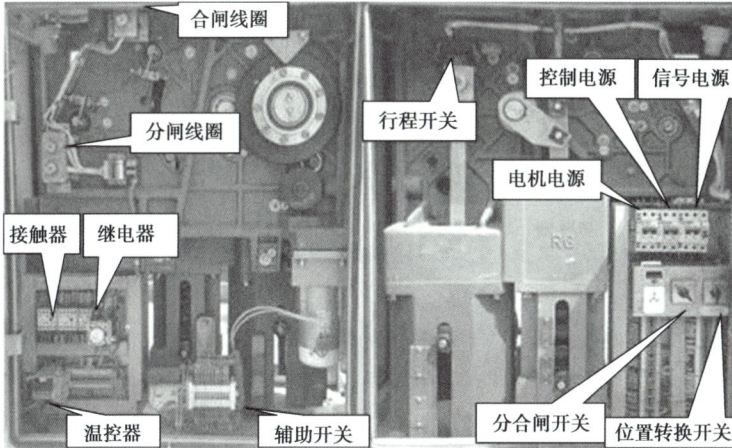

图 2.27　断路器二次回路各元件

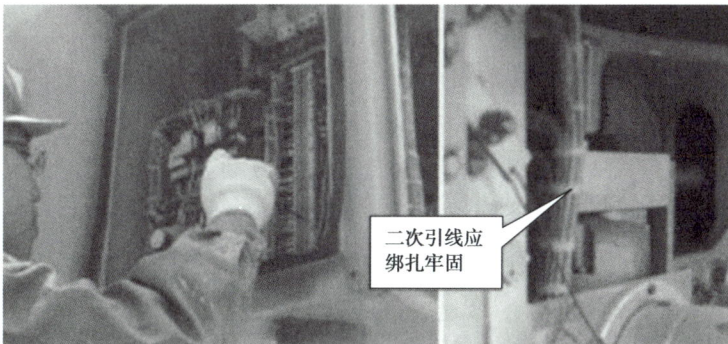

图 2.28　紧固机构箱内二次接线

表 2.16　LW25-126 型断路器操作机构检修工序及质量标准

关键工序	质量标准
1. 检查操作机构各元件	1. 检查操作机构各元件外表是否有损坏。在检查工作之前必须确定断路器处于分闸状态、机构储能弹簧处于释放状态，并切断操作、储能电源 2. 对机构内的各滚动和滑动摩擦面及重要零部件均匀涂抹专用二硫化钼锂基润滑脂 3. 当机构内部较脏时，可用干净丝绸蘸取无水乙醇擦拭机构
2. 检查机构内的二次接线端子	检查二次部分所有电气端子，查看其是否有松动，若松动应用螺丝刀紧固
3. 检查机构内的加热器	使用万用表测量加热器的电阻值，将测得的阻值与厂家提供的加热器电阻参考值相比较判断其是否完好，若损坏要更换新加热器
4. 断路器手动储能检查	1. 工作人员将储能摇把插入手动储能操作口，顺时针转动，给断路器储能 2. 在储能的过程中，检查齿轮转动是否灵活；检查合闸弹簧是否拉伸到位 3. 工作人员用万用表在二次接线排端测量储能微动开关的通断状态，查看储能到位时微动开关是否断开。若储能微动开关不能正确动作，应该立即更换

107

续表

关键工序	质量标准
5. 断路器合闸及回路检查	1. 按分、合闸手动把手扳向合闸侧,断路器合闸。检查合闸弹簧动作是否到位,分闸弹簧是否已经压缩储能 2. 合闸过程中,用万用表在二次接线排端测量合闸回路动作情况。合闸状态时,分闸二次回路可靠接通,回路电阻符合要求。若未接通,应检查分闸回路和辅助开关 3. 检查合闸状态时,分闸回路的中间继电器的动作情况,是否符合二次回路要求
6. 断路器分闸及回路检查	1. 按分、合闸手动把手扳向分闸侧,断路器分闸。检查分闸弹簧是否已经到位 2. 分闸过程中,用万用表在二次接线排端测量分闸回路动作情况。分闸状态时,合闸二次回路接通,回路电阻符合要求。若未接通,应检查合闸回路和辅助开关 3. 检查分闸状态时,合闸回路的中间继电器的动作情况,是否符合二次回路要求 4. 分闸后,检查计数器是否动作正常,若未动作,应更换计数器
7. 断路器电动储能检查	打开储能开关,电机开始储能,检查电机转动是否灵活,有无异响和卡涩显现。若转动有故障应将其更换。在更换电机时,断路器必须处于分闸位置,机构储能弹簧处于释放状态

4) 断路器检修后调试

断路器检修后应进行分、合闸试验。

分、合闸操作 3 次,其中断路器就地位分、合闸 2 次,控制室盘控位分、合闸 1 次,断路器正常分、合闸且动作灵活可靠,位置信号指示正常,如图 2.29 所示。

断路器分闸、合闸试验操作间隔时间不小于 1 min。

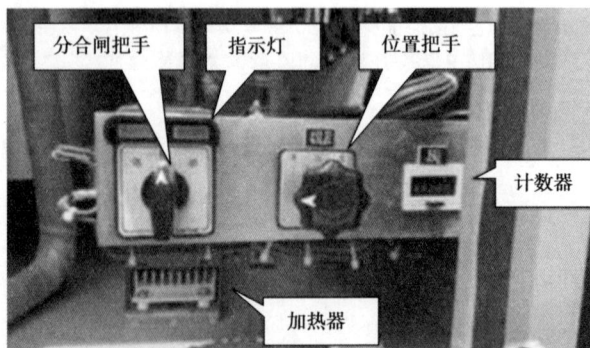

图 2.29　断路器分、合闸位置把手

5) 检修质量检查

断路器检修质量要求如表 2.17 所示。

表 2.17　LW25-126 断路器具体检修内容及质量要求

序号	检修内容		质量要求	检修记录	执行人（签名）	确认人（签名）
1	本体及支架检查					
	（1）	支柱瓷瓶和灭弧室	瓷套表面应无污垢沉积,无破损伤痕,无闪络痕迹。开展瓷套清洁工作			
	（2）	本体及支架连接螺栓的检查	螺栓是应无松动和锈蚀现象。按力矩要求对断路器本体及支架连接螺栓进行紧固			
	（3）	断路器引流线接线板检查	引出线接线板,应无松动、锈蚀。如严重锈蚀则应更换处理。如有螺栓松动,应按力矩要求拧紧螺栓			
2	操作机构传动箱检查		检查分、合闸指示牌及连杆应正常,并按照力矩要求紧固相关螺栓			
3	SF_6 气体压力节点及回路检查		压力、报警及闭锁回路应功能正常			
4	电气元件检查		各电气元件应紧固良好,功能正常,并结合机构箱及汇控箱电气元件检查可完成断路器二次回路绝缘电阻测试			
5	缓冲器检查		分闸缓冲器应无渗漏油及螺栓松动的现象,如果存在渗油,应对缓冲器进行更换			
6	掣子装置检查		断路器分、合闸掣子装置应正常,无锈蚀、松动现象,掣子间隙应正常,并结合掣子装置的检查调整可完成以下试验: （1）分、合闸线圈直流电阻 （2）分、合闸电磁铁的动作电压 （3）断路器的时间参量			
7	机构箱可视部分螺丝、轴销、卡圈检查		机构箱可视部分螺丝、轴销、卡圈等应正常,无卡涩、松动,卡圈应在卡槽内,无松动脱出现象			

续表

序号	检修内容	质量要求	检修记录	执行人（签名）	确认人（签名）
8	机构清洁、防锈、密封检查	对机构箱进行清洁,对机构箱各转动部分存在锈蚀的进行除锈处理并对机构箱密封进行检查			
9	储能机构检查	检查机构储能时间是否达到要求,储能电机是否正常,对储能电机不正常的,需要联系厂家进行更换			
10	主回路电阻值	$\leqslant 40\ \mu\Omega$			
11	低电压动作特性检查	合闸脱扣器应能在直流额定电压的80%～110%范围内可靠动作;分闸脱扣器应能在额定电源电压的65%～120%范围内可靠动作,当电源电压低至额定值的30%或更低时不应脱扣			
12	时间参量测试	(1)断路器的分闸时间应在20～35 ms范围内,合闸时间应在95～130 ms范围内 (2)断路器的分、合闸同期性应满足: 相间合闸不同期不大于4 ms; 相间分闸不同期不大于2 ms			
13	二次回路绝缘电阻测试	$\geqslant 2\ M\Omega$			
14	SF_6气体的微水测量(20 ℃的体积分数)$\mu L/L$	$\leqslant 150$（新投,大修后） $\leqslant 300$（运行中）			
15	断路器SF_6气体现场分解产物测试,$\mu L/L$	超过以下参考值需引起注意: SO_2:不大于3 $\mu L/L$ H_2S:不大于2 $\mu L/L$ CO:不大于100 $\mu L/L$			
16	断路器SF_6气体检漏	对断路器各法兰连接部位及气道连接处进行检漏			
17	密度继电器（表）校验	按要求开展密度继电器（表）的校验工作			
18	清洁现场	设备工器具无遗留			

表 2.18　故障分析及处理

故障现象	可能原因	处理措施	执行人(签名)	确认人(签名)
断路器本体拒动				
气体微水含量超标				
气体泄漏压力低				
操动机构卡涩				
其他机构故障				
控制回路断线				
二次回路其他故障				

6)收尾工作

①恢复引线。

②对支架、基座、连杆等铁部件进行除锈防腐处理。

③按照现用台账核对检修设备铭牌编号,更新相关检修记录。

④刷漆。

2.4　检查控制

2.4.1　工作检查

1)小组自查

检修工作结束后,工作负责人带领小组作业成员进行自查。小组自查项目及质量要求见表 2.19。

表 2.19　小组自查项目及质量要求

序号	检查项目	检查项目	质量要求	确认(√)
1	资料准备	工作票	正确、规范、完整	
		现场查勘记录		
		检修方案		
		标准作业卡		
		调整数据记录		

续表

序号	检查项目		质量要求	确认(√)
2	检修过程	正确着装	穿长袖工作服,戴安全帽,穿绝缘鞋	
		工器具选用	一次性备齐全工器具	
		检查安全措施	断路器闭锁可靠;接地线、标识牌挂装正确	
		断路器本体检修	检查、维护方法、步骤正确;工器具及仪器仪表使用正确	
		操作机构检修	检查、维护方法、步骤正确;工器具及仪器仪表使用正确	
		断路器调整、试验	调整、试验方法、步骤正确;工器具及仪器仪表使用正确	
		施工安全	遵守安全规程,不发生习惯性违章或危险动作	
		工具使用	正确使用和爱护工具	
		文明施工	工作完后做到"工完、料尽、场地清"	
3	检修记录		如实记录,项目完整	
4	遗留缺陷:		整改措施:	

2)小组交叉检查

为保证检修质量,小组自查之后,小组之间进行交互检查,小组交叉项目及质量要求见表 2.20。

表 2.20　小组交叉项目及质量要求

序号	检查内容	质量要求	检查结果
1	资料准备	完整、规范	
2	检修过程	无安全事故、符合规程要求	
3	检修记录	记录完整规范	
4	工具使用	工具无损坏,正确使用和爱护工具	
5	文明施工	施工现场整洁、卫生、有序	
被检查组:		检查实施组:	

2.4.2　工作终结

①清理现场。

a.清点工器具和耗材,分类归位。

b.清扫现场,恢复安全措施。

②填写检修报告。

③整理资料。

2.5　考核与评价

2.5.1　考核

对学生掌握相关专业知识的情况进行笔试或口试考核。对断路器检修技能的考核包括断路器本体检修、操作机构检修两个方面,参照表 2.21、表 2.22 的评分细则进行考核,两个部分各占 50% 取平均分得到最终的技能考核成绩。

表 2.21　LW25-126 型断路器本体例行检查维护考核评分细则

技能考核项目		LW25-126 型断路器本体例行检查维护			
姓名		班级	学号	标准分	100 分
开始时间		结束时间	实际用时	得分	
序号	评分项目	评分内容及要求	评分标准	扣分原因	得分
1	预备工作 (5分)	1.安全着装; 2.工器具及仪器、仪表检查	1.未按照规定着装,每处扣 0.5分; 2.工器具及仪器、仪表选择错误,每处扣 0.5 分;未检查扣 3分; 3.其他不符合条件,酌情扣分		
2	班前会 (5分)	1.交代工作任务及任务分配; 2.交代危险点及预控措施	1.未交代工作任务,扣 2分; 2.未进行人员分工,扣 1分; 3.未交代危险点及预控措施,扣 2分,交代不全,酌情扣分; 4.其他不符合条件,酌情扣分		

续表

序号	评分项目	评分内容及要求	评分标准	扣分原因	得分
3	检查安全措施（10分）	1. 检查安全围栏设置情况； 2. 检查标识牌悬挂情况； 3. 检查接地线安装位置	1. 检查安全围栏设置情况，每错漏一处扣2分； 2. 检查标识牌悬挂情况，每错漏一处扣2分； 3. 未检查接地线接地桩头，扣5分； 4. 其他不符合条件，酌情扣分		
4	断路器位置及各控制电源开关检查（5分）	确认控制电源、储能电源在断开位置，将机构释能	每遗漏一处未检查，扣1分		
5	绝缘子检查及清抹（10分）	1. 检查绝缘子表面是否有裂纹、闪络痕迹，法兰螺栓是否松动、锈蚀； 2. 检查绝缘子与金属法兰胶装部位粘合牢固，防水胶完好情况； 3. 检查绝缘子缺损情况，缺损面积不大于40 mm²； 4. 对绝缘子进行清抹	1. 每遗漏一处，扣3分； 2. 其他不符合条件，酌情扣分		
6	主接线板检查（10分）	1. 检查导电接触面有无烧损、过热、变形等异常现象； 2. 检查主接线板连接是否牢固、接触是否良好、锈蚀情况	1. 每遗漏一处，扣3分； 2. 其他不符合条件，酌情扣分		
7	传动连杆、拐臂检查（15分）	1. 检查分、合闸位置指示器无松动，位置指示正确； 2. 检查传动连杆、主轴拐臂松动、变形、锈蚀情况，并加适量润滑油； 3. 检查横梁及支架上螺母松动情况	1. 每遗漏一处，扣3分； 2. 其他不符合条件，酌情扣分		

续表

序号	评分项目	评分内容及要求	评分标准	扣分原因	得分
8	低电压动作试验（15 分）	1. 合上断路器储能电源； 2. 低电压合闸测试； 3. 低电压分闸测试； 4. 恢复断路器分、合闸回路二次接线	1. 不会进行低电压动作试验，扣 15 分； 2. 每遗漏一处，扣 3 分； 3. 其他不符合条件，酌情扣分		
9	设备及构架防腐（5 分）	1. 检查设备横梁及支柱锈蚀情况； 2. 清除锈蚀部分锈迹，刷红丹防锈漆后再刷本色	1. 每遗漏一处，扣 2 分； 2 其他不符合条件，酌情扣分		
10	履行竣工汇报手续和整理现场（5 分）	1. 履行竣工汇报手续； 2. 将作业现场整理并恢复	1. 未履行竣工汇报手续，扣 5 分； 2. 未清点、整理工器具、材料，扣 5 分； 3. 现场有遗留物，每件扣 1 分； 4. 其他不符合条件，酌情扣分		
11	收工点评（5 分）	1. 总结检修内容； 2. 总结发现的安全及技术问题，提出相应改进措施	1. 未点评，扣 5 分； 2. 其他不符合条件，酌情扣分		
12	综合素质（10 分）	1. 着装及精神面貌； 2. 现场组织及配合； 3. 不违反电力安全规定及相关规程	1. 着装不整齐，精神不饱满，扣 5 分； 2. 现场组织不够有序，工作人员之间配合不默契，扣 5 分； 3. 有违反电力安全规定及相关规程的情况，扣 10 分； 4. 损坏设备或严重违章，标准分全扣		
教师（签名）			得分		

表 2.22 LW25-126 型断路器操作机构检查维护考核评分细则

技能考核项目			断路器操作机构检查维护			
姓　名		班　级		学　号	标准分	100 分
开始时间		结束时间		实际用时	得　分	
序号	评分项目	评分内容及要求	评分标准		扣分原因	得分
1	预备工作 (5 分)	1. 安全着装; 2. 工器具及仪器、仪表检查	1. 未按照规定着装,每处扣0.5分; 2. 工器具及仪器、仪表选择错误,每处扣0.5分;未检查扣3分; 3. 其他不符合条件,酌情扣分			
2	班前会 (5 分)	1. 交代工作任务及任务分配; 2. 交代危险点及预控措施	1. 未交代工作任务,扣2分; 2. 未进行人员分工,扣1分; 3. 未交代危险点及预控措施,扣2分,交代不全,酌情扣分; 4. 其他不符合条件,酌情扣分			
3	检查安全措施 (10 分)	1. 检查安全围栏设置情况; 2. 检查标识牌悬挂情况; 3. 检查接地线安装位置	1. 检查安全围栏设置情况,每错漏一处扣2分; 2. 检查标识牌悬挂情况,每错漏一处扣2分; 3. 未检查接地线接地桩头,扣5分 4. 其他不符合条件,酌情扣分			
4	修前检查断路器状态 (20 分)	1. 检查断路器分、合闸状态; 2. 检查断路器、控制电源、电机电源、信号电源、交流电源状态; 3. 检查弹簧储能状态; 4. 检查 SF$_6$ 密度继电器压力(额定压力:0.5 MPa;)及气体阀门开启位置; 5. 检查 SF$_6$ 密度继电器表面有无渗、漏油; 6. 检查 SF$_6$ 密度继电器校验合格证	1. 未对断路器状态进行详细检查,每错漏一处扣2分;未检查扣5分; 2. 未对断路器、控制电源、电机电源、信号电源、交流电源状态、弹簧储能状态、SF$_6$ 密度继电器压力及气体阀门开启位置进行详细检查,每错漏一处扣2分;未检查扣10分; 3. 未对断路器弹簧储能状态进行检查,扣2分; 4. 未检查 SF$_6$ 密度继电器压力及气体阀门开启位置,每错漏一处扣2分;未检查扣5分; 5. 其他不符合条件,酌情扣分			

续表

序号	评分项目	评分内容及要求	评分标准	扣分原因	得分
5	机构传动部位检查（10 分）	1. 断开控制电源、储能电源，将机构释能，插上机构分、合闸防动销； 2. 检查传动连杆锈蚀及连接情况； 3. 检查各销轴、挡圈、开口销有无松动、锈蚀	1. 每错漏一处，扣 3 分； 2. 其他不符合条件，酌情扣分		
6	合、分闸电磁铁检查（20 分）	1. 检查电磁铁、掣子动作是否灵活，有无锈蚀情况； 2. 清理电磁铁、扣板、掣子表面污物，并检查磨损情况； 3. 用塞尺检查机构合、分闸电磁铁撞杆与掣子配合间隙及铁芯行程，合闸掣子实测值：（　）mm； 分闸掣子实测值：（　）mm； 合闸铁芯行程实测值：（　）mm； 分闸铁芯行程实测值：（　）mm； 4. 检查合闸机械防跳跃装置	1. 未检查电磁铁、掣子动作是否灵活，表面是否有污物和检查磨损情况；每漏一项，扣 3 分； 2. 未检查机构合、分闸电磁铁撞杆与掣子配合间隙及铁芯行程；每漏一项，扣 3 分； 3. 未检查合闸机械防跳跃装置，扣 5 分； 4. 其他不符合条件，酌情扣分		
7	机构元器件检查（10 分）	1. 检查二次端子排有无锈蚀、烧伤，二次接线连接情况，并清扫浮尘； 2. 检查辅助开关固定是否良好，清扫浮尘，检查动静触点的完好情况；外表有无损坏，轴销、连杆是否完好； 3. 检查远、近控及分、合闸控制开关，交、直流接触器均固定是否良好，外表有无损坏，触点有无烧蚀；	1. 未检查二次端子排有无锈蚀、烧伤，二次接线连接情况，并清扫浮尘，每漏一处，扣 1 分； 2. 未检查辅助开关、远近控及分、合闸控制开关，交、直流接触器固定是否良好，清扫浮尘，检查动静触点的完好情况；外表有无损坏，轴销、连杆是否完好，每漏一处，扣 2 分； 3. 未检查分、合闸弹簧及缓冲器每漏一处，扣 1 分；		

续表

序号	评分项目	评分内容及要求	评分标准	扣分原因	得分
7	机构元器件检查(10分)	4.检查分、合闸弹簧及缓冲器,有无锈蚀、渗漏油; 5.检查加热器及加热回路	4.其他不符合条件,酌情扣分		
8	机构箱外观检查(10分)	1.检查机构箱表面有无锈蚀、损坏情况,密封条是否完好; 2.检查机构防雨罩有无破损,机构箱有无渗漏水现象	1.每错漏一处,扣3分; 2.其他不符合条件,酌情扣分		
9	二次回路检查、试验(30分)	1.对控制、储能回路进行检查、绝缘遥测。 2.检查储能时间,核对时间继电器、热继电器整定值	1.不知道对二次回路进行检查、不知道二次回路绝缘遥测方法,每错漏一处扣5分; 2.未对时间继电器及热继电器整定值检查,每错漏一处扣3分; 3.检修过程中,仪器仪表使用不正确、拆除的线头未包扎、拆除的二次接线未记录、未提前对回路带电情况进行检查(电位法除外),每错漏一处扣5分		
10	履行竣工汇报手续和整理现场(5分)	1.履行竣工汇报手续; 2.将作业现场整理并恢复	1.未履行竣工汇报手续,扣5分; 2.未清点、整理工器具、材料,扣5分; 3.现场有遗留物,每件扣1分; 4.其他不符合条件,酌情扣分		
11	收工点评(5分)	1.总结检修内容; 2.总结发现的安全及技术问题,提出相应改进措施	1.未点评,扣5分; 2.其他不符合条件,酌情扣分		
12	综合素质(10分)	1.着装及精神面貌; 2.现场组织及配合; 3.执行工作任务时,大声呼唱; 4.不违反电力安全规定及相关规程	1.着装不整齐,精神不饱满,扣5分; 2.现场组织不够有序,工作人员之间配合不默契,扣5分; 3.执行工作任务时未大声呼唱,扣2分; 4.有违反电力安全规定及相关规程的情况,扣10分; 5.损坏设备或严重违章,标准分全扣		
教师(签名)			得分		

2.5.2 评价

学习过程评价由学生自评、互评和教师评价构成。各小组成员对自己小组和其他小组在检修资料准备、检修方案制定、检修过程组织、职业素养等方面进行评价，并提出改进建议。教师根据学习过程存在的普遍问题，结合理论和技能考核情况，对学生的相关知识学习、技能掌握、职业素养等方面进行评价。参照表 2.23 进行评价，并填写表 2.24 学习评价记录表。

表 2.23 学习综合评价表

学习情境		高压断路器检修				
评价对象						
评价项目	子项目	评价标准	自评（20%）	互评（30%）	教师评价（50%）	综合评价
资讯（15%）	收集资料（7%）	资料齐全、内容丰富				
	引导问题（8%）	回答问题正确				
计划与决策（20%）	故障判断（4%）	分析和判断合理。				
	现场查勘（4%）	实施了现场查勘，查勘记录完整，如实反映现场状况				
	危险点分析（4%）	危险点分析全面，预控措施到位				
	任务安排（4%）	人员及进度安排合理可行				
	材料工具（4%）	材料和工具准备齐全，并检查合格				
实施（40%）	安全措施（10%）	对安全措施进行检查，保证安全措施完善				
	使用工具（4%）	工具使用方法正确规范				

续表

评价项目	子项目	评价标准	自评(20%)	互评(30%)	教师评价(50%)	综合评价
实施(40%)	工艺工序(10%)	工序正确,无漏项,无错序;工艺符合规范要求				
	工器具管理(4%)	工器具管理符合规范要求				
实施(40%)	检修质量(8%)	检修质量符合规范要求				
	文明施工(4%)	按标准要求设置安全警示标识牌、现场围挡;材料、构件、料具等堆放有序,垃圾及时清理;临时设施质量合格;施工安全,无事故发生				
检查控制(10%)	全面性(5%)	检查项目无遗漏				
	准确性(5%)	检查方法正确				
职业素养(15%)	吃苦耐劳(4%)	能忍受艰苦的环境,完成长时间的检修工作,不抱怨,享受劳动过程				
	团队合作(4%)	检修班组成员各负其责,互相关照,配合默契				
	创新(2%)	能积极思考,就工艺、工序等方面提出改进措施				
	"5S"管理(5%)	及时整理、整顿工器具和材料,做到科学布局,取用快捷;及时清扫、美化环境;将整理、整顿、清扫进行到底,保持环境处在美观的状态;遵守各项规定,养成良好习惯				
评　语						
教师签字			日　期			

表 2.24　学习评价记录表

序号	项目	主要问题	整改建议
1	资讯		
2	计划与决策		
3	实施		
4	检查控制		
5	职业素养		
被评价对象：		评价人：	

任务 3 高压开关柜检修

【任务描述】

2020 年 5 月,某供电公司对 220 kV 变电站 10 kV 配电间培训 Ⅱ 线高压开关柜进行整体性检修,请对培训 Ⅱ 线 304 高压开关柜进行故障判断和处理。现场接线图如图 3.1 所示。

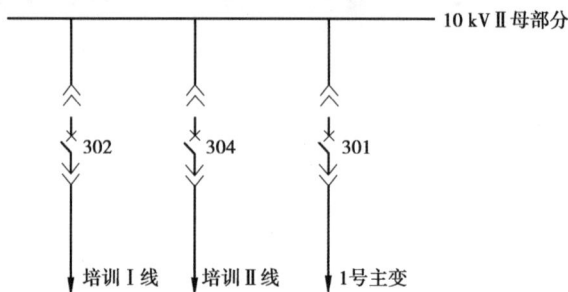

图 3.1 某变电站电气主接线图(10 kV Ⅱ母部分)

请按照标准化作业流程的要求,实施对 KYN28 型高压开关柜的检修和调整。掌握高压开关柜的基本结构与工作原理,掌握高压开关柜的检修和调整操作技能。

【任务目标】

通过本情境学习,应该达到的知识目标为熟悉高压开关柜的基本原理与结构;掌握高压开关柜检修的标准工艺、调试方法和验收标准;熟悉高压开关柜相应的规程规范要求。应该达到的能力目标为能正确组织高压开关柜检修前勘察,收集检修所需的标准、资料;能正确判断设备运行状态,确定检修方案,并在其中体现危险点分析,制订预控措施;能根据检修方案与标准化作业指导书来组织开展人员、工器具、备品备件及耗材准备工作;能安全、正确地组织开展 KYN28 型高压开关柜标准化解体检修作业;能进行高压开关柜常见故障的处理。应该达到的素质目标为具有较强的安全意识、责任意识和按规程规范作业的行为习惯;具有一定的组织策划能力、团队协作能力和沟通协调能力;具有初步收集处理信息的能力和自学能力。

3.1　资　讯

提示:认真学习以下内容,完成资讯后面的学习成果检测。

3.1.1　高压开关柜概述

高压开关柜是金属封闭开关设备的俗称,是按一定的电路方案将有关电气设备组装在一个封闭的金属外壳内的成套配电装置,其专业术语为开关设备及控制设备。

高压开关柜广泛应用于配电系统,作接受与分配电能之用。既可根据电网运行需要将一部分电力设备或线路投入或退出运行,也可在电力设备或线路发生故障时将故障部分从电网中快速切除,从而保证电网中无故障部分的正常运行,以及设备和运行维修人员的安全。高压开关柜是非常重要的配电设备,其安全、可靠运行对电力系统具有十分重要的意义。

1)高压开关柜的特点

①有一、二次方案,这是开关柜具体的功能标志,包括电能汇集、分配、计量和保护功能电气线路。一个开关柜有一个确定的主回路(一次回路)方案和一个辅助回路(二次回路)方案,当一个开关柜的主方案不能实现时可以用几个单元方案来组合而成。

②开关柜具有一定的操作程序,机械或电气的联锁保证操作程序的正确。实践证明,无"五防"功能或"五防功能不全"是造成电力事故的主要原因。

③具有接地的金属外壳,其外壳有支承和防护作用。它应具有足够的机械强度和刚度,保证装置的稳固性,当柜内产生故障时,不会出现变形、折断等外部效应。同时,可以防止人体接近带电部分和触及运动部件,防止外界因素对内部设施的影响,以及防止设备受到意外的冲击。

④具有抑制内部故障的功能。"内部故障"是指开关柜内部电弧短路引起的故障,一旦发生内部故障,要求把电弧故障限制在隔室以内。

⑤金属封闭式开关柜都有泄压装置,如手车室、母线室、电缆室,当断路器或主母线、电缆室内发生内部故障电弧时,伴随电弧的出现,开关柜内部气压上升,达到一定的压力时,泄压装置的压力释放金属板将自动打开,释放压力和排泄气体,以确保操作人员和开关柜安全。

2)高压开关柜分类(扫码看各类高压开关柜图片)

(1)按断路器安装方式分类

按断路器安装方式分为移开式(手车式)和固定式。

①移开式(手车式)(用 Y 表示):表示柜内的主要电器元件(如断路器)安装在可抽出的手车上,手车柜有很好的互换性,可以大大提高供电的可靠性。常用的手车类型有隔离手车、计量手车、断路器手车、PT 手车、电容器手车和所用变手车等,如 KYN28A-12。

②固定式(用 G 表示):表示柜内所有的电器元件(如断路器或负荷开关等)均为固定式安装,固定式开关柜较为简单经济,如 XGN2-10,GG-1A 等。

(2)按安装地点分类

按安装地点分为户内和户外。

①用于户内(用 N 表示):表示只能在户内安装使用,如 KYN28A-12 等开关柜。

②用于户外(用 W 表示):表示可以在户外安装使用,如 XLW 等开关柜。

(3)按柜体结构分类

按柜体结构可分为金属封闭铠装式开关柜、金属封闭间隔式开关柜、金属封闭箱式开关柜和敞开式开关柜 4 类。

①金属封闭铠装式开关柜(用 K 来表示):主要组成部件(如断路器、互感器、母线等)分别装在接地的用金属隔板隔开的隔室中的金属封闭开关设备,如 KYN28A-12 型高压开关柜。

②金属封闭间隔式开关柜(用 J 来表示):与铠装式金属封闭开关设备相似,其主要电器元件分别装于单独的隔室内,但具有一个或多个符合一定防护等级的非金属隔板,如 JYN2-12 型高压开关柜。

③金属封闭箱式开关柜(用 X 来表示):开关柜外壳为金属封闭式的开关设备,如 XGN2-12 型高压开关柜。

④敞开式开关柜:无保护等级要求,外壳有部分是敞开的开关设备,如 GG-1A(F)型高压开关柜。

3)常用高压开关柜型号

(1)KYN28A-12

图 3.2 KYN28A-12 型号含义

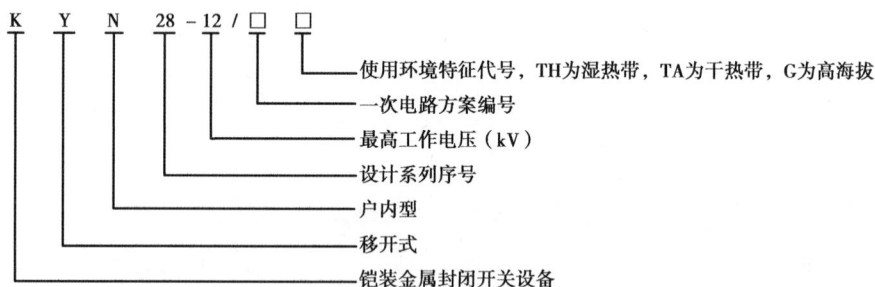

图 3.2 KYN28A-12 型号含义

KYN28A-12 型户内金属铠装式开关设备主要用于发电厂、工矿企事业配电以及电力系统二次变电站的受电、送电及大型电动机的启动等。实行控制、保护、实时监控和测量之用。有完善的五防功能。

（2）XGN2-12

XGN2-12 型固定式金属封闭开关设备,是用于 3～10 kV 三相交流 50 Hz 作为单母线和单母线分段系统接受与分配电能的装置,特别适用于频繁操作的场所。主要用于发电厂、工矿企事业配电以及电力系统二次变电站的受电、送电及大型电动机的启动等。实行控制、保护、实时监控和测量。柜体为全组装式结构,有完善的五防功能。

（3）GG1A-10（F）

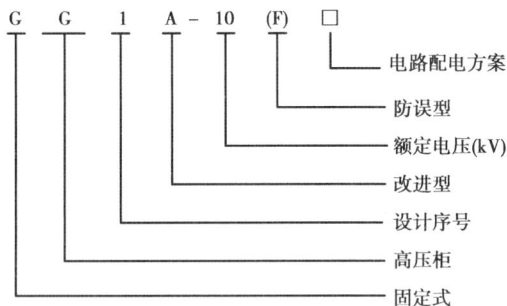

图 3.3　GG1A-10（F）型号含义

GG1A-10（F）固定式高压开关柜适用于 3～10 kV 三相交流 50 Hz 系统中作为接受与分配电能之用,并具有对电路进行控制、保护和监测等功能。适用于频繁操作的场所,其母线系统为单母线及单母线分段。

其柜体为焊接式结构,有完备的机械"五防"功能,经过多年的生产,积累了丰富的技术及运行经验,不断改进柜体开断电流可做结构,完善产品性能,现如今柜体最大额定电流为 4 000 A,开断电流最大为 40 kA,此类高压开关柜电流等级大,母线结构多样,停电检修操作方便,柜内空间大,在许多变电站得到了广泛应用。

（4）HXGN17-12

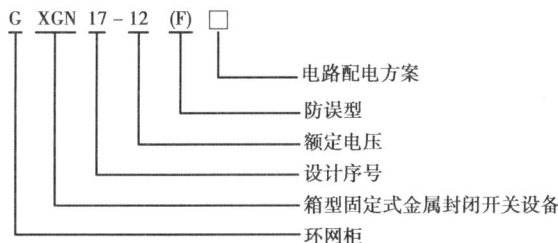

图 3.4　HXGN17-12（F）型号含义

HXGN17-12 型高压开关柜（简称环网柜）,是三相交流额定电压 10 kV、额定频率 50 Hz 的户内箱式交流金属封闭开关设备。适用于工厂、车间、小区住宅、高层建筑等场所的配电系统、环网供电或双电源辐射供电系统,起接受、分配和保护作用,也适用于箱式变电站中。

4）高压开关柜的技术参数

①额定电压、额定电流、额定频率、额定工频耐受电压、额定雷击冲击耐受电压。

②断路器额定开断电流、额定关合峰值电流、额定短时耐受电流、额定峰值耐受电流。

③接地开关额定关合峰值电流额定短时耐受电流、额定峰值耐受电流。

④操动机构分、合闸线圈额定电压、直流电阻、功率,储能电机额定电压、功率。

⑤柜体防护等级及符合的国家标准编号。

5)防护等级

防护等级是指外壳、隔板及其他部分防止人体接近带电部分和触及运动部件以及防止外部物体侵入内部设备的保护程度。防护等级见表3.1。

表3.1 防护等级

防护等级	简称	定义
IP1X	防止直径大于50 mm的物体	1.防止直径大于50 mm的固体进入壳内; 2.防止人体某一大面积部分(如手)意外触及壳内带电部分或运动部件
IP2X	防止直径大于12.5 mm的物体	1.防止直径大于12.5 mm的固体进入壳内 2.防止手触及壳内带电部分或运动部件
IP3X	防止直径大于2.5 mm的物体	1.防止直径大于2.5 mm的固体进入壳内 2.防止厚度(直径)大于2.5 mm工具或金属线触及柜内带电部分或运动部件
IP4X	防止直径大于1 mm的物体	1.防止直径大于1 mm的固体进入壳内 2.防止厚度(直径)大于1 mm工具或金属线触及柜内带电部分或运动部件
IP5X	防 尘	1.能防止灰尘进入达到影响产品的程度 2.完全防止触及柜内带电部分或运动部件
IP6X	尘 密	1.完全防止灰尘进入壳内 2.完全防止触及柜内带电部分或运动部件

6)高压开关柜正常使用条件

①环境温度:周围空气温度不超过40 ℃(上限),一般地区为 -5 ℃(下限),严寒地区可以为 -15 ℃。环境温度过高,金属的导电率会减低,电阻增加,表面氧化作用加剧,另外,过高的温度,会使柜内绝缘件的寿命大大缩短,绝缘强度下降;反之,环境温度过低,在绝缘件中会产生内应力,最终会导致绝缘件的破坏。

②海拔高度:一般不超过1 000 m。对安装在海拔高于1 000 m处的设备,外绝缘的绝缘水平应由所要求的绝缘耐受电压乘以修正系数来决定。高海拔地区空气稀薄,电器的外绝缘易击穿,可以采用加强绝缘型电器,加大空气绝缘距离,或在开关柜内增加绝缘防护措施。

③环境湿度:日平均值不大于95%,月平均值不大于90%。

④地震烈度:不超过8度。

⑤其他条件:没有火灾、爆炸危险、严重污染、化学腐蚀及剧烈振动的场所。

7）高压开关柜的组成

高压开关柜应满足 GB 3906—1991《3 ~ 35 kV 交流金属封闭开关设备》标准的有关要求，由柜体和断路器两大部分组成，具有架空进出线、电缆进出线、母线联络等功能。柜体由壳体、电器元件（包括绝缘件）、各种机构、二次端子及连线等组成。

（1）柜体的材料

①冷轧钢板或角钢（用于焊接柜）。

②敷铝锌钢板或镀锌钢板（用于组装柜）。

③不锈钢板（不导磁性）。

④铝板（不导磁性）。

（2）柜体的功能单元

①主母线室（一般主母线布置按"品"字形或"Ⅰ"字形两种结构）。

②断路器室。

③电缆室。

④继电器仪表室。

⑤柜顶小母线室。

⑥二次端子室。

（3）柜内电器元件

①柜内常用一次电器元件（主回路设备）常见的设备如下：

a. 电流互感器，简称 CT，如 LZZBJ9-10。

b. 电压互感器，简称 PT，如 JDZJ-10。

c. 接地开关，如 JN15-12。

d. 避雷器（阻容吸收器），如 HT5WS 单相型；TBP、JBP 组合型。

e. 隔离开关，如 GN19-12、GN30-12、GN25-12。

f. 高压断路器，如少油型（S）、真空型（Z）、ZF_6 型（L）。

g. 高压接触器，如 JCZ3-10D/400A 型。

h. 高压熔断器，如 RN2-12、XRNP-12、RN1-12。

i. 变压器，如 SC（L）系列干变、S 系列油变。

j. 高压带电显示器，如 GSN-10Q 型。

k. 绝缘件，如穿墙套管、触头盒、绝缘子、绝缘热缩（冷缩）护套。

l. 主母线和分支母线。

m. 高压电抗器，如串联型：CKSC，启动电机型：QKSG。

n. 负荷开关，如 FN26-12（L）、FN16-12（Z）。

o. 高压单相并联电容器，如 BFF12-30-1。

②柜内常用的主要二次元件（又称二次设备或辅助设备，是指对一次设备进行监察、控

制、测量、调整和保护的低压设备），常见的设备有 a. 继电器；b. 电度表；c. 电流表；d. 电压表；e. 功率表；f. 功率因数表；g. 频率表；h. 熔断器；i. 空气开关；j. 转换开关；k. 信号灯；l. 电阻；m. 按钮；n. 微机综合保护装置等。

8) 真空断路器

在真空容器中进行电流开断与关合的开关电器称为真空断路器，它利用真空度为 6.6×10^{-2} Pa 以上的高真空作为绝缘和灭弧介质。真空是指绝对压力低于 1 个大气压的气体稀薄的空间。真空度就是气体的绝对压力与大气压的差值，气体的绝对压力值越低，真空度就越高。真空间隙气体稀薄，气体分子的自由行程大，发生碰撞游离的机会少，击穿电压高，绝缘强度高，电弧很容易熄灭。真空灭弧室中的真空度很高，一般为 $10^{-6} \sim 10^{-3}$ Pa，此时真空间隙的绝缘强度远远高于 1 个大气压的空气和 SF_6 的绝缘强度，比变压器油的绝缘强度还要高。正因为真空的绝缘强度很高，真空灭弧室中的所有电气间隙都可以做得很小。例如，12 kV 真空灭弧室的触头开距只有 8 ~ 12 mm，40.5 kV 真空灭弧室的触头开距也只要 18 ~ 25 mm，真空灭弧室中的其他电器间隙也在此尺度范围。

（1）真空电弧的形成和熄灭

在真空环境中，气体非常稀薄，残存气体的电离可忽略不计。一对带电触头在这种高真空环境中的分离，会产生真空电弧。真空电弧是这样产生的：当触头行将分离前，触头上原先施加的接触压力开始减弱，动静触头之间的接触电阻开始增大，由于负荷电流的作用，发热量增加。在触头刚要分离瞬间，动静触头之间仅靠几个尖峰联系着，此时负荷电流将密集收缩到这几个尖峰桥上，接触电阻急剧增大，同时电流密度又剧增，导致发热温度迅速提高，致触头表面金属产生蒸发，同时微小的触头距离下会形成极高的电场强度，造成强烈的场致发射，间隙击穿，继而形成真空电弧。真空电弧一旦形成，就会出现电流密度在 104 A/cm² 以上的阴极斑点，使阴极表面局部区域的金属不断熔化和蒸发，以维持真空电弧。在电弧熄灭后，电极之间与电极周围的金属蒸气密度不断下降直到零，仍然恢复高真空状态。

由于真空的原因，在真空电弧中生成的带电粒子和金属蒸气扩散速度很快，在电弧电流过零时，使触头间隙的介质强度能很快恢复而实现灭弧。

（2）真空断路器的结构

真空断路器按其结构的功能可分为以下 6 个部分：

①支架：是指安装各功能组件的架体。

②真空灭弧室：是指实现电路的关合与开断功能的熄弧元件。

③导电回路：与灭弧室的动端及静端连接构成电流通道。

④传动机构：把操动机构的运动传输至灭弧室，实现灭弧室的合、分闸操作。

⑤绝缘支撑：绝缘支持件将各功能元件架接起来满足断路器的绝缘要求。

⑥操动机构：是指断路器合、分闸的动力驱动装置。

（3）真空断路器的类型

真空断路器的类型，可从不同角度来划分，一般情况下主要从以下两个方面来划分：

①按使用场所划分，可分为户内式和户外式（见图3.5、图3.6），分别用 ZN 和 ZW 来表示。

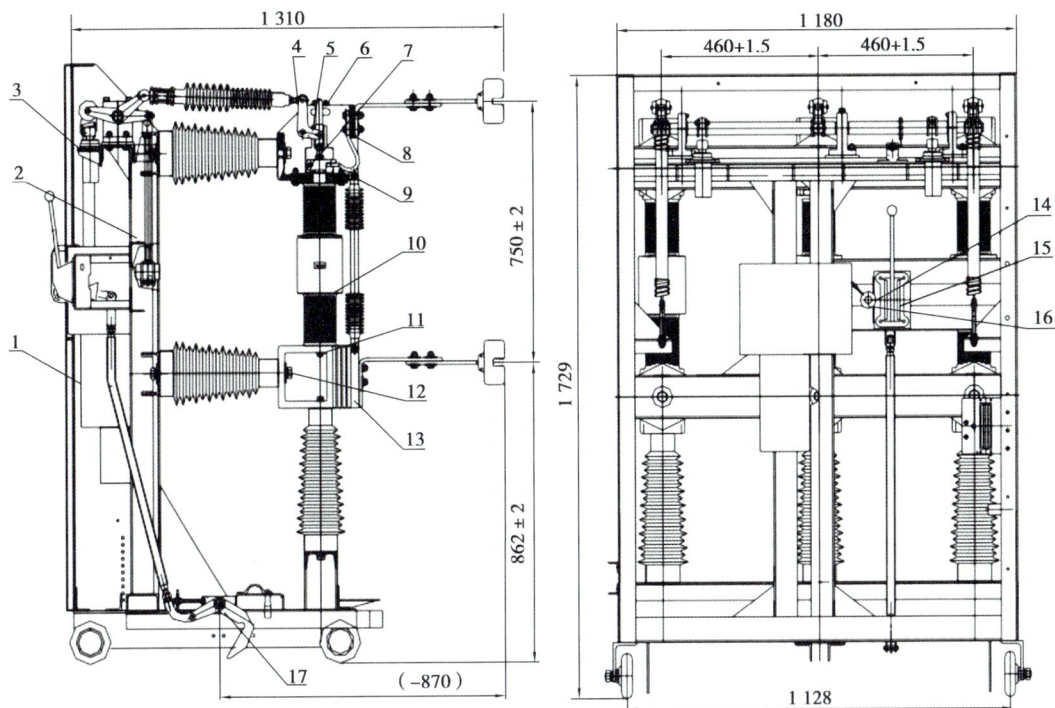

图3.5　ZN39-40.5C 系列高压真空断路器外形结构图（户内式）窗体顶端

1—操动机构；2—输出干杆；3—开距调整垫片；4—超行程调整螺栓；

5—羊角拐臂；6—导向板；7—导电夹紧固螺栓；8—动端支座；

9，11，12—螺栓；10—灭弧室；13—静端支座；14—锁定销；

15—手动机构；16—紧急分闸装置；17—连锁轴

②按断路器主体与操动机构的相关位置划分，可分为整体式和分体式。整体式真空断路器操动机构与开关本体安装在同一骨架上，其体积小、质量轻、安装调整方便、机械性能稳定。分体式真空断路器操动机构与开关本体分别装于开关柜的不同位置上，断路器的各项机械特性参数必须安装在开关柜上调整试验才有实际意义，这种安装方式主要受我国少油断路器的安装方式的影响，比较适合于少油开关柜的无油化改造，优点是巡视和检修方便，缺点是安装调整稍麻烦，机械特性的稳定性和可靠性稍差。整体式真空断路器如图3.7所示。

（4）真空断路器结构的基本要求

①机械性能稳定，例如，合闸弹跳时间，希望在寿命全程中保持同一状态，不要初期无弹

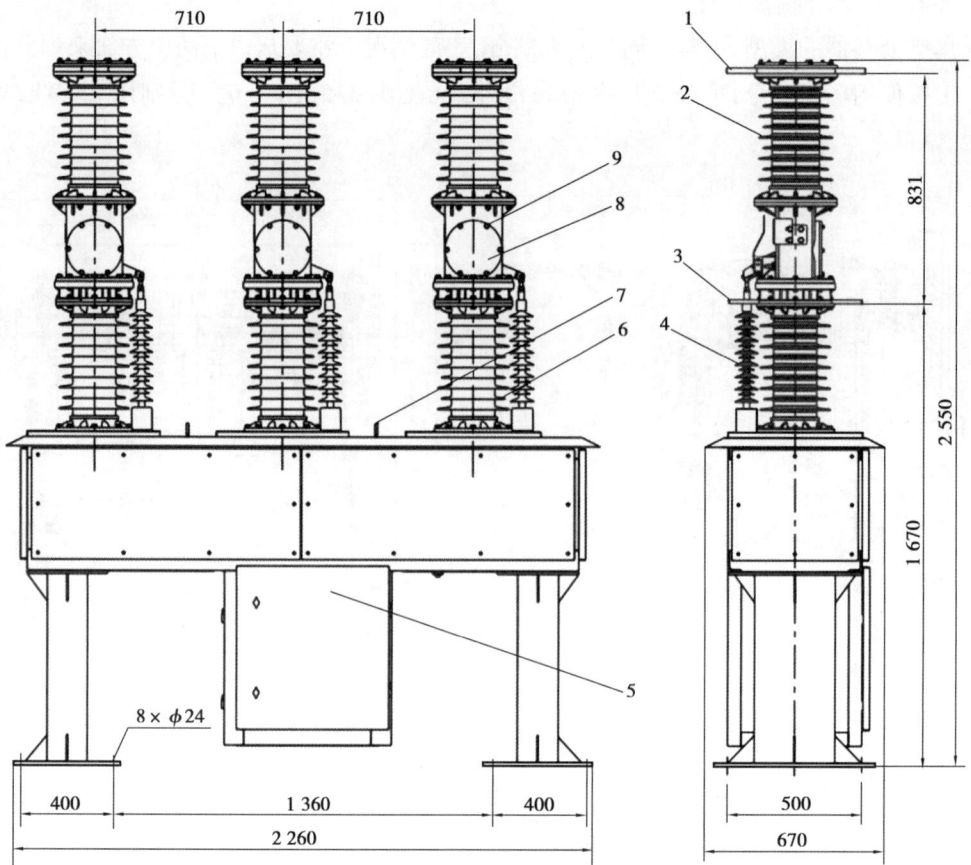

图 3.6　ZW7-40.5/T2000-31.5 型高压真空断路器外形结构图(户外式)

1—上进线端子;2—灭弧室瓷瓶;3—下出线端子;4—绝缘拉杆;5—CT 机构;

6—支柱瓷瓶;7—吊环螺钉;8—手孔盖板;9—支架

跳,后期则弹跳。

②足够的机械强度,使断路器本身具有足够的动稳定度。

③高压区和低压区的分隔,最好是前后布置,有助于保证运行中人员的人身安全。

④操动机构的检查、调整、维修要有足够空间,方便。

⑤配用机构的可选择性,有的型号可配 CD 和 CT 两种机构,有的只能配用一种。

⑥结构简单、工作可靠、价格低廉。

⑦易于实现防误联锁。

所有真空断路器,无论是何种结构,断路器本体中均装设有分闸拉力弹簧。在合闸过程中操动机构既要提供驱动开关运动的功,又要同时将分闸弹簧储能。当需要分闸时,操动机构只需完成脱扣解锁任务,由分闸弹簧释能完成分闸运动。

(5)真空灭弧室

真空灭弧室是真空断路器中最重要的部件,其结构如图 3.8 所示。它由绝缘外壳、触头和屏蔽系统三大部分组成。绝缘外壳是由绝缘筒、两端的金属盖板和波纹管所组成的真空密封容器。灭弧室内有一对触头,动、静触头分别焊在动、静导电杆上,动导电杆在中部与波纹管的一个断口焊在一起,波纹管的另一端口与动端盖的中孔焊接,动导电杆从中孔穿出外壳。因波纹管可以在轴向上自由伸缩,故这种结构既能实现在灭弧室外带动动触头做分合运动,又能保护真空外壳的密封性。

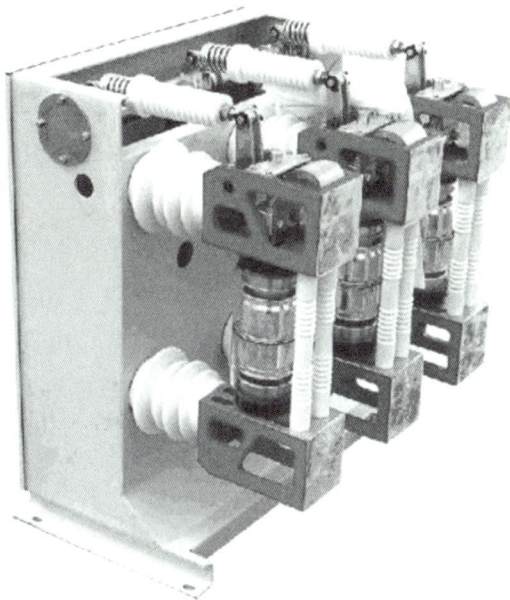

图 3.7   ZN28-12 系列真空断路器外观图(整体式)

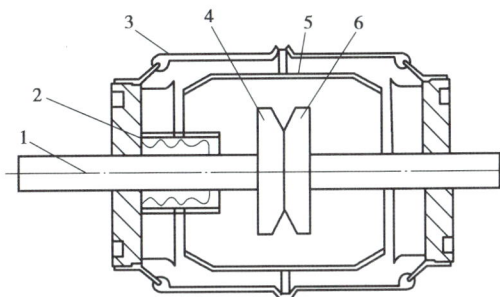

图 3.8   真空灭弧室的原理结构

1—动触杆;2—波纹管;3—绝缘外壳;4—动触头;5—屏蔽罩;6—静触头

①绝缘外壳。真空灭弧室的绝缘外壳既是真空容器,又是动、静触头之间的绝缘体。其作用是支持动、静触头和屏蔽罩等金属部件,与这些部件气密地焊接在一起,以确保灭弧室内的高真空度。一般要求在 20 年内,真空度不得低于规定值,需要严格密封。绝缘外壳常用硬质玻璃、氧化铝陶瓷或微晶玻璃制造。

②触头。触头是产生电弧、熄灭电弧的部位,对材料和结构的要求都比较高。

a.高开断能力。要求材料本身的导电率大,热传导系数小,热容量大,热电子发射能力低。

b.高击穿电压。击穿电压高,介质恢复强度就高,对灭弧有利。

c.高的抗电腐蚀性。即经得起电弧的烧蚀,金属蒸发量少。

d.抗熔焊能力。

e.低截流电流值,希望在2.5 A以下。

f.低含气量。

目前,断路器用真空灭弧室的触头材料大都采用铜铬合金,铜与铬各占50%。在上、下触头的对接面上各焊上一块铜铬合金片,一般厚度各为3 mm。其余部分称为触头座,用无氧铜制造即可。

触头结构对灭弧室的开断能力有很大影响。采用不同结构的触头产生的灭弧效果有所不同。早期采用简单的圆柱形触头,结构虽简单,但开断能力不能满足断路器的要求,仅能开断10 kA以下电流,仅有真空负荷开关、高压真空接触器等用真空开关管才采用。目前,常采用的有螺旋槽型结构触头、带斜槽杯状结构触头和纵磁场杯状结构触头3种,如图3.9所示,其中以采用纵磁场杯状结构触头为主。

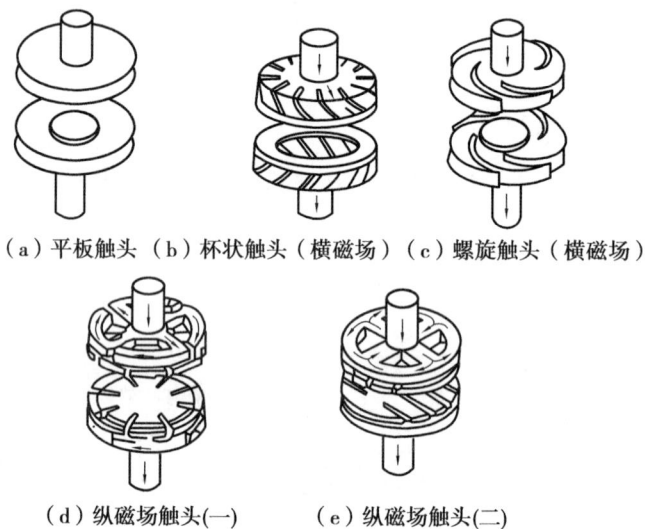

（a）平板触头 （b）杯状触头（横磁场） （c）螺旋触头（横磁场）

（d）纵磁场触头(一) （e）纵磁场触头(二)

图3.9 触头结构

a.平板触头:现已被淘汰。

b.横向磁场触头:分为杯状触头(可以开断40 kA以上的电流)和螺旋触头(用于开断小于40 kA的电流,近年来趋于淘汰)。

c.纵向磁场触头:适合开断大电流,其开断电流可达70 kA,在实验室已高达200 kA。

③屏蔽系统。真空灭弧室的屏蔽系统主要由屏蔽筒、屏蔽罩和其他零件组成。

屏蔽系统的主要作用如下:

a. 防止触头在燃弧过程中产生大量的金属蒸气和液滴喷溅,污染绝缘外壳的壁,避免造成真空灭弧室外壳的绝缘强度下降或产生闪络。

b. 改善真空灭弧室的电场分布,有利于真空灭弧室绝缘外壳的小型化,尤其是对高电压的真空灭弧室小型化有显著效果。

c. 吸收一部分电弧能量,冷凝电弧生成物。特别是真空灭弧室在开断短路电流时,电弧所产生的热能大部分被屏蔽系统所吸收,有利于提高触头间的介质恢复强度。屏蔽系统吸收电弧生成物的量越大,说明它吸收的能量也越大,这对增加真空灭弧室的开断容量起到良好的作用。

④波纹管。真空灭弧室的波纹管主要担负保证动电极在一定范围运动和长期保持高真空的功能,并保证真空灭弧室具有很高的机械寿命。

真空灭弧室的波纹管是由厚度为 0.1～0.2 mm 的不锈钢制成的薄壁元件。真空开关在分合过程中,灭弧室波纹管受伸缩作用,波纹管截面上受变应力作用。波纹管的寿命应根据反复伸缩量和使用压力来确定。

波纹管的疲劳寿命和工作条件的受热温度有关,真空灭弧室在分断大的短路电流后,导电杆的余热传递到波纹管上,使波纹管的温度升高,当温升达到一定程度时,就会影响波纹管的疲劳强度。

⑤导电系统。定导电杆、定跑弧面、定触头、动触头、动跑弧面、动导电杆构成了灭弧室的导电系统。其中,定导电杆、定跑弧面、定触头合称定电极,动触头、动跑弧面、动导电杆合称动电极,由真空灭弧室组装成的真空断路器合闸时,操动机构通过动导电杆的运动,使两触头闭合,完成电路的接通。为了使两触头之间的接触电阻尽可能减小且保持稳定和灭弧室承受动稳定电流时有良好的机械强度,真空开关在动导电杆一端设置有导向套,并使用一组压缩弹簧,使两触头之间保持有一个额定压力。当真空开关分断电流时,灭弧室两触头分离并在其间产生电弧,直至电流自然过零时电弧熄灭,便完成了电路的开断。

⑥真空灭弧室的工作原理。真空灭弧室是指用密封在真空中的一对触头来实现电力电路的接通与分断功能的一种电真空器件,是利用高真空座绝缘介质。当其断开一定数值的电流时,动、静触头在分离的瞬间,电流收缩到触头刚分离的某一点或某几点上,表现为电极间电阻剧烈增大和温度迅速提高,直至发生电极金属的蒸发,同时形成极高的电场强度,导致剧烈的场致发射和间隙的击穿,产生真空电弧,当工作电流接近零时,触头间距增大,真空电弧的等离子体很快向四周扩散,电弧电流过零后,触头间隙的介质迅速由导电体变为绝缘体,于是电流被分断,开断结束。

由于大气压力的作用,灭弧室在无机械外力作用时,其动、静触头始终保持闭合状态,当外力使动导电杆向外运动时,触头才分离。真空灭弧室的性能主要取决于触头材料和结构,并与屏蔽罩的结构和材料以及灭弧室的制造工艺有关。

我国的真空技术已能够保证真空开关需要的真空,而且封接技术可保证不漏气。

（6）真空断路器的操动机构

操动机构是真空断路器的驱动装置,主要有电磁操动机构和弹簧操动机构。

①真空断路器对操动机构的要求。

a. 机构的输出特性尽量与真空断路器的反力特性相匹配。

b. 要有足够的合闸输出功,保证真空断路器具有关合短路故障电流的能力。

c. 合闸后,即使在事故状态下也能稳定地保持合闸(即令开关具有动稳定性)。

d. 要保证在 85% ~110% 合闸操作电压下能正常合闸;在 65% ~120% 分闸电压下能正常分闸,而在 30% 额定操作电压下不得分闸。

e. 可以电动或手动操作。

f. 电磁机构应具有自由脱扣的功能。

②电磁操动机构。电磁动纵机构是指靠直流螺管电磁铁产生电磁力进行合闸,以储能弹簧分闸的机构。其结构较简单,运行安全可靠,制造成本较低,可实现遥控和自动重合闸,但合闸时间较长,合闸速度受电源电压变动的影响大,消耗功率大,需配备大功率直流电源。该类机构可配用于 110 kV 及以下电压等级的断路器。电磁操动机构结构笨重,消耗功率大,合闸时间长,不经济等原因,使其逐步被其他较先进的机构取代。

③弹簧操动机构。弹簧操动机构是指以储能弹簧为动力,对断路器进行分、合闸操作的机构。弹簧操动机构动作快,可快速自动重合闸,一般采用电机储能,消耗功率较小,可用交直流电源,且失去储能电源后还能进行一次操作,但其结构复杂,冲击力大,对部件强度及加工精度要求高,价格较贵。弹簧操动机构适用于 220 kV 及以下电压等级的断路器。

3.1.2　认识 KYN28A-12 型高压开关柜及 VS1 真空断路器

1）KYN28A-12 型高压开关柜

KYN28A-12 型高压开关柜按 GB 3906 中的铠装移开式户内交流金属封闭开关设备设计,由柜体和中置式可抽出部件(即手车)两大部分组成。柜体分 4 个单独的隔室,外壳防护等级为 IP4X,各小室间及断路器室门打开时防护等级为 IP2X。具有架空进出线、电缆进出线及其他功能方案,经排列、组合后能成为满足各种要求的配电装置。KYN 开关柜结构如图 3.10 所示。

高压开关柜的认识

（1）外壳及其他

开关柜的外壳选用优质薄钢板,经数控机床加工成型,具有精度高,质量轻,机械强度高,外形美观等优点,柜体采用组装式结构,用铆钉连接而成,加工生产周期短,零部件通用性强,占地面积小,便于组织生产。

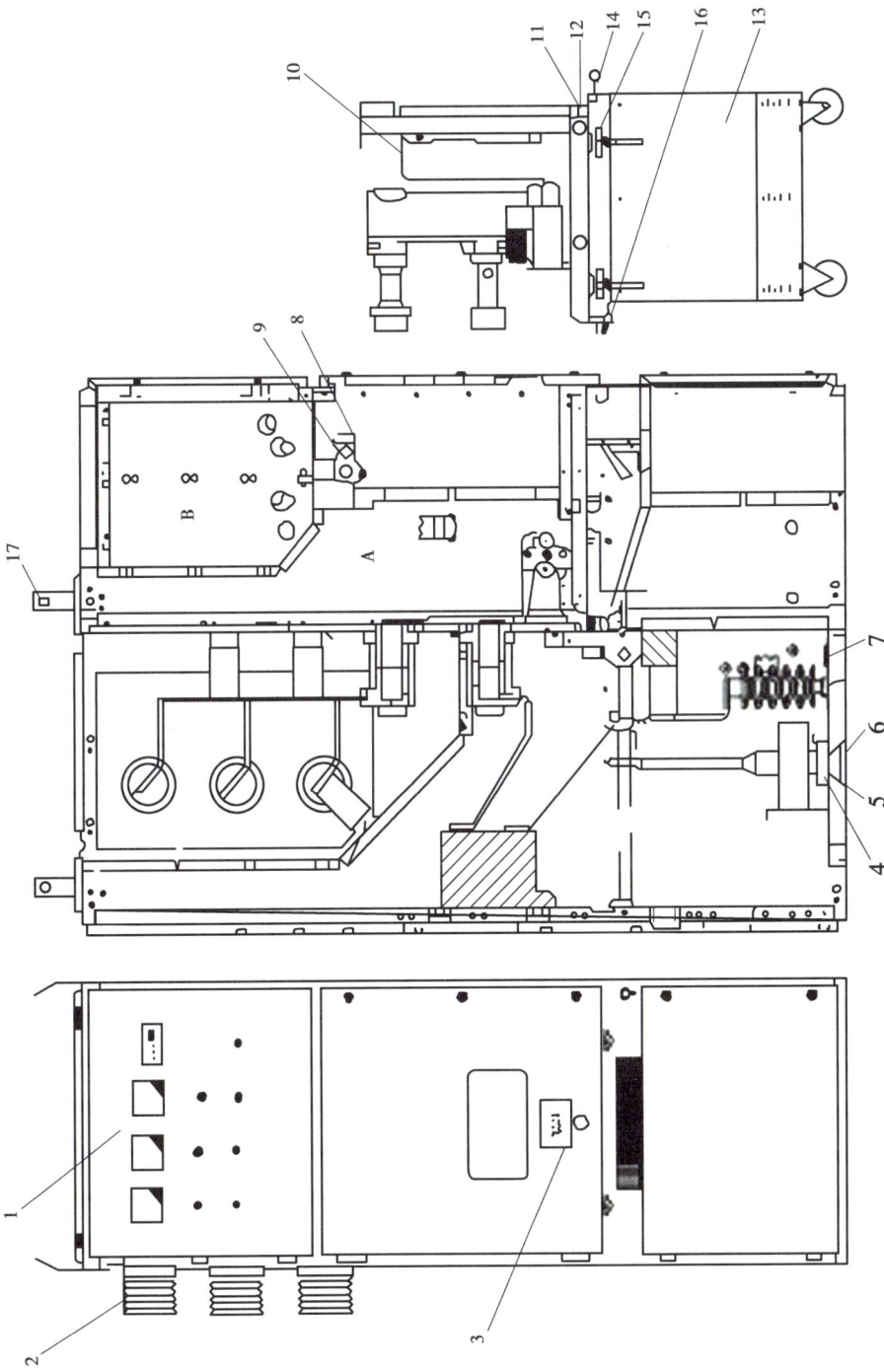

图3.10　KYN进线或出线柜基本结构构剖面图

A.断路器室；B.继电器仪表室

1—控制和保护单元；2—穿墙套管；3—丝杆机构操作孔；4—电缆夹；5—电缆密封圈；6—连接板；
7—接地排；8—二次插排；9—联锁杆；10—断路器手车；11—滑动把手；12—锁键（联到滑动把手）；
13—运输小车；14—小车锁定把手；15—调节螺栓；16—锁舌；17—起吊耳

（2）手车

手车骨架采用薄钢板经数控机床加工后组装而成。手车与柜体配合精确、移动灵活，机械联锁安全、可靠。根据不同用途手车分为断路器手车、电压互感器手车、计量手车和隔离手车。各类手车按模数，积木式变化，同规格手车可以自由互换。手车在柜体内有分离/试验位置和工作位置，每一位置都有定位装置，以保证联锁可靠。使用时必须按照联锁防误操作程序进行操作。

（3）隔室

开关柜按功能要求分成4个独立的隔室，即母线室A、断路器室B、电缆室C和继电器仪表室D，除继电器仪表室外，其他3个隔室都有各自独立的泄压通道，采用中置式结构，电缆室位置大大增加。

①母线室。母线从一个开关柜引至另一个开关柜，通过分支母线和静触头盒固定。主母线与联络母线为矩形截面的圆角铜排。用于大电流负荷时需要用两根矩形母线。全部母线用热缩套管覆盖。扁平的分支线通过螺栓接线与静触头盒主母线相连接。母线穿越开关柜隔板处用绝缘套管支撑，如果柜内出现内部故障电弧，能防止母线贯穿熔化，保证事故不致蔓延到邻柜，并避免主母线因电动力的作用而变形。

②断路器室。隔室两侧安装了轨道，供手车在柜内由分离/试验位置移动至工作位置。静触头盒及隔板（活门）安装在手车室的后壁上，当手车从分离/试验位置移动到工作位置过程中，上、下活门与手车联动自动打开；当反方向移动时，活门自动关闭，直至手车退至一定位置而完全覆盖住静触头盒，形成有效隔离。由于上、下活门不联动，在检修时，可锁定带电侧活门，保证检修维护人员不触及带电体。在断路器室门关闭时，手车同样能被操作，通过中门观察窗，可以观察隔室内手车所处位置，合、分闸及储能状况。主母线是每台拼接在各柜之间贯穿联接，主母线和联络母线为矩形截面的铜排。用于大电流负荷时采用双根母排拼成，支母线通过螺栓联接于静触头盒和主母线之间。对特殊需要，母线可用热缩套管、绝缘套覆盖，相邻柜母线隔室用穿墙套管分隔，如出现内部故障电弧，能防止其贯穿，有效地把事故限制在隔室内而不向其他柜蔓延。

③电缆室。开关柜采用中置式，电缆室空间较大，隔室内可安装电流互感器、接地开关、避雷器，电缆室内每相可并接1~3根单芯电缆，必要时每相可并接6根单芯电缆。电缆隔室底部配制开缝的可卸式封板。

④继电器仪表室。继电器仪表室内可安装继电保护元件、仪表、带电显示装置以及其他二次设备。控制线敷设在线槽内，其左侧线槽是为控制小线的引出预留的。控制线穿越高压室时有金属线槽隔离。

（4）防止误操作联锁装置

①高压开关柜"五防"的要求。所谓"五防"是指在电气运行操作中的要求。

a.防止带负荷分、合隔离开关。

b.防止带电挂合接地开关。

c.防止带接地开关合断路器。

d. 防止误入带电间隔。

e. 防止误拔二次航空插头。

② 开关柜内装有安全可靠的联锁装置。

a. 继电器仪表室门上装有提示性的带电显示盒,提示高压回路带电情况。

b. 断路器手车在分离试验或工作位置时,断路器才能进行合、分操作,而且在断路器合闸后,手车无法移动,防止带负荷误拉手车。

c. 仅当接地开关处于分闸位置时,断路器手车才能从分离/试验位置移至工作位置;仅当断路器手车处于分离/试验位置时,接地开关才能进行合闸操作(接地开关可配带电显示装置)。防止带电误合接地开关及防止接地开关处在闭合状态时误把手车推至工作位置。仅当接地开关处于合闸位置时,才能打开后封板进行维护。

d. 断路器手车在分离试验或工作位置,而没有控制电压时,仅能手动分闸,不能合闸(当加有失电闭锁线圈时)。

e. 断路器手车在工作位置时,二次航空插头被锁定不能拔出。

f. 各柜手车之间可装电气联锁。

g. 接地开关操动机构可加装电磁锁以提高可靠性(按用户的需求选择)。

(5)泄压装置

在断路器手车室、母线室和电缆室的上方均设有泄压装置,当发生内部故障电弧时,伴随电弧的产生,开关柜内部气压升高,装设在门上的特殊密封圈把柜前面封闭起来,顶部装备的泄压金属板将被自动打开,释放压力和排泄气体,以确保操作人员和开关柜的安全。

(6)二次航空插头与手车的位置联锁

开关设备二次线与断路器手车二次线的连接是通过手动二次插接件来实现的。二次航空插头通过尼龙波纹管与断路器手车相连,二次航空插座装设在开关柜手车室的右上方。断路器手车只有在分离/试验位置时,才能插上和拔出二次插头;断路器手车处于工作位置时,二次航空插头被锁定,不能拔出。当加有失电闭锁线圈时,断路器手车的合闸机构被电磁铁锁定,断路器手车在二次航空插头未通电之前,仅能进行手动分闸,而不能进行手动合闸。

(7)带电显示装置

开关柜内可设有带电显示装置。该装置由高压传感器和显示器两部分组成,它不但可以提示高压回路带电状况,而且还可以与电磁锁配合,实现强制闭锁接地开关手柄,达到防止带电关合接地开关。

(8)防止凝露措施

为了防止在高湿度或温度变化较大时产生凝露。在断路器室和电缆室内可装设加热器,加热器有手动控制和湿度自动控制两种。

(9)接地装置

在电缆室内装有 30 mm×6 mm 的接地铜排,接地铜排贯穿相邻各柜,并与柜体良好接触。

2）VS1 真空断路器

随着高压开关柜技术的不断提高以及各种中置柜的推广，VS1-12 型手车式真空断路器近几年在电力系统中得到了广泛应用，其结构简单、灭弧能力强、电气寿命长、检修和维护工作量小、运行可靠性高、适合频繁操作，尤其适用于开断重要负荷及操作频繁的地点。

（1）VS1 断路器结构

VS1 断路器采用操动机构和灭弧室前后布置的形式，主导电回路部分为三相落地式结构。真空灭弧室纵向安装在一个管状的绝缘筒内，绝缘筒由环氧树脂采用 APG 工艺浇注而成，它特别抗爬电。这种结构设计，大大减少了粉尘在真空灭弧室表面聚积，不仅可以防止真空灭弧室受到外部因素的影响，而且可以确保即使在湿热及严重污秽环境下，也可对电压效应呈现出主阻抗。

操动机构为平面布置的弹簧操动机构，具有手动储能和电动储能功能。操动机构置于灭弧室前的机构箱内，机箱被 4 块中间隔板分成 5 个装配空间，其间分别装有操动机构的储能部分、传动部分、脱扣部分和缓冲部分。VS1 型户内真空断路器将真空灭弧室与操动机构前后布置成统一的整体，即采用整体型布局。这种结构设计，可使操动机构的操作性与灭弧室开合所需的性能更为吻合，减少不必要的中间环节，降低了能耗和噪声，使断路器的操作性能更为可靠。VS1 真空断路器的结构如图 3.11 所示。

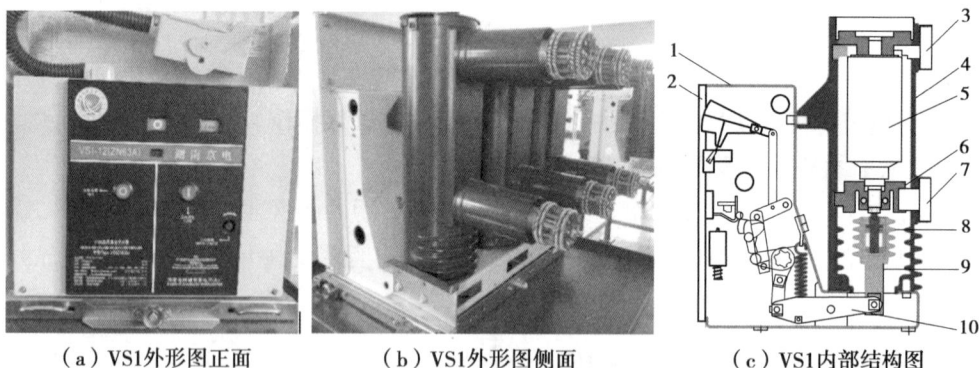

（a）VS1外形图正面　　　（b）VS1外形图侧面　　　（c）VS1内部结构图

图 3.11　VS1-12 型手车式真空断路器

1—操动机构外壳;2—面板;3—上出线座;4—绝缘筒;5—真空灭弧室;6—导电夹;7—下出线座;
8—触头弹簧;9—绝缘拉杆;10—传动拐臂

（2）工作原理

断路器合闸所需能量由弹簧储能机构供给，储能机构可以由外部电源驱动电机完成，也可以由手动储能把手储能。储能完成后储能指示牌显示"已储能"，同时储能切换开关切断储能电机电源，断路器处于待合闸状态。

在合闸操作中无论用手按下"合闸"按钮或远方操作使合闸电磁铁动作，均可使断路器合闸。合闸动作完成后储能指示牌、储能切换开关复位，电机电源接通，电机再次储能，合闸指示牌显示"合"，辅助开关接点转换。

在分闸操作中无论用手按下"分闸"按钮或远方操作使合闸电磁铁动作，均可使断路器分闸。分闸动作完成后，分闸指示牌显示"分"，辅助开关接点转换，同时在分闸操作中计数器自动进一位,可从面板观察窗看到相应的数字。

（3）防误联锁

操作完成后,在断路器未分闸时,断路器将不能再次合闸。断路器合闸操作完成后,如合闸信号未及时去掉,断路器内部防跳控制回路将切断合闸回路,防止多次重合闸。手车断路器在未到分离试验位置或工作位置时,断路器不能合闸。如果选用闭锁断路器,在二次控制电路未接通情况下,闭锁电磁铁将防止手动合闸。

（4）VS1 真空断路器特点

该真空断路器运行性能稳定、开断电流大、设计合理、二次接线方便,适合我国电网运行。

（5）使用环境条件

①海拔高度:1 000 m 及以下(超海拔时,要特别说明)。

②环境温度: -15 ℃ ~40 ℃。

③相对湿度:日平均值不大于95%,月平均值不大于95%。

④无尘埃、烟、腐蚀性和可燃性气体、蒸汽或烟雾的污染及剧烈震动的场合,辅助电路中感应的电磁干扰幅值不大于1.6。

（6）VS1 电气性能

VS1 电气性能见表3.2。

表 3.2　VS1 电气性能

参数名称	单位	参数值			
额定电压	kV	12			
额定雷电冲击电压	kV	75(相间、相对地)/85(断口)			
额定短时工频耐受电压（1 min）	kV	42(相间、相对地)/48(断口)			
额定频率	Hz	50			
额定电压	kV	12			
额定短路开断电流	kA	25	31.5	40	额定短路开断电流
额定电流	A	6301250	12501600 20002500	20002500 31504000	额定电流
额定短时耐受电流	kA	25	31.5	40	额定短时耐受电流
额定峰值耐受电流	kA	63	80	100	额定峰值耐受电流
额定短路关合电流(峰值)	kA	63	80	100	额定短路关合电流（峰值）
二次回路工频耐受电压（1 min）	V	2 000			
操作顺序	分 – 0.3S – 合分 – 180 S – 合分 – 180 S – 合分 – 180 S – 合分				

续表

参数名称	单位	参数值
额定单个背对背电容器组开断电流	A	630/400（40 kA 为 800/400）
额定电容器组开断涌流	kA	12.5（频率不大于 10 000 Hz）
机械寿命	次	20 000
额定短路开断电流次数	次	50
额定操作分、合闸电压	V	AC：110/220　DC：110/220
储能电机电压	V	AC：110/220　DC：110/220
主回路电阻	μΩ	≤60（630 A）　≤50（1 250 A） ≤45（1 600 A）　≤35（2 000 A）　≤25（2 500 A 以上）

（7）分、合闸动作机构参数

操动机构为弹簧储能操动机构，一台操动机构操动三相真空灭弧室。操动机构主要包括两个储能用拉伸弹簧、合闸储能装置、传力至各相灭弧室的连板、拐臂以及分闸脱扣装置，此外，在框架前方还装有如储能电动机，脱扣器，辅助开关，控制设备，分、合闸按钮，手动储能轴，储能状态指示牌，合、分闸指示牌等部件。操动机构适用于自动重合闸的操作，由于电动机储能时间很短，同样能够进行多次重合闸操作。操动机构弹簧有手动储能和电机储能两种储能方式。分、合闸动作机构机械参数见表3.3。

（8）分、合闸线圈参数

分、合闸线圈参数见表3.4。

表 3.3　分、合闸动作机构机械参数

序号	参数名称	单位	数据			
1	触头行程	mm	10～12			
2	接触行程	mm	3～4			
3	三相合分闸同期性	ms	≤2			
4	合闸触头弹跳时间	ms	≤3			
5	极间中心距	mm	210±1.5　（275±1.5）			
6	额定短路开断电流	kA	20	25	31.5	40

续表

序号	参数名称	单位	数据			
7	合闸触头接触压力	N	2 000 ± 200	2 200 ± 200	3 100 ± 200	4 500 ± 200
8	平均分闸速度（触头分开）	m/s	0.9～1.2　（1.1±0.2）			
9	平均合闸速度	m/s	0.6±0.2			
10	分闸时间	ms	20～50			
11	合闸时间	ms	35～70			
12	动、静触头允许磨损厚度	mm	≤3			
13	每相主回路电阻	μΩ	≤50(630 A)　≤45(1 250～1 600 A)　≤25(2 500 A 以上)			

表 3.4　分、合闸线圈参数

项目	合闸线圈	分闸线圈	备注
额定操作电压/V	AC110/220 DC110/220	AC110/220 DC110/220	分闸线圈在小于30%额定操作电压时，不得分闸
线圈功率/W	245	245	
正常工作电压范围	85%～110%额定电压	65%～120%额定电压	

（9）VS1-12/M真空断路器永磁操动机构

永磁操动机构构造如图3.12所示。永磁操动机构由7个零件组成:静铁芯,为机构提供磁路通道;动铁芯,是整个机构中最重要的运动部件;3、4永久磁体,为机构提供保持时所需的动力;5、6分闸线圈;7驱动杆,是机构与断路器传动机构的联接纽带。永磁操动机构克服了传统电磁机构和弹簧机构的固有弊端,取消了传统机构中易损的储能、锁扣机械装置,具有结构简单、寿命长、性能可靠、耐磨损、免维护的特点。永磁操动机构的技术参数见表3.5。

表 3.5　永磁操作机构的技术参数

序列	项目	单位	参数
1	动铁芯行程	mm	35
2	合闸控制电流	A	1
3	分闸电流	A	2.6
4	额定操作电压	V	DC220

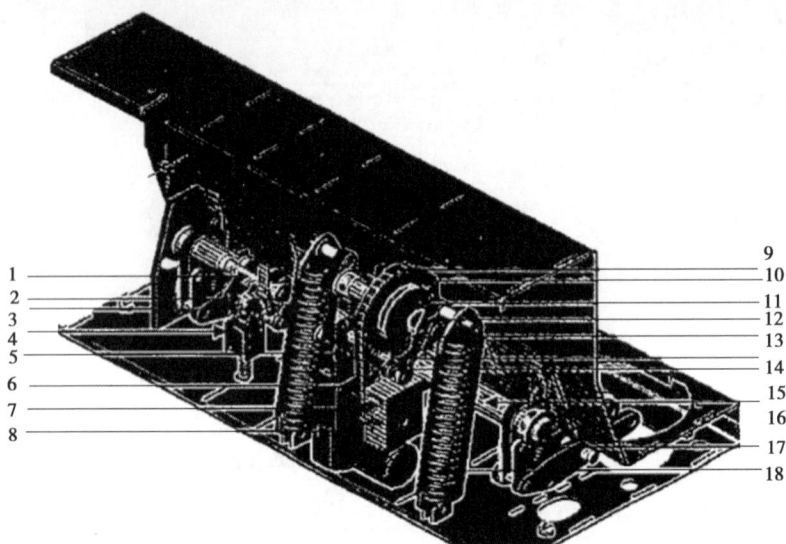

图 3.12　永磁操动机构构造

1—脱扣半轴;2—脱扣弯板;3—合闸保持掣子;4—分闸电磁铁;5—合闸电磁铁;6—传动链条;7—手动储能蜗轮蜗杆部装;8—储能电机;9—凸轮;10—电机传动链轮子;11—储能传动轮;12—储能拐臂;13—储能保持滚轮;14—储能保持掣子;15—储能保持轴;16—主轴;17—分闸弹簧;18—合闸弹簧

(10)手车行程机构维修技术标准

①接触行程的调整。

将扳手插入,松两螺母往上旋一圈,超程减小 0.65 mm 左右;反之增加,锁紧螺母。

②触头开距的调整 。

a.当三相达不到标准时,可以增加或减少油缓冲的垫片以达到要求。

b.当单相调整时,可以通过调节对应的绝缘拉杆螺杆的长度来达到要求。

③触头开距与接触行程的计算公式

a.接触行程 $L = $ 合 $L_1 -$ 刚合 L_2。

b.触头开距 $L = $ 刚合 $L_2 -$ 分 L_1。

④触头开距与接触行程调整说明。

触头开距和接触行程是相对应的,当触头开距增大时,接触行程应减少;当触头开距减少时,接触行程应增大。在调整时必须注意两者相互间的关系。否则只顾一参数的调整而忽视另一参数,容易出现不达要求的现象。

⑤三相分闸同期性的调整

参考三相触头开距的数据而定,将过于偏大或偏小的一相(要注意该相的接触行程)绝缘拉杆螺栓长度旋入或旋出进行调整,使三相触头开距参数接近。

⑥合闸触头弹跳的调整

a.接触行程偏大,接近或超过 4 mm,致使触头压力过大,其反作用力也相应会偏大,引起触头弹跳,将接触行程调整到3.5 mm较适宜。

b.触头平面与中心轴垂直度不好,碰合时产生横向滑动等所致,如果因为灭弧室触头端面垂直度不好而产生弹跳,可将灭弧室分别转动 90°,180°或270°安装。

c.检查所有的螺丝有无松动,切记螺丝都应拧紧。

⑦合、分闸时间的调整

分、合闸时间与操作电压的高低,线接头接触,合、分闸半轴扣接多少有关。

(11)二次回路电阻技术标准

二次回路电阻技术标准见表3.6。

表 3.6　主回路电阻技术标准

名称		单位	数值			
额定电流		A	630	1 250	1 600,2 000	2 500,3 150,4 000 *
回路电阻	上下出线座之间	μΩ	≤45	≤40	≤25	≤16
	上下梅花触头之间		≤50	≤45	≤30	≤20
* 注:需强制风冷						

3.1.3　高压开关柜的检修知识

1)手车式高压开关柜巡视

(1)开关柜巡视

①漆面无变色、鼓包、脱落。

②外部螺丝、销钉无松动、脱落。

③观察窗玻璃无裂纹、破碎。

④柜门无变形,柜体密封良好,无明显过热。

⑤泄压通道无异常。

⑥开关柜无异响、异味。

⑦各功能隔室照明正常。

⑧开关柜间母联桥箱、进线桥箱应无沉降变形。

⑨铭牌完整清晰。

⑩接地开关能可靠闭锁电缆室柜门。

（2）断路器室巡视

①断路器无异响、异味、放电痕迹。

②断路器分合闸、储能指示正确。

（3）电缆室巡视

①电缆室应无异响、异味；电缆终端头、互感器、避雷器绝缘表面无凝露、破损、放电痕迹。

②接线板无位移、过热、明显弯曲，固定螺栓螺母无松动。

③电缆相位标记清晰，电缆屏蔽层接地线固定牢固、接触良好，且屏蔽接地引出线应在开关柜封堵面上部，一、二次电缆孔洞封堵良好。

④零序电流互感器应固定牢固。

⑤电缆终端不同相之间不应交叉接触。

⑥分支接线绝缘包封良好。

⑦接地开关位置正常。

⑧电缆室内无异物。

⑨电流互感器、带电显示装置二次线应固定牢固，无松动现象。

（4）继电器仪表室巡视

①带电显示装置显示正常，自检功能正常。

②断路器分合闸、手车位置及储能指示显示正常，与实际状态相符。

③接地开关位置指示显示正常，与实际运行位置相符。

④若加热驱潮装置采用自动温湿度控制器投切，自动温湿度控制器应工作正常。

⑤额定电流 2 500 A 及以上金属封闭高压开关柜的风机自动/手动投切功能应工作正常。

⑥二次线及端子排无锈蚀松动，柜内无异物。

2）手车式高压开关柜更换

（1）安全注意事项

①断开与开关柜相关的各类电源并确认无电压。

②工作前，操动机构应充分释放所储能量。

③拆除时，下方不得有人工作。

④吊装应按照厂家规定程序进行，选用合适的吊装设备和正确的吊点，并设专人指挥。

⑤起吊前确认连接件已拆除。

（2）关键工艺质量控制

①开关柜拆除前，应确定所有柜体内、外连接已断开，且被移除柜体与相邻柜体之间应有间隙。

②开关柜安装时,应按编号顺序与基础槽钢固定,柜安装的垂直度允许偏差(每米)小于1.5 mm,相邻两盘顶部水平偏差小于2 mm,成列盘顶部水平偏差小于2 mm,相邻两盘边盘间偏差小于1 mm,成列盘面盘间偏差小于1 mm,盘间接缝小于2 mm。

③新安装好的成列开关柜的接地母线,应有两处与接地网可靠连接点,截面积符合规定要求。采用截面积不小于240 mm²铜排可靠接地。金属柜门应以铜软线与接地的金属构架可靠连接。

④母线安装过程中母线平置时,螺栓应由下向上穿,螺母应在上方。其余情况,螺母应位于维护侧,母排搭接或紧固螺杆为内六角形,螺杆超出螺帽2~3丝牙,其露出部分不得朝向接地柜壳。螺栓紧固,力矩值符合产品技术要求。螺栓紧固后应做标记。

⑤带电体与柜体间的空气绝缘净距离符合要求:≥125 mm(对于12 kV),≥180 mm(对于24 kV)、≥300 mm(对于40.5 kV)。

⑥二次铠装电缆进入柜体后,钢带切断处的端部应扎紧,并将钢带接地。

⑦二次铠装电缆芯应有标记,标明其正确的回路编号。

⑧二次导线束穿越金属构件时,应套绝缘衬管加以保护,所采用的绝缘衬管强度应符合要求。

⑨柜门应使用4 mm²及以上软铜线铜鼻子可靠接地,并与导电部分的安全净距符合要求。

⑩高压电力电缆接线板严禁铜铝直接接触,不同相之间严禁交叉接触。

⑪高压电力电缆应安装可靠的电缆支架,电缆引出的屏蔽接地线可靠接地,且与零序电流互感器安装方式正确。

⑫柜体内设备与外界环境密封可靠,密封材料应使用防火、防水材料进行封堵,且封堵严密。

⑬电气联锁装置、机械联锁装置及其之间的联锁功能动作准确可靠。

⑭断路器手动、电动分合闸正常,机械特性试验合格。

⑮测试开关柜整体回路电阻三相平衡。

⑯手车推拉应轻便灵活,无卡涩及碰撞,无爬坡现象。安全隔离挡板开启应灵活,与手车的进出配合动作,挡板动作连杆应涂抹润滑脂。安全隔离挡板应可靠闭锁隔离带电部分,隔离活门上应有相位指示、警示标志。

⑰手车静触头安装中心线与静触头本体中心线一致,且与动触头中心线一致。

⑱手车与柜体间的接地触头接触紧密,手车推入时,接地触头应比主触头先接触,拉出时应比主触头后断开。手车在工作位置,动静触头配合尺寸正确,动静触头接触紧密,插入深度符合产品规定要求。

⑲手车在工作位置和试验位置指示灯显示正确。

⑳接地开关分合闸正常,无卡涩,各转动部分加润滑油,操作连杆转动范围与带电体的安全距离符合要求。

㉑母线套管防火封堵完好,套管地电位片连接可靠。

咨讯学习成果检测

一、判断题。

1. 真空断路器由真空灭弧室、操动机构、传动件、底座等部分组成。任务3 咨讯检测
(   )   答案

2. 真空灭弧室在工作时波纹管不受扭力。(   )

3. 按高压断路器的安装地点分类可分为户内式和户外式两种。(   )

4. 真空断路器合闸速度过高,不会对波纹管产生较大冲击力,降低波纹管寿命。(   )

二、选择题。

1. 真空灭弧室的玻璃起(   )作用。

    A. 真空密封   B. 绝缘   C. 真空密封和绝缘双重

2. 真空断路器具有(   )的优点。

    A. 维护工作量少   B. 无截断过电压   C. 不会产生电弧重燃   D. 体积大

3. KYN28 中置式开关柜,按基本结构分有(   )等四个小室。

    A. 高压室   B. 操作室   C. 观察室   D. 手车室

三、看图指出各部件名称。

    1 _____ 、2 _____ 、3 _____ 、4 _____
 _____ 、5 _____ 、6 _____ 、7 _____ 、8 _____ 、
9 _____ 、10 _____ 。

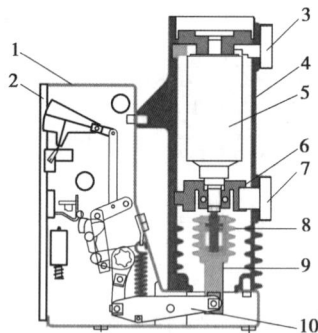

3.2　决策与计划

3.2.1　高压开关柜常见故障分析及处理方法

1) VS1 手车式真空断路器故障分析

VS1 手车式断路器故障分析见表 3.7。

表 3.7　VS1 手车式断路器故障分析

故障现象	故障分析	故障处理
断路器储能电机不储能	二次接线有误	检查断路器二次回路接线将错误的接点改正,松动的接点加固
	电机电压过低导致	检查电机电压是否为正常值
	电机烧坏	更换电机
断路器卡涩	断路器传动部位零部件锈蚀	通过对断路器传动部件进行润滑
断路器不能进行远控操作	控制室二次接线有误	检查断路器二次回路接线,将错误的接点改正,松动的接点加固
	操作电压过低	供给正常的操作电压
	远、近转换开关未转换到远控位置	将远、近转换开关转换到远控位置
	分、合闸电磁铁烧坏	更换新的分、合闸电磁铁
断路器辅助开关输出信号节点闪烁	二次接线不当或辅助开关触头位置不当导致	排查二次配线或调节辅助开关触头位置,使之处于中间位置来解决
无信号误动	二次回路有混线,分闸回路直流两点接地	依据二次原理图检查断路器二次回路接线,将错误的接点改正,松动的接点加固
合后即分误动	二次回路有混线,合闸同时分闸回路有电接通动作	依据二次原理图检查断路器二次回路接线,将错误的接点改正,松动的接点加固
断路器分、合闸不到位	断路器长时间不动作时,可致使弹簧能量释放不充分	断路器长时间不动作致使弹簧能量释放不充分时,可通过紧固分、合闸弹簧螺母得以解决
	断路器传动部位零部件出现锈蚀卡涩	断路器传动部位零部件出现锈蚀卡涩,可通过给传动零部件增加润滑剂得以解决
断路器拒分、拒合	断路器二次回路接线是否有误或松动	依据二次原理图检查断路器二次回路接线,将错误的接点改正,松动的接点加固
	操作电压过低	操作电压过低时,对操作电压电源供给进行故障排查,恢复正常的操作电压

续表

故障现象	故障分析	故障处理
断路器拒分、拒合	分、合闸电磁铁是否有位置偏差	分、合闸电磁铁有位置偏差时,可以通过调节分、合闸电磁铁固定在机构上的螺母来矫正
	分、合闸电磁铁烧坏	分、合闸电磁铁烧坏时,更换新的分、合闸电磁铁
	断路器"跳跃"——分闸挚子的弹簧卡涩,导致挚子返回不到位,不能有效地保持分闸连杆的位置。合闸操作时,机构不能维持在合闸位置,导致断路器"跳跃"	在现场对分闸挚子弹簧作轻微调整,添加润滑油并对断路器进行多次正确的分、合闸操作动作

2)高压开关柜故障的查找与分析

高压开关柜的故障部位,根据开关柜的类型虽然有所不同,但以断路器的故障为主要故障,其次是防误装置。目前,较普及的有 KYN28,GG1A 开关柜,所配断路器多为真空断路器,主要有 ZN28,VSI,VD4。高压开关柜常见故障可归纳如下:

①高压开关柜电气系统故障

a.高压开关柜无法正常合闸送电,此现象称为高压开关柜断路器的拒合现象,此现象在事故现场中经常出现。

b.高压开关柜无法正常分闸停电,此现象称为高压开关柜断路器的拒跳现象,在现场事故处理中,此现象较普遍存在。

c.二次回路电气原因。合闸、跳闸熔丝熔断、保护干线断线、控制开关失灵损坏等二次元件故障的诸多原因,会影响高压开关柜不能正常分、合闸。

d.储能系统。储能电机、储能控制电路故障,造成无法储能。

②操动机构及其传动系统机械故障。机构调整不到位,造成分、合闸受阻,是导致拒动占比较高的故障。

③开关柜防误装置失灵会导致不能正常工作,同时会危及人身和设备安全。防误联锁是开关柜故障的重要原因之一,防误既有机械联锁原因,也有电气联锁原因。

④设备绝缘部件受潮、表面有裂纹和放电。

⑤母线、电缆等连接部件接触不良。

⑥故障查找前的安全检查

a.检查开关柜全部电源应断开。查找故障时应将操作电源、电机储能电源、闭锁电源、照明电源均在断开位置。

b.检查断路器状态。断路器应放在分离试验位置且处于分闸状态,电机未储能。手动分合断路器一次。确保开关在分闸位置未储能。

c. 检查接地开关在合闸状态。

⑦高压开关柜柜内设备检查

a. 检查绝缘部件的表面有无裂纹、明显划痕、闪络痕迹等现象,绝缘子固定螺丝有无松动。

b. 检查母线、引线有无发热现象,连接螺栓有无松动,母线接头处的示温片有无变色和脱落。

c. 检查开关柜接地装置是否接地完好。

d. 检查互感器、避雷器等设备外观有无异常。

e. 检查隔离开关或接地开关外观有无异常。

f. 检查断路器外观有无异常。

⑧重点查找的主要元件

a. 分、合闸线圈:易烧损。

b. 辅助开关:接触不良、配合不恰当。

c. 合闸接触器:线圈烧损、触点接触不良。

d. 二次接线端子:接触不良。

e. 分闸回路电阻:烧坏。

f. 操作电源功率元件:易损坏。

g. 电磁联锁机构的电磁线圈。

h. 储能电机及控制元件。

其中,分、合闸线圈烧损基本上是机械故障引起线圈长时间带电所致;辅助开关及合闸接触器故障虽表现为二次电气故障,实际多为接点转换不灵或不切换等机械原因引起;二次接线故障基本是由二次线接触不良、断线及端子松动引起;储能电机故障基本表现为位置接点接触不可靠,电机空转,电机链条脱落、齿轮箱损坏。

VS1 断路器故障分析详见表 3.7,开关柜柜体防误闭锁装置故障分析见表 3.8。

3.2.2　现场查勘

现场查勘的内容如下:

①确定待检修高压开关柜的安装地点,查勘工作现场周围相邻带电设备与工作区域的距离是否满足"安规"要求。

②核对待检修高压开关柜台账和技术参数。

③核查检修设备评价结果、上次检修试验记录、运行状况及存在的缺陷。

④查勘工器具、设备进入工作区域的通道是否通畅,确定作业工器具的需求,明确工器具、备件及材料的现场摆放位置。

⑤明确作业流程,分析检修、施工时存在的安全风险,制订安全预控措施。

表 3.8　开关柜柜体防误闭锁装置故障分析

部位	故障现象		故障原因
柜体防误闭锁装置	接地开关在合位,断路器能够从试验位置进入工作位置或断路器在工作位置,可以操作接地开关	底盘车上连锁板不能动作	接地开关与断路器联锁机构失效
	接地开关在合位,断路器能够从试验位置进入工作位置,或断路器在工作位置可以操作接地开关	柜体导轨上联锁机构	接地开关与断路器联锁机构失效
	断路器在试验位置,接地开关小活门按不下	闭锁回路空开合不上或闭锁电磁铁不吸合	接地开关小活门闭锁电磁铁短路或断路,应能正确更换闭锁线圈
	断路器在试验位置,接地开关小活门按不下	闭锁回路空开合不上或闭锁电磁铁不吸合	闭锁电磁铁的整流桥损坏,应能正确更换整流桥
	接地开关在合位,电缆室门无法打开	接地开关机械闭锁的起始位置正好与正确位置相反	机械闭锁不到位,将机械闭锁紧急解锁装置拆除后,把接地开关轴上的机械闭锁装置反装
		接地开关合上后,后门电磁锁仍没电,打不开	后门电磁锁打不开,接地开关辅助开关线接错位,改正错误接线
		接地开关合上后,后门电磁锁仍没电,打不开	后门电磁锁打不开,接地开关辅助开关本身内部触电不通,应更换

3.2.3　危险点分析与控制

参照 GB 26860—2011《电力安全工作规程发电厂和变电站电气部分》、Q/GDW 1799.1—2013《国家电网公司电力安全工作规程(变电部分)》及相关规定,根据工作内容和现场勘察结果,对高压开关柜检修作业的风险进行评价分析,制订相应的预控措施,填写表 3.9。

高压开关柜检修作业风险辨识与预控措施

表 3.9　高压开关柜检修作业风险辨识及预控措施

序号	风险辨识类别	风险辨识项目	预控措施
1	低压触电	接取临时电源、二次回路上作业	
2	高压触电	误入、误登、误碰带电设备	
3	机械伤害	使用工器具或在设备机构或传动部件上工作	
确认(签名):			

3.2.4　确定安全技术措施

1)一般安全注意事项

①正确着装,穿好工作服、工作鞋,需穿防滑性能良好的软底鞋,正确佩戴安全帽和劳保手套,高空作业要正确使用安全带。

②按规定办理工作票,工作负责人与班组人员检查现场安全措施,履行工作许可手续。

③开工前,工作负责人组织全体施工人员宣读工作票,交代作业任务(工作内容、人员分

工),交代现场安全措施及带电部位,交代风险辨识及控制措施。

④按标准作业,规范施工。施工过程中相互监督,保证施工安全。

2)技术措施

①拆除接线时,做好记录,按记录恢复接线。

②工器具摆放整齐有序。

③检修后按规定项目进程测试,各部件应符合质量要求。

3.2.5 确定检修内容、时间和进度

根据现场查勘报告,编制标准化作业流程表,见表3.10。

表3.10 标准化作业流程表

工作任务	高压开关柜检修	
工作日期	年 月 日至 年 月 日	工期:
工作内容	工作安排	时间(学时)
制订检修计划、作业方案	主持人: 参与人:	
优化作业方案,编制标准化作业卡	主持人: 参与人:	
准备工器具、材料,办理开工手续	主持人: 参与人:	
高压开关柜故障分析判断	小组成员训练顺序:	
高压开关柜闭锁失灵缺陷处理	小组成员训练顺序:	
高压开关柜调整测试	小组成员训练顺序:	
清理工作现场,验收,办理工作终结	主持人: 参与人:	
小组自评互评,教师总结点评	主持人: 参与人:	
确认(签名):	工作负责人: 小组成员:	

3.2.6 工器具和材料准备

1）工器具、仪器仪表（见表 3.11）

表 3.11 高压开关柜柜体检修所需工器具及仪器、仪表

序号	名 称	规格型号	单位	数量	备 注
1	两用扳手	6～27 mm	套	1	手工具
2	梅花扳手	6～27 mm	套	1	手工具
3	一字螺丝刀	2×75 mm	把	1	手工具
		4×100 mm	把	1	手工具
4	十字螺丝刀	2×75 mm	把	1	手工具
		4×100 mm	把	1	手工具
5	尖嘴钳	150 mm	把	1	手工具
6	钢丝钳	200 mm	把	1	手工具
7	内卡钳	150 mm	把	1	手工具
8	外卡钳	150 mm	把	1	手工具
9	小组合套筒工具	1/4 号公制六角套筒：4，5，5.5，6，7，8，10，11，12，13，14 mm	套	1	手工具
		1/4 号六角旋具头：3，4，5，6，7，8 mm	套	1	手工具
		1/4 号快速棘轮扳手	套	1	手工具
		1/4 号加长杆：50，150 mm	套	1	手工具
10	万用表	常规	块	1	试验仪器
11	绝缘电阻表	2 500 V	块	1	试验仪器
12	移动线盘	220 V	个	1	试验仪器
13	机械特性测试仪		台	1	试验仪器
14	回路电阻测试仪		台	1	试验仪器

2）耗材（见表 3.12）

表 3.12 高压开关柜柜体检修所需耗材

序号	名称	规格型号	单位	数量	备注
1	白布		m	2	
2	砂纸	0 号	张	5	

续表

序号	名称	规格型号	单位	数量	备注
3	机油		kg	1	
4	无水乙醇		kg	1	
5	清洗剂		瓶	1	
6	松动剂		厅	1	
7	中性凡士林		瓶	1	
8	绝缘胶带		卷	1	

3.3 实 施

3.3.1 布置安全措施,办理开工手续

按以下步骤布置安全措施,办理开工手续,并填写表 3.13、表 3.14、表 3.15。

①断开回路的断路器,检查确认断路器在分闸位置,断路器就地操作把手已经悬挂"禁止合闸,有人工作"标示牌。

②检查断路器操动机构、信号、合闸电源已切断。

③确认检修间隔线路侧隔离开关已挂地线。

④确认检查间隔四周与相邻带电设备间装设围栏,并向内侧悬挂"止步,高压危险"标示牌。

⑤列队宣读工作票,交代作业任务(工作内容、人员分工),交代现场安全措施及带电部位,交代风险辨识及控制措施。

⑥准备好检修所需的工器具、材料、备品备件,检查工器具、材料齐全、合格,摆放位置符合规定。

表 3.13 设备停电操作

序号	工作内容	执行人(签名)
1	拉开 302 断路器	
2	将 302 断路器手车摇至试验位置	
3	拉开 304 断路器	
4	将 304 手车摇至检修位置	

续表

序号	工作内容	执行人（签名）
5	拉开 301 断路器	
6	将 301 断路器手车摇至试验位置	
7	检查 302,304,301 断路器机构机械位置指示器、分闸弹簧、基座拐臂的位置,确认断路器已在分位	
8	检查 302,301 断路器手车位置	

表 3.14　布置安全措施

序号	工作内容	执行人（签名）	确认人（签名）
1	在 10 kV Ⅱ段母线上对应 302,301 位置各装一组接地线		
2	在 304 培训Ⅱ线断路器与线路侧之间装设一组接地线		
3	在 301,302,304 断路器就地操作把手悬挂"禁止合闸,有人工作"标示牌		
4	在 304 开关柜门处悬挂"在此工作"标示牌		
5	在 304 开关柜与相邻带电设备间装设围栏,向内侧悬挂适量"止步,高压危险"标示牌;在出口处悬挂"从此进出"标示牌		
6	在 301 和 302 开关柜的正面和背面悬挂"止步,高压危险"标示牌		
7	断开 304 断路器操动机构、信号、合闸电源,应拉开低压断路器或取下熔断器		

表 3.15　办理开工手续

序号	工作内容	执行人（签名）	确认人（签名）
1	列队宣读工作票,交代工作内容、安全措施和注意事项		
2	检查工器具应齐全、合格,摆放位置符合规定		
3	工作时,检修人员与 10 kV 带电设备的安全距离不得小于 0.7 m		

3.3.2 高压开关柜检修

按以下步骤及要求进行高压开关柜的检修,并填写表3.16,表3.17。

1)开关柜柜体检查

①检查柜体、母线槽无变形、下沉。

②检查各封板螺丝齐全,无松动、锈蚀。

③检查各部位接地良好,接地体应无锈蚀情况。

④检查观察窗透明度高。

⑤检查柜体封闭性能完好,仪器仪表室柜门开启灵活,关闭密封良好,如图3.13所示。

图3.13 开关柜

2)电缆室检修

(1)电流互感器检查

①电流互感器一次引线接头接触良好,如有松动应进行紧固,接线端子应接触良好,接线端子温度过高,则应检查负荷电流是否过大。烧损轻微时将连接铜排接触面进行打磨处理,烧损严重时则应更换。

②二次接线接触良好,无松动、发热现象,接地线完好牢固,无过热现象。

③电流互感器外绝缘如有积污情况,则用干净毛巾蘸乙醇将外绝缘表面积污擦抹干净。如有污闪、破损、开裂情况,则须更换电流互感器。

④检查零序电流互感器外观无破损、无裂纹现象,如有以上情况则须更换零序电流互感器。

图 3.14 电流互感器

（2）避雷器检查

①引线接头接触良好，无过热现象，轻微发热应打磨处理；螺栓无松动，有松动则应紧固。

②避雷器外绝缘应无积污情况，如有积污情况，则用干净毛巾蘸乙醇将外绝缘表面积污擦抹干净；应无破损、开裂情况，如有破损、开裂情况，则须更换避雷器。

图 3.15 避雷器

（3）接地开关检查

①接地开关铜排螺栓应无松动，接地开关接地连线紧固无松动，如出现松动现象须紧固。

②接地开关外绝缘如有积污情况，则用干净毛巾蘸乙醇将外绝缘表面积污擦抹干净。

③接地开关连杆及各传动部位加注润滑油。

④接地开关操动机构应操作自如，分、合闸要求准确到位。零部件有无变形，如有则调整或更换变形零部件。

⑤接地开关辅助开关应工作正常，触点位置正确，触点接触良好，无锈蚀、氧化情况。触点如有锈蚀、氧化情况，则应更换触点；辅助开关如有损坏，则须更换辅助开关。

（4）高压电缆检查

①检查电缆接头无松动、无过热现象；固定螺栓螺母无松动，如有松动须紧固。

②电缆相位标记应清晰，电缆屏蔽层接地线固定牢固、接触良好，且屏蔽接地引出线应在开关柜的封堵面上部，电缆孔洞封堵良好，电缆吊牌标示清楚。

③检查电缆外观无放电痕迹，绝缘套无破损、无裂纹、无漏胶痕迹。

图3.16　接地开关

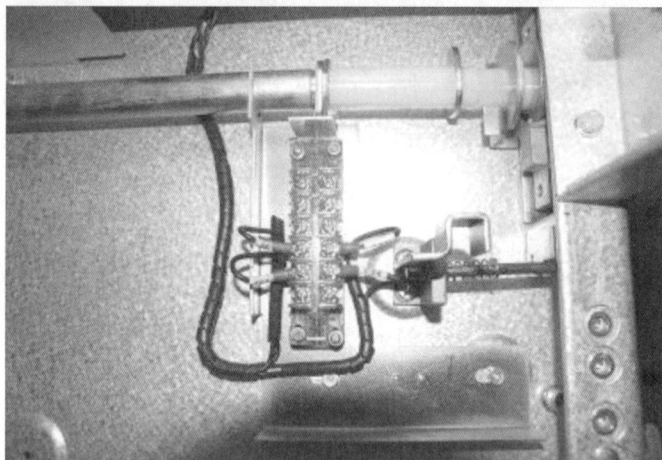

图3.17　接地开关辅助开关

3)继电器仪表室检修

(1)综合指示仪检查

断路器分闸、合闸、储能指示,小车试验位置、工作位置指示,转换开关就地/远方指示,接地隔离开关合闸指示,带电显示器指示均应能正确显示。如果显示不正常,则应更换综合指示仪,如图3.19所示。

(2)就地/远方转换开关检查

就地/远方转换开关转换功能应正常,不应出现卡滞、粘连现象。如果不能满足要求则应进行更换。

(3)二次回路及端子排检查

①二次回路接线应无松动、虚接、脱落现象,接入控制电源检查二次回路功能应正确。如有不符合则应进行整改。

图 3.18　电缆接头

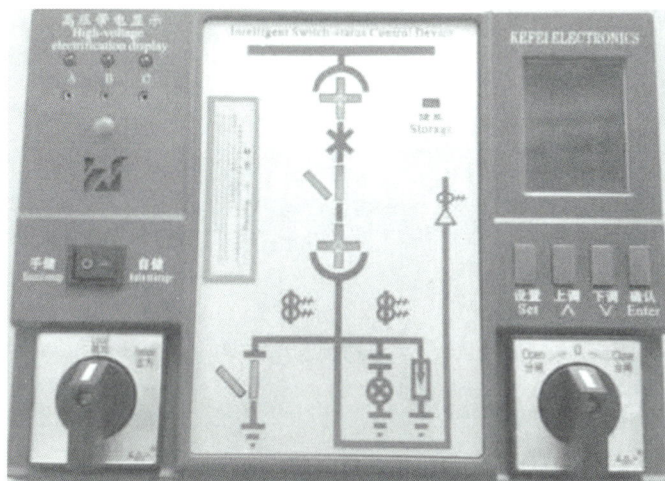

图 3.19　综合指示仪

②对所有端子进行紧固;端子排应干净无积污现象,如有积污情况,则用干净毛刷蘸乙醇将支持绝缘子表面积污擦抹干净;端子排的螺丝和端子排应采用铜或合金材质,不能采用铁质材质,如有则应进行更换;每个柜体内的二次端子排应预留 10 个以上的空端子排。

4)母线室检修

(1)母排检查

主导体母排应干净无积污现象,如有积污情况,则用干净毛巾蘸乙醇将母排表面积污擦抹干净;包覆的绝缘套应完好;绝缘接头盒应完整;母排接触面应平整紧密,无发热变色,螺栓及垫片应齐全牢固;出现轻微发热时将接触面打磨,螺栓紧固。

(2)穿屏套管检查

穿屏套管应固定牢固,外观无损坏、无灰尘。

(3)绝缘子检查

绝缘子表面应整洁,无裂痕和放电痕迹,如有积污情况,则用干净毛巾蘸乙醇将支持绝缘子表面积污擦抹干净。如有破损、开裂情况,则须更换支持绝缘子。

159

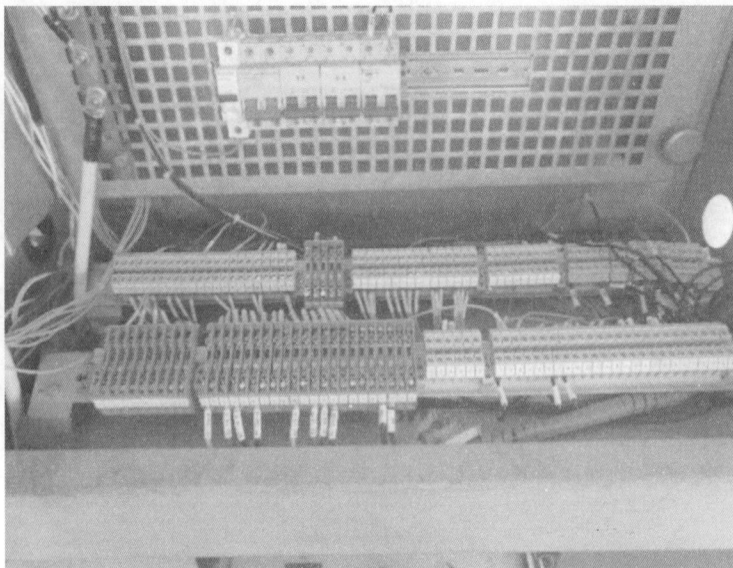

图 3.20　端子排

图 3.21　母线室

（4）泄压通道检查

①检查开关柜顶部母线室紧固泄压盖板的尼龙螺钉是否安装好,泄压盖板安装方向正确。

②检查泄压通道工作正常,无变形现象,固定螺栓应使用遇冲击压力易断的尼龙螺栓,不能用金属螺栓。

5）手车室检修

①清扫维护断路器手车室,检查所有元件和机械连接件无损伤,套管、绝缘护罩等绝缘

件无裂纹损伤,检查所有螺栓齐全紧固,弹簧垫片平整,定位销的弹性挡销不断裂脱落,开口销齐全并开口。

图 3.22　绝缘子

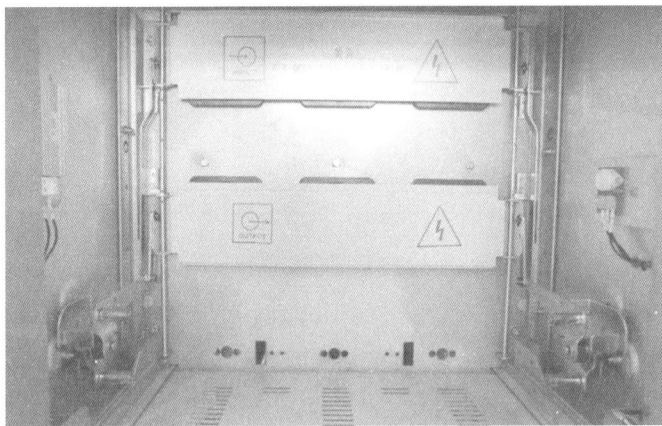

图 3.23　手车室

②检查手车室内活门无损伤,动作灵活。手车推至试验位置时,活门不应该打开;手车在推进过程中,无卡滞现象,活门应动作自如。在打开时应保持平衡,复位后应遮住触头盒。

③静触头外观应无损伤,无明显发热烧蚀痕迹。

④检查轨道无毛刺、无变形现象。

⑤检查传动机构摩擦部件,对轴销、轴承、齿轮等转动和直动产生相互摩擦的地方涂敷润滑脂。

⑥检查二次航空插头和插座外观无变形、开裂现象,插针和插孔配合良好,插入拔出顺畅。

⑦检查加热器安装、接线应牢固,用万用表检查加热器工作应正常,如果加热器安装、接线不牢固,则应用螺丝刀或扳手紧固,如果加热器损坏则应更换加热器。

⑧检查高压触头盒应干净无积污现象,如有积污情况,则用干净毛巾蘸乙醇将支持绝缘子表面积污擦抹干净;触头盒应采用屏蔽措施,用于安装母排和静触头的嵌件必须高出树脂平面 2~3 mm(12 kV)。

图 3.24　传动机构摩擦部件

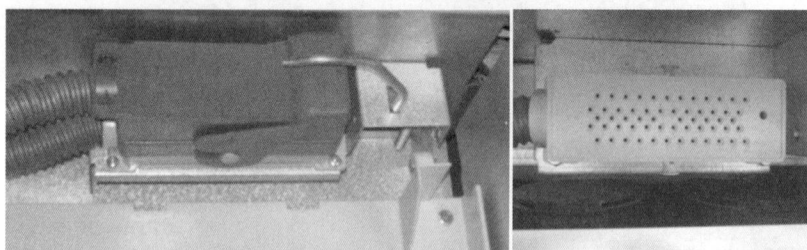

图 3.25　二次航空插头

图 3.26　加热器

6)开关柜五防系统检查

（1）接地开关与门的联锁检查

①检查接地开关与开关柜的下门和电缆室后封板之间的机械联锁关系是否正确,操作是否可靠。

②当接地开关处于分闸状态时,开关柜的下门和电缆室的后封板应不能打开。

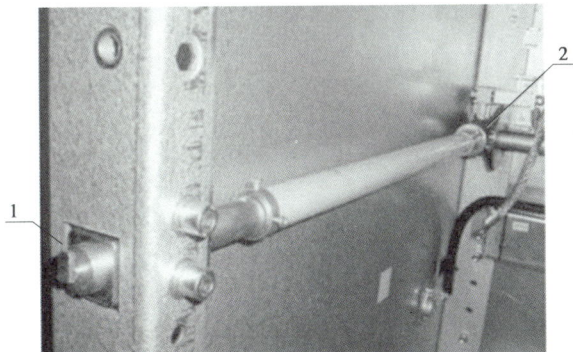

图 3.27 接地开关与电缆室门的机械联锁

1—锁套;2—全盘式伞齿轮

(2)接地开关与导轨联锁检查

①检查接地开关与断路器手车之间的机械联锁关系是否正确,操作是否可靠。

②当接地开关处于合闸状态时,断路器手车(或其他元件手车)应不能从试验位置向工作位置推进。

③当断路器手车(或其他元件手车)处于工作位置时,接地开关应合不上。

④当断路器手车(或其他元件手车)处于试验位置或检修位置时,接地开关应能正常操作。

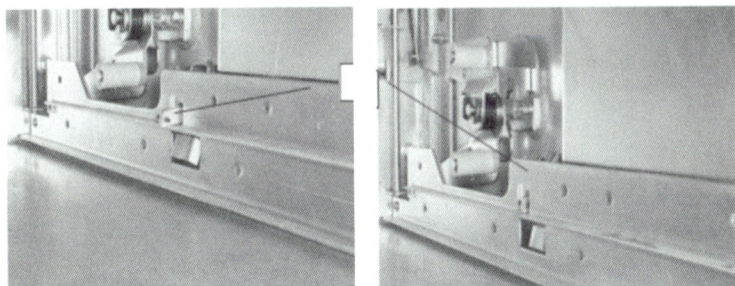

（a）接地开关合闸时 （b）接地开关分闸时

图 3.28 接地开关与导轨联锁

(3)底盘车联锁检查

①检查手车位置与行程开关动作是否正确。

②手车处于/试验位置和工作位置时,安装在底盘车内的手车位置行程开关应正确地给出位置信号并接通断路器的电气操作回路。

③手车处于中间位置时,安装在底盘车内的手车位置行程开关应断开断路器的电气操作回路。

(4)二次航空插头与手车的位置联锁检查

①当手车处于/试验位置时,二次航空插头可以插拔。

②手车处于中间位置和工作位置时,二次航空插头应被锁住,不能拔开。

（a）断路器试验位置合闸　　　（b）断路器工作位置合闸　　　（c）断路器分闸丝杆
闭锁手车丝杆转动　　　　　　闭锁手车丝杆转动　　　　　　处于解锁状态

图 3.29　底盘车联锁

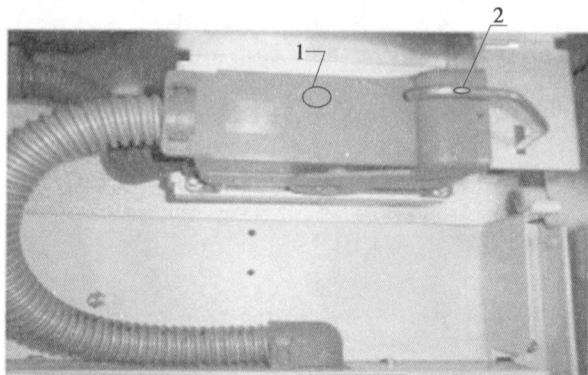

图 3.30　二次航空插头联锁

1—二次航空插头;2—二次航空插头闭锁杆

（5）中门联锁检查

①手车式真空断路器只有在中门关好的情况下,关门解锁装置被压平解锁后,手车才能
被摇离试验位置。

②手车式真空断路器在手车离开试验位置后锁住中门,当手车式真空断路器在试验位
置时,才能打开中门。

（6）开关柜微机五防挂锁检查

①检查开关柜中门、下门挂锁装置正常。

②检查手车进出操作孔挂锁装置正常。

③检查接地开关操作孔挂锁装置正常。

④检查开关柜后上门、后下门挂锁装置正常。

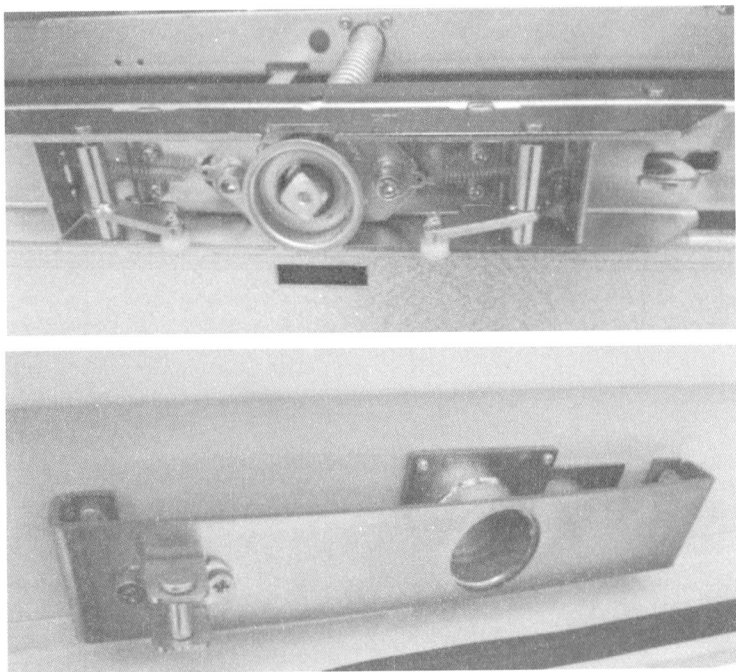

图 3.31　中门联锁

7）VS1 真空断路器检修

（1）标准紧固件锈蚀、松动检查

检查真空断路器内标准紧固件是否出现松动、锈蚀情况，如有松动情况，则按力矩要求拧紧螺母；如有锈蚀情况，则须进行更换。

（2）手车式真空断路器外绝缘检查

①检查手车式真空断路器外绝缘应无积污情况，如有积污情况，则用干净毛巾蘸乙醇将外绝缘表面积污擦抹干净。

②检查手车式真空断路器外绝缘应无破损、开裂情况，如有破损、开裂情况，则须进行更换。

（3）手车式真空断路器控制回路绝缘检查

用绝缘电阻表测量手车式真空断路器控制回路（分、合闸回路和储能回路），绝缘电阻应大于 $10\ \mathrm{M\Omega}$。

（4）手车式真空断路器传动部件检查

检查手车式真空断路器操动机构的各连接拐臂、轴、销等传动部件应无弯曲、变形、断裂和锈蚀情况，如有锈蚀情况，用 400 号水磨砂纸打磨并涂抹上黄油；如有弯曲、变形、断裂情况，则须进行更换。

（5）手车式真空断路器分、合闸铁芯间隙检查

检查手车式真空断路器分、合闸铁芯应灵活，无卡涩现象，如有不灵活、卡涩现象应调整满足要求。

图 3.32　手车式真空断路器外绝缘

图 3.33　手车式真空断路器控制回路

（6）操动机构及辅助开关检查

检查操动机构及储能辅助开关必须安装牢固、转动灵活、切换可靠、接触良好；机构分、合闸灵活，无卡涩；机械联锁正确，位置指示明确无误。如有不符，应调整满足要求；如仍不能满足要求，则须进行更换。

（7）手车式真空断路器计数器检查

检查手车式真空断路器计数器安装应牢固且不能自动复位，计数器正确动作，如果安装不牢固则应进行紧固，如果计数器不动作则应更换计数器。

（8）手车式真空断路器分、合闸线圈检查

①检查分、合闸线圈有无过热变形等现象，如果分、合闸线圈已损坏，则应更换分、合闸线圈。

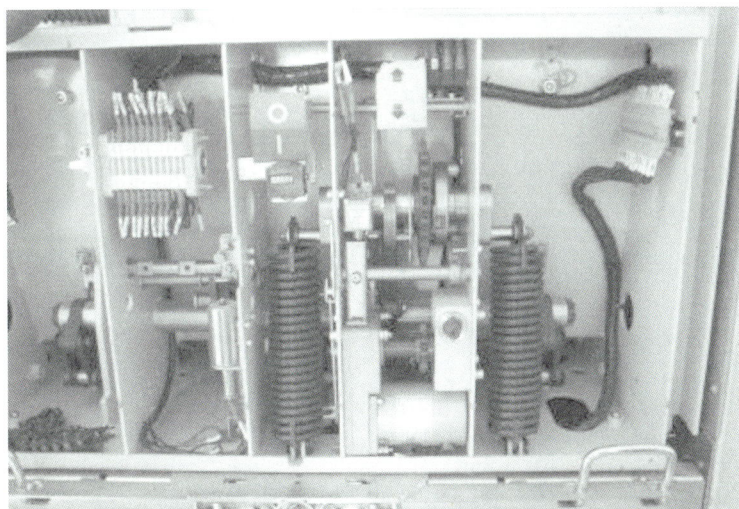

图 3.34　手车式真空断路器传动部件

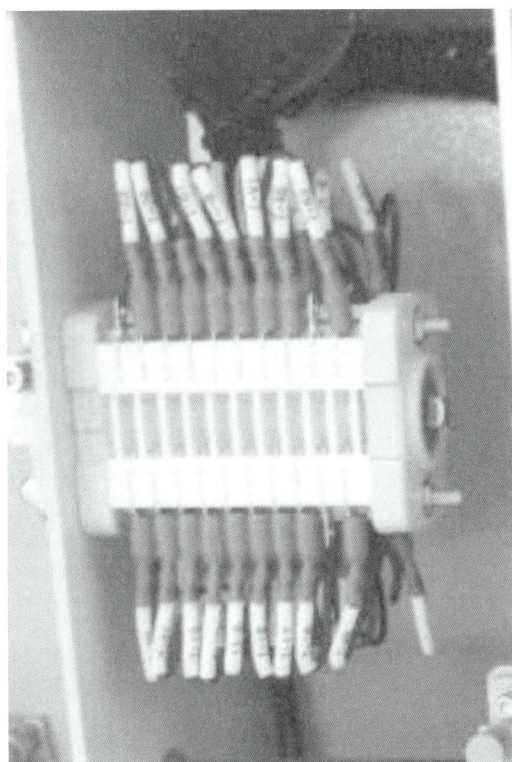

图 3.35　手车式真空断路器　　　　图 3.36　操动机构辅助开关
　　　　分、合闸铁芯

②用万用表测量分、合闸线圈的阻值应在厂家规定的 ±5% 范围内,如果不符合要求,则应更换分、合闸线圈。

③检查分、合闸线圈安装或接线应牢固,如果安装或接线不牢固应进行紧固。

图 3.37　手车式真空断路器计数器

④动作试验

a. 合闸线圈应能在其额定电源电压的85%～110%范围内可靠动作。

b. 分闸线圈应能在其额定电源电压的65%～110%范围内可靠动作,当电源电压不高于30%时应不能分闸。

图 3.38　手车式真空断路器分、合闸线圈

(9)一次触头及进出机构检查

①将一次触头清抹干净,并在触指上涂拭凡士林。

②检查开关一次触头弹簧应无变形、无过热等异常,导电面有无过热或烧损情况,如有轻微烧损情况,应用水磨砂纸细细打磨,损坏严重则进行更换。

③检查小车进出机构动作灵活,若不灵活,应加润滑油润滑。

图 3.39　触头

（10）储能电机检查

检查储能电机在其额定电源电压的 85% ～110% 范围内应能可靠储能,如果储能电机不能电动储能,则检查储能电机是否有卡涩、损坏,如有则更换储能电机。

（11）行程开关检查

检查行程开关应工作正常,在弹簧未储能的状态下,拨动行程开关下面的挡板,如果触点切换的声音清脆有力,则证明行程开关正常;反之,则更换损坏的行程开关。

（12）分、合闸弹簧检查

检查弹簧无锈蚀,固定螺栓紧固,轴销固定牢固。

（13）油缓冲器检查

检查油缓冲器应密封良好,无漏油情况,如果油缓冲器有漏油情况,则检查密封件是否损坏,如是则更换密封件,如不是则更换油缓冲器。

（14）手车式真空断路器回路电阻检查

用回路电阻测试仪测量手车式真空断路器的三相主回路电阻应满足质量标准要求,如果不满足,表示手车式真空断路器接触不良,可先调整断路器合闸压缩行程后,检查触头臂的接触面是否接触良好,再测回路电阻,如果仍不合格,则必须更换真空灭弧室。

检测方法:断路器合闸,用回路电阻测试仪进行测量,试验接线如图 3.40 所示。

①将测试仪接地,先接地端再接仪器端。

②将电压、电流分别插入仪器的 V + ,V - 和 I + ,I - 两端。

③电流线（粗线）和电压线（细线）接在一个钳子上。两个钳子分别夹在 A 相上下两个端口引线端子处。

④检查试验接线正确,试验人员站在绝缘垫上,操作人员征得试验负责人许可后方可加

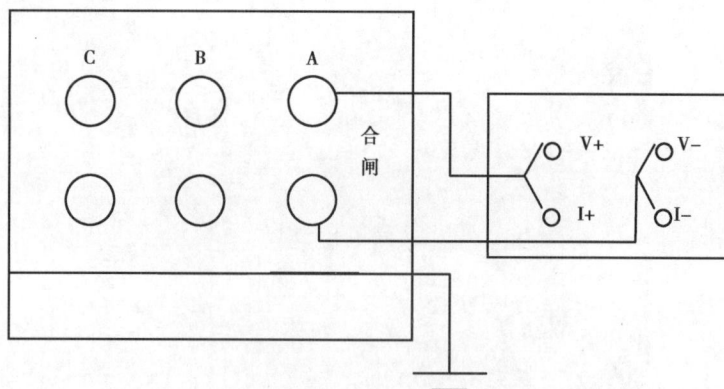

图 3.40　真空断路器回路电阻测试接线图

压试验。

　　⑤打开电源开关,要求测试电流应不小于 100 A,按下测试键开始测量。

　　⑥待充电电流及测试数据稳定后记录测试结果。

　　⑦按下返回键,待仪器放电完毕后断开电源,注意要先断开仪器总电源。

　　⑧挂接好放电棒后,拆除高压试验接线。

　　⑨拆除仪器端电压、电流线。

　　⑩拆除接地线。

　　⑪用同样的方法测量 B,C 相的回路电阻。

1 250 A:≤60 μΩ;

2 000 A:≤45 μΩ;

3 150 A:≤40 μΩ。

　　(15)手车式真空断路器机械特性试验

　　用机械特性测试仪测量手车式真空断路器的机械特性(分、合闸速度和时间等)应满足质量标准要求,如果不满足,则应调整机械传动部件使其满足。

　　分、合闸时间及同期试验:将断路器特性测试仪的合、分闸控制线分别接入断路器二次控制线中,用试验接线将断路器一次各断口的引线接入测试仪的时间通道。将可调直流电源调至额定操作电压,通过控制断路器特性测试仪,对真空断路器进行分、合操作,就能得出各相分、合闸时间及合闸弹跳时间。三相合闸时间中的最大值与最小值之差即为合闸不同期;三相分闸时间中的最大值与最小值之差即为分闸不同期。同时,还能通过特性测试仪测量其分、合闸速度。

　　手车式真空断路器的机械特性要求(以 VS1 型手车式真空断路器为例)如下:

触头开距(mm):11±1.0;

触头接触行程(mm):3.5±0.5;

触头合闸弹跳时间(ms):≤2;

三相合闸不同期性(ms):≤2;

三相分闸不同期性(ms):≤2;

平均合闸速度(m/s):0.5~0.8;

平均分闸速度(m/s):0.9~1.2;

合闸时间(ms):≤100;

分闸时间(ms):≤50。

(16)传动试验

①手动储能,手动分、合闸各3次,工作均正常。

②插上二次航空插头电动储能后,与保护配合传动断路器,观察储能信号及分、合闸信号正常。

(17)二次回路故障排查

①储能回路查找。使用万用表检查储能回路:二次航空插座第25脚→二次航空插头第25脚→储能微动开关S2的21脚、22脚→元件板V1的A1,B1脚→储能电机M→元件板V1的B2,A2→储能微动开关S1的22脚、21脚→二次航空插头第35脚→二次航空插座第35脚。

②分闸回路查找。使用万用表检查分闸回路:二次航空插座31脚→二次航空插头第31脚→元件板V3的A5,B5脚→分闸线圈TQ→元件板V3的B6,A6→辅助开关HK第63脚、第64脚→二次航空插头第30脚→二次航空插座第30脚。

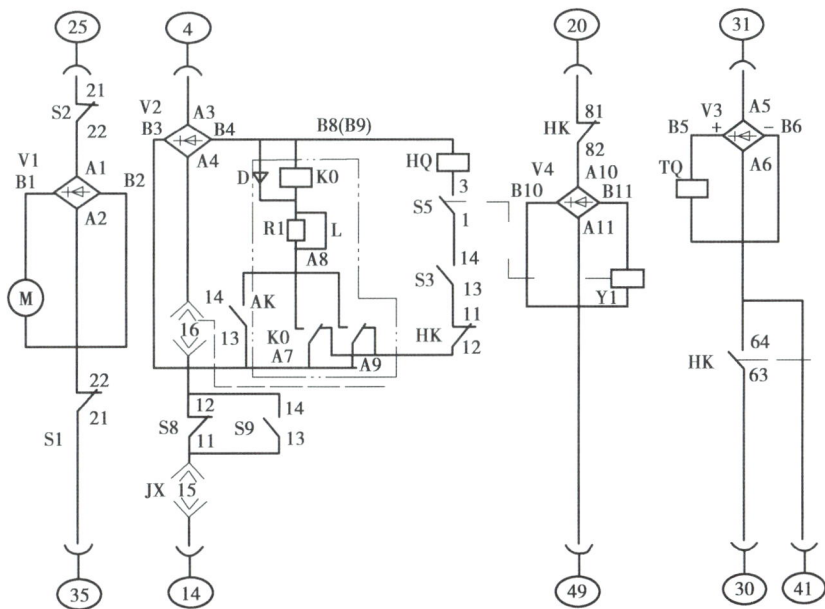

图3.41　VS1-12手车式真空断路器二次原理图

HK—断路器主触头的辅助开关;S1~S4—微动开关;M—弹簧机构储能电机;

TQ—分闸脱扣器;HQ—合闸脱扣器;V1~V4—整流元件;S8—试验位置辅助开

关;S9—工作位置辅助开关;Y1—闭锁电磁铁;S5—限位开关;JX—接线排

③合闸回路查找。使用万用表检查合闸回路:二次航空插座第4脚→二次航空插头第4脚→元件板V2的A3,B3脚→辅助开关HK第12脚、第11脚→储能微动开关S3的13,14脚→闭锁电磁铁限位开关S5的1,3脚→合闸线圈HQ→元件板V2的B4,A4→接线排JX第

16 号端子→试验位置辅助开关 S8 的 12 ,11 脚→接线排 JX 第 15 号端子→二次航空插头第 14 脚→二次航空插座第 14 脚。

④闭锁回路查找。使用万用表检查闭锁回路:二次航空插座第 20 脚→二次航空插头第 20 脚→辅助开关 HK 第 81 脚、第 82 脚→元件板 V4 的 A10,B10 脚→闭锁电磁铁 Y1→元件板 V4 的 B11,A11→二次航空插头第 49 脚→二次航空插座第 49 脚。

(18)元器件或零部件更换

①确认需要更换的元器件或零部件,检查备用元件完好。

②用扳手或螺丝刀逆时针旋下标准紧固件。

③取下损坏的元器件或零部件。

④换上新的元器件或零部件。

⑤装上紧固件,用力矩扳手按顺时针方向将螺母按力矩要求拧紧。

8)收尾工作

表 3.16　高压开关柜检修流程及质量要求

序号	检修内容	质量要求	检修记录	执行人（签名）	确认人（签名）
1	确认断路器处于检修位置	(1)断路器机械位置指示器位于分闸 (2)操作电源插头已取下 (3)部件摆放位置符合规定			
2	摸底试验				
3	柜内照明灯检查				
4	手车断路器进出车检查				
5	柜门闭锁、断路器与接地开关间、断路器工作与检修位置间闭锁检查	正常;灵活;正确闭锁			
6	二次航空插把检查	接触良好			
7	断路器一次引线接头检查,螺栓紧固				
8	断路器导电部位检查(夹紧度、深度),涂凡士林				
9	断路器绝缘部件检查、清洗				

续表

序号	检修内容	质量要求	检修记录	执行人（签名）	确认人（签名）
10	断路器操动机构检查、注润滑油				
11	断路器辅助开关检查	动作灵活、可靠			
12	接触器检查	切换正常、接触良好			
13	手动、电动分/合开关	触点无烧伤损坏、动作灵活			
14	电流互感器一、二次引线检查	紧固、接触良好			
15	电流互感器绝缘部位检查与清扫；TA 上二次接线端子清扫	完好、清洁			
16	电压互感器一、二次引线检查	紧固、接触良好,二次回路严禁开路			
17	电压互感器绝缘部件检查与清扫；TV 上二次接线端子清扫	完好、清洁			
18	电压互感器回路熔断器检查	完好、无破损			
19	避雷器外观检查	绝缘子无破损,复合绝缘无裂纹,无放电痕迹			
20	避雷器引线接头检查	无松动、连接可靠			
21	避雷器计数器检查	计数器外观无破损;指示正常;不进水;牢固符合要求			
22	避雷器接地线检查	接地可靠			
23	电缆头外观、相序色带完好检查	无裂纹、放电现象			

续表

序号	检修内容	质量要求	检修记录	执行人（签名）	确认人（签名）
24	电缆屏蔽接地线检查	接地良好			
25	电缆与其他设备搭接处检查	接触良好,无发热迹象			
26	穿墙套管检查	清扫表面浮灰;检查两端连接紧固螺栓			

表 3.17　故障分析及处理

故障现象	可能原因	处理措施	执行人（签名）	确认人（签名）
断路器拒合				
断路器拒分				
绝缘故障				
载流故障				
手车不能拉出或推出				
接地开关不能分合				

3.4　检查控制

3.4.1　工作检查

1）小组自查

检修工作结束后,工作负责人带领小组作业成员进行自查。小组自查项目及质量要求见表 3.18。

表 3.18　小组自查项目及质量要求

序号	检查项目		质量要求	确认(√)
1	资料准备	工作票	正确、规范、完整	
		现场查勘记录		
		检修方案		
		标准作业卡		
		调整数据记录		
2	检修过程	正确着装	穿长袖工作服,戴安全帽,穿绝缘鞋	
		工器具选用	一次性备齐工器具	
		检查安全措施	接地线、标示牌装挂正确;断路器控制电源、储能电源、保护电源已拉开	
		导电部分	无变形,无过热;所有螺栓紧固	
		绝缘部分	绝缘部件表面无裂纹、无污物、无放电痕迹	
		传动部分	开口销齐全并开口;轴销配合紧密,间隙小;各紧固螺栓紧固;各转动部分涂抹润滑油;转动灵活无卡涩	
		操动部分	储能点击运转正常;储能弹簧无锈蚀、变形;手动、电动操作,分、合闸动作正确;各紧固螺栓紧固;各转动部分涂抹润滑油	
		机构辅助开关	转换正确	
		闭锁装置	闭锁可靠	
		接地装置	接地可靠,操作灵活;接地部分与导电部分之间的距离符合"安规要求";接头无过热、氧化	

续表

序号	检查项目		质量要求	确认(√)
2	检修过程	出线部分	导电接头涂抹凡士林,螺栓紧固;导电相间,对地距离符合"安规要求";接头无过热、氧化	
		机械和电气故障查找	故障查找方法正确,故障消除	
		施工安全	遵守安全规程,不发生习惯性违章或危险动作	
		工具使用	正确使用和爱护工具。	
		文明施工	工作完后做到"工完、料尽、场地清"	
3	检修记录		如实记录,项目完整	
4	遗留缺陷:		整改措施:	

2)小组交叉检查

为保证检修质量,小组自查之后,小组之间进行交互检查,小组交叉项目及质量要求见表3.19。

表3.19 小组交叉项目及质量要求

序号	检查内容	质量要求	检查结果
1	资料准备	完整、规范	
2	检修过程	无安全事故、符合规程要求	
3	检修记录	记录完整规范	
4	工具使用	工具无损坏,正确使用和爱护工具	
5	文明施工	施工现场整洁、卫生、有序	
	被检查组:		检查实施组:

3.4.2 工作终结

①清理现场,办理工作终结。

a.清点工器具和耗材,分类归位。

　　b. 清扫现场,恢复安全措施。

②填写检修报告。

③整理资料。

3.5　考核与评价

3.5.1　考核

　　对学生掌握相关专业知识的情况进行笔试或口试考核。对检修技能的考核,参照表3.20的评分细则进行考核。

表 3.20　高压开关柜检修考核评分细则

技能操作项目			高压开关柜检修			
姓名		班级		学号	标准分	100 分
开始时间		结束时间		实际用时	得分	
序号	评分项目	评分内容及要求	评分标准		扣分原因	得分
1	预备工作 (5 分)	1. 安全着装; 2. 工器具及仪器、仪表检查。	1. 未按照规定着装,每处扣0.5分; 2. 工器具及仪器、仪表选择错误,每处扣0.5分;未检查扣3分; 3. 其他不符合条件,酌情扣分。			
2	班前会 (5 分)	1. 交代工作任务及任务分配; 2. 交代危险点及预控措施。	1. 未交代工作任务,扣2分; 2. 未进行人员分工,扣1分; 3. 未交代危险点及预控措施,扣2分,交代不全,酌情扣分; 4. 其他不符合条件,酌情扣分。			
3	检查安全措施 (10 分)	1. 检查现场安措设置是否与工作票所列的安全措施一致; 2. 检查现场安措是否满足检修要求,必要时补充。	1. 检查安全措施设置情况,每错漏一处扣2分; 2. 其他不符合条件,酌情扣分。			

续表

序号	评分项目	评分内容及要求	评分标准	扣分原因	得分
4	调整、试验及常见故障处理（45）	调整、试验及常见故障处理。	1. 未完成指定调整、试验及故障处理工作每处扣20分； 2. 检修后未达到产品说明书和相关规范的要求每处扣5分； 3. 检修过程中发生危及人身安全事件每处扣20分； 4. 检修过程中发生仪器仪表损坏每次扣20分。		
5	标准化作业卡（15分）	完整填写标准化作业卡。	1. 未填写标准化作业卡，扣10分； 2. 未对检修结果进行判断，扣5分； 3. 检修数据记录不全，每处扣1分。		
6	履行竣工汇报手续和整理现场（5分）	1. 履行竣工汇报手续； 2. 将作业现场整理并恢复。	1. 未履行竣工汇报手续，扣5分； 2. 未清点、整理工器具、材料，扣5分； 3. 现场有遗留物，每件扣1分； 4. 其他不符合条件，酌情扣分。		
7	收工点评（5分）	1. 总结检修内容； 2. 总结发现的安全及技术问题，提出相应改进措施。	1. 未点评，扣5分； 2. 其他不符合条件，酌情扣分。		
8	综合素质（10分）	1. 着装及精神面貌； 2. 现场组织及配合； 3. 执行工作任务时，大声呼唱； 4. 不违反电力安全规定及相关规程。	1. 着装不整齐，精神不饱满，扣5分； 2. 现场组织不够有序，工作人员之间配合不默契，扣5分； 3. 执行工作任务时未大声呼唱，扣2分； 4. 有违反电力安全规定及相关规程的情况，扣10分； 5. 损坏设备或严重违章，标准分全扣。		
教师（签名）			得分		

3.5.2　评价

　　学习过程评价由学生自评、互评和教师评价构成。各小组成员对自己小组和其他小组在检修资料准备、检修方案制定、检修过程组织、职业素养等方面进行评价，并提出改进建议。教师根据学习过程存在的普遍问题，结合理论和技能考核情况，对学生的相关知识学习、技能掌握、职业素养等方面进行评价。参照表 3.21 进行评价，并填写表 3.22 所示的学习评价记录表。

表 3.21　学习综合评价表

学习情境		高压开关柜检修				
评价对象						
评价项目	子项目	评价标准	自评 （20%）	互评 （30%）	教师评价 （50%）	综合 评价
资讯 （15%）	收集资料 （7%）	资料齐全、内容丰富。				
	引导问题 （8%）	回答问题正确。				
计划与 决策 （20%）	故障判断 （4%）	分析和判断合理。				
	现场查勘 （4%）	实施了现场查勘，查勘记录完整，如实反映现场状况。				
	危险点分析（4%）	危险点分析全面，预控措施到位。				
	任务安排 （4%）	人员及进度安排合理可行。				
	材料工具 （4%）	材料和工具准备齐全，并检查合格。				
实施 （40%）	安全措施 （10%）	对安全措施进行检查，保证安全措施完善。				
	使用工具 （4%）	工具使用方法正确规范。				
	工艺工序 （10%）	工序正确，无漏项，无错序；工艺符合规范要求。				
	工器具管理（4%）	工器具管理符合规范要求。				

续表

评价项目	子项目	评价标准	自评（20%）	互评（30%）	教师评价（50%）	综合评价
实施（40%）	检修质量（8%）	检修质量符合规范要求。				
	文明施工（4%）	按标准要求设置安全警示标志牌、现场围挡；材料、构件、料具等堆放有序，垃圾及时清理；临时设施质量合格；施工安全，无事故发生。				
检查控制（10%）	全面性（5%）	检查项目无遗漏				
	准确性（5%）	检查方法正确				
职业素养（15%）	吃苦耐劳（4%）	能忍受艰苦的环境，完成长时间的检修工作，不抱怨，享受劳动过程。				
	团队合作（4%）	检修班组成员各负其责，互相关照，配合默契。				
	创新（2%）	能积极思考，就工艺、工序等方面提出改进措施。				
	"5S"管理（5%）	及时整理、整顿工器具和材料，做到科学布局，取用快捷；及时清扫，美化环境；将整理、整顿、清扫进行到底，保持环境处在美观的状态；遵守各项规定，养成习惯。				
评语						
教师签字			日　期			

表 3.22　学习评价记录表

学习情境	高压开关柜检修		
序号	项目	主要问题	整改建议
1	资讯		
2	计划与决策		
3	实施		
4	检查控制		
5	职业素养		
被评价对象：		评价人：	

任务 4　互感器检修

【任务描述】

2020 年 5 月,某供电公司对 220 kV 变电站 522 线路电流互感器进行大修。请对电流互感器进行故障判断和处理。现场接线图如图 4.1 所示。

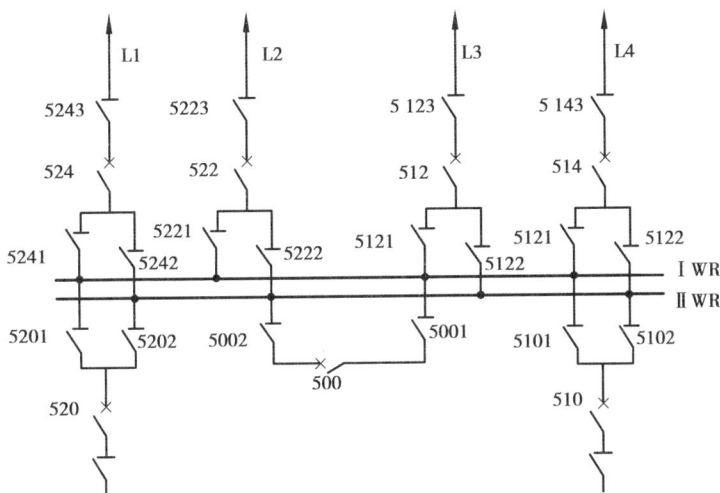

图 4.1　某变电站电气主接线图(110 部分)

请按照标准化作业流程的要求,实施对 LCWB6-110W2 型电流互感器的检查、分解、检修、组装。掌握电流互感器的基本结构与工作原理,掌握电流互感器的拆解、检修、组装操作技能。

【任务目标】

通过本任务的学习,应该达到的知识目标为熟悉电流互感器的基本原理与结构;掌握电流互感器检修的标准工艺、调试方法和验收标准;熟悉电流互感器相应的规程规范要求。应该达到的能力目标为能正确组织电流互感器检修前勘察,能收集检修所需的标准、资料;能正确判断设备运行状态,确定检修方案,并在其中体现危险点分析,制订预控措施;能根据检修方案与标准化作业指导书来组织开展人员、工器具、备品备件及耗材准备工作;能安全、正

181

确地组织开展 LCWB6-110W2 型电流互感器标准化解体检修作业;能进行电流互感器常见故障的处理。应该达到的素质目标为具有较强的安全意识、责任意识和按规程规范作业的行为习惯;具有一定的组织策划能力、团队协作能力和沟通协调能力;具有初步收集处理信息的能力和自学能力。

4.1　资　讯

4.1.1　互感器概述

1)互感器的作用

互感器是电力系统中将一次系统的高电压、大电流转换为二次系统的低电压、小电流的设备,是一种为测量仪器、仪表、继电器和其他类似电器供电的变压器。互感器分为电流互感器和电压互感器两种,其作用如下:

(1)电压、电流变换

互感器二次所接为测量仪表和继电保护,一次的高电压、大电流必须通过互感器将其变换成低电压、小电流,才能直接接入这些二次设备。

(2)仪表和继电器的标准化

互感器的二次额定电压或额定电流是一定的,电压互感器的二次额定电压为 100 或 $100/\sqrt{3}$ V,电流互感器的二次侧绕组的额定电流为 5 A 或 1 A,这样可以使二次仪表和装置的电压和电流规格统一,有利于仪表和装置的标准化。

(3)一、二次隔离

由于互感器的一次与二次是根据电磁感应原理进行能量的传递,无直接的电气连接,因此,一、二次绕组之间在电气上是绝缘的,这样保证了二次设备和在二次设备上工作的人员的安全。

2)互感器的原理

互感器从原理上来分,有电子式和电磁式两种。电子式互感器是由连接到传输系统和二次转换器的一个或多个电压或电流传感器组成,用以传输正比于被测量的量,供给测量仪器、仪表和继电保护或控制装置。传统的互感器主要为电磁式互感器,其工作原理与电力变压器一样,都是根据电磁感应原理来工作的。

(1)电磁式电流互感器的原理

电磁式电流互感器的原理图如图 4.2 所示,一次绕组匝数(N_1)很少,二次绕组的匝数(N_2)较多,一次绕组串联在一次电路中,而二次绕组串联在仪表、继电保护装置的回路中。当一次侧流过电流时,电流在铁芯中产生交变磁通,此磁通交链到二次,产生感应电势,由此产生二次回路电流。

忽略很小的励磁电流影响,电流互感器的一次电流 I_1 与二次电流 I_2 之比等于二次绕组匝数 N_2 与一次绕组匝数 N_1 之比,即

$$\frac{I_1}{I_2} = \frac{N_2}{N_1} \tag{4.1}$$

电流互感器的一、二次额定电流之比称为额定电流比 k_n,即

$$k_n = \frac{I_{1n}}{I_{2n}} \tag{4.2}$$

由于一次绕组匝数远小于二次绕组匝数,因此二次输出电流很小,一般为 5 A/1 A。

电流互感器一次绕组流过的电流为负荷电流,变化很大。二次绕组串接在测量仪表或继电保护回路里,因二次回路阻抗很小,故电流互感器二次绕组回路在正常工作时接近于短路状态。

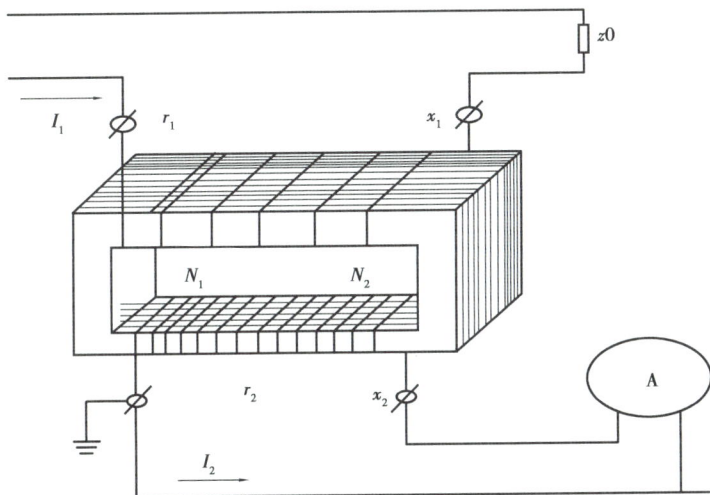

图 4.2 电流互感器工作原理图

(2)电磁式电压互感器的原理

电磁式电压互感器的原理图如图 4.3 所示,一次绕组匝数很多,而二次绕组匝数很少,一次绕组并联在一次电路中,而二次绕组并联在仪表、继电保护装置的电压回路中。电压互感器的一次电压 U_1 与二次电压 U_2 之比等于一次绕组匝数 N_1 与二次绕组匝数 N_2 之比,即

$$\frac{U_1}{U_2} = \frac{N_1}{N_2} \tag{4.3}$$

电压互感器二次负荷阻抗大,工作时其二次侧接近于空载状态,且多数情况下它的负荷是恒定的。

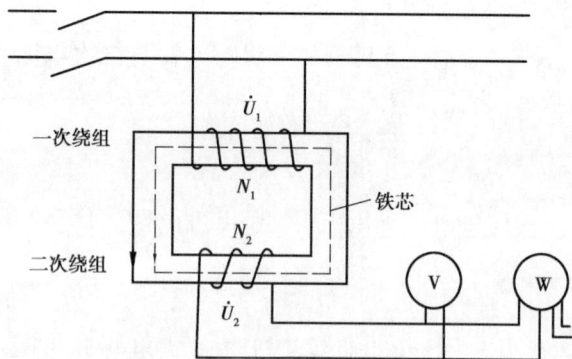

图 4.3 电压互感器工作原理图

4.1.2 电流互感器的基本知识

电流互感器是一种在正常使用条件下其二次电流与一次电流实际成正比且连接方法正确时其相位接近于零的互感器。电流互感器的类型很多,按绝缘介质分类可分为干式、浇注式、油浸式、气体式及电容式等;按安装方式分类可分为穿墙式、支柱式、装入式;按原理分类可分为电磁式和电子式;按用途分类可分为测量用和保护用;按一次绕组匝数分类可分为单匝式和多匝式,单匝式又分为贯穿式和母线式。

认识电流互感器

1)电流互感器的结构

电流互感器的基本结构为一次绕组、铁芯、二次绕组和外壳。

(1)油浸式电流互感器

油浸式电流互感器是指由绝缘纸和绝缘油作为绝缘的电流互感器,有 U 型(正立式)和吊环型(倒立式)两种。

U 形电流互感器主绝缘在一次绕组上,二次绕组在底部,由于在底部需将一、二次绕组进行隔离,绕组绝缘较厚,所以绕组整体呈字母 U 形。U 形电流互感器也称正立式电流互感器,其结构如图 4.4 所示。正立式电流互感器的主绝缘包于一次绕组上,每隔几层安装一个用铝箔或半导电纸制成的电容屏,这些电容屏又称主屏,主屏层数随电压增高而增加,110 kV 一般为 6 层,220 kV 一般为 10 层。最内层的主屏与高压一次绕组作电气连接,称为零屏,最外层的主屏接地,称为末屏或地屏。为了改善主屏端部电场分布,两个主屏端部设置几个较短的端屏(也称副屏)。正立式结构重心在下部,抗震能力强,易于热循环,温升较倒立式结构低,但耐受动、热稳定能力较倒立式结构差。

吊环型电流互感器的二次绕组在互感器的上部,主绝缘在二次绕组上,也称倒立式电流互感器,其外部结构如图 4.5 所示。倒立式电流互感器的重心在上部,使用的材料少,动、热稳定耐受能力强,但温升较高。这种形式的互感器在制造成本上要比正立式少,但制造工艺比正立式要求高,维修工艺也相比复杂,价格较正立式互感器高。

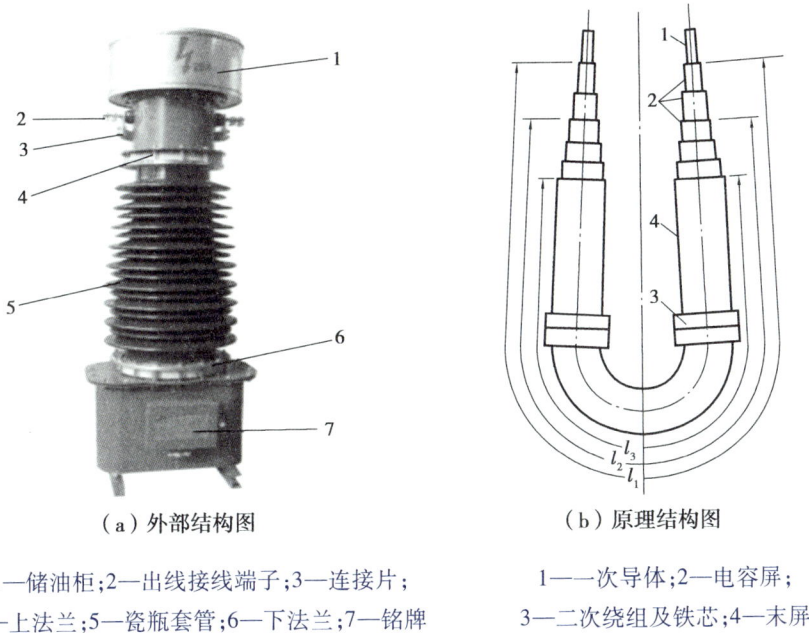

（a）外部结构图　　　　　　　　　　　（b）原理结构图

1—储油柜;2—出线接线端子;3—连接片;　　1——次导体;2—电容屏;

4—上法兰;5—瓷瓶套管;6—下法兰;7—铭牌　　3—二次绕组及铁芯;4—末屏

图4.4　油浸正立式电流互感器结构图

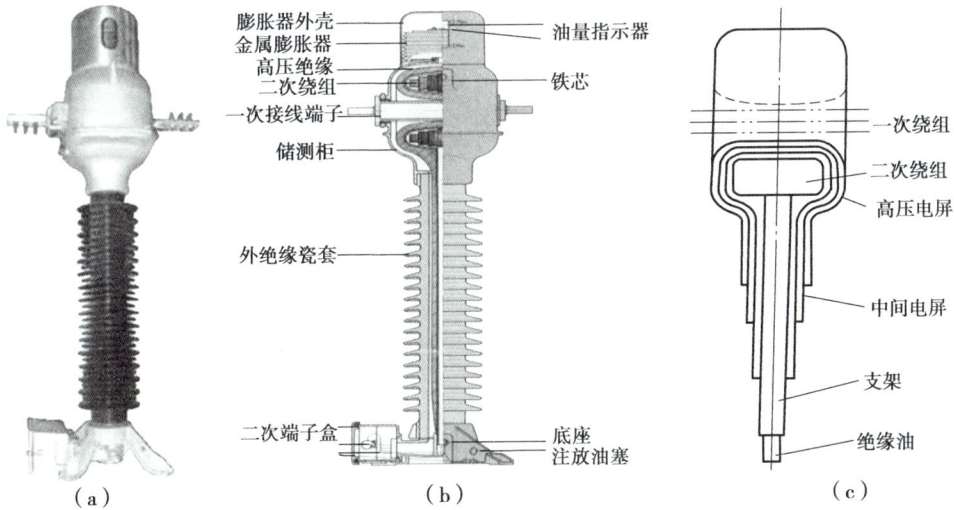

图4.5　油浸倒立式电流互感器结构图

在电流互感器中储油柜是用以调节互感器中油的体积随油温的变化而增大或缩小;法兰是使两个腔体连接到一起的凸出的零件或部件,上法兰就是位于上部的连接零件;连接片是可以通过不同的连接方式,将一次绕组进行串、并联,以改变电流比。一次端子实行串、并联的方法如图4.6所示。

一次串联时,将2,4,3用串联接线板相连,母线分别接P1和P2端子,电流变比、容量不变;一次并联时,将2,4及1,3相连,母线接两端并联端子,变比翻倍,容量不变。

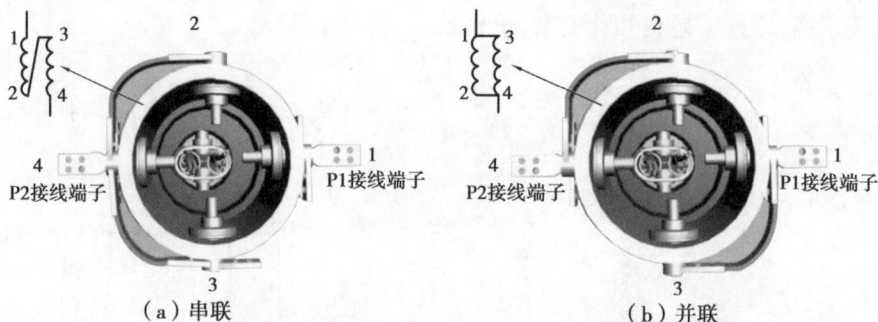

（a）串联　　　　　　　（b）并联

图4.6　电流互感器串、并联更改方式

（2）干式电流互感器

干式电流互感器绝缘层由聚四气氟乙烯薄膜缠绕而成（也称缠绕绝缘电流互感器），其结构如图4.7所示，主要由一次绕组、联接器、二次绕组和外壳等部分组成。

一次绕组由载流体、接线端子、骨架、绝缘层、电容屏、外护套、伞裙及地屏引出线构成。联接器是连接电压引线的两个端子之间的构件，用于增强电流互感器的机械强度。二次绕组绕在环形铁芯上，套装在一次绕组的地屏范围内，处于低电位。外壳由支架和箱体组合而成，用来包裹低压绕组，防止雨、雪、风、沙侵入其中，并起到固定支撑一次绕组和二次绕组的作用。

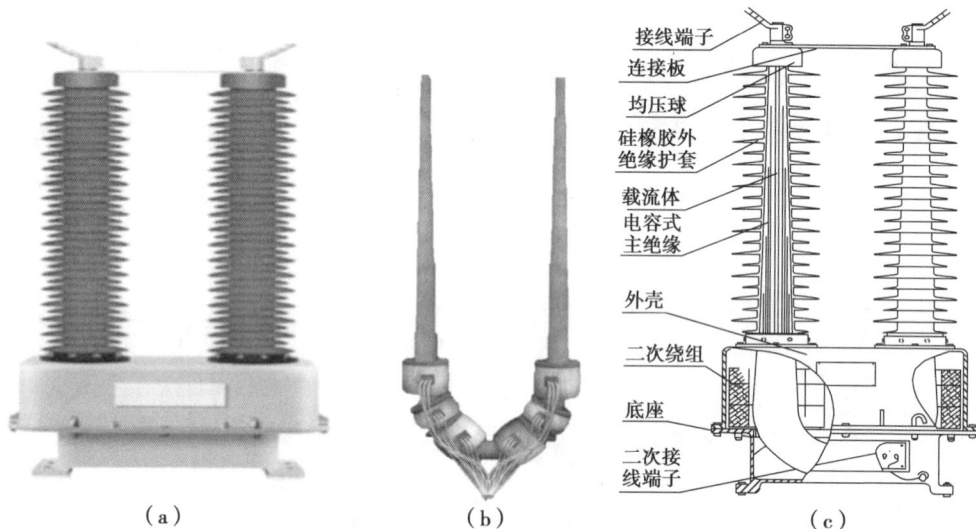

（a）　　　　　　　　（b）　　　　　　　　（c）

图4.7　干式电流互感器

干式电流互感器具有无油、无瓷、无气、无污染、无需维护，局部放电量小，介质损耗因数低且防潮性能高，绝缘电阻稳定、可靠等优点，可用于10～500 kV电压等级。

（3）浇注式电流互感器

浇注式电流互感器是指用环氧树脂或其他树脂混合材料浇注成型的电流互感器，广泛用于35 kV及以下电压等级，其结构如图4.8所示。一次绕组为单匝式或母线型时，铁芯为四环型，二次绕组均匀绕在铁芯上，一、二次浇注成一体；一次绕组为多匝时，铁芯多为叠积式,先将一、二次绕组浇注成一体,再安装铁芯。

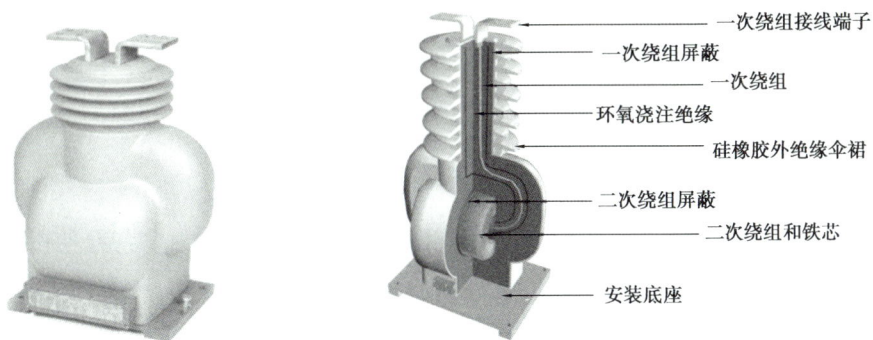

图4.8　环氧浇注式电流互感器结构图

（4）气体绝缘电流互感器

气体绝缘电流互感器是指主绝缘由气体构成的互感器,一般采用 SF_6（六氟化硫）气体作为主绝缘。其基本结构有一次线圈、二次线圈和铁芯、外壳、底座、硅橡胶复合绝缘套管、支持绝缘子、二次线引出管、均压屏蔽、密度继电器、防爆膜等。SF_6 绝缘的电流互感器具有安全性能好、质量轻,便于运输和安装、耐污秽性能好等优点。气体绝缘电流互感器外观如图4.9所示。

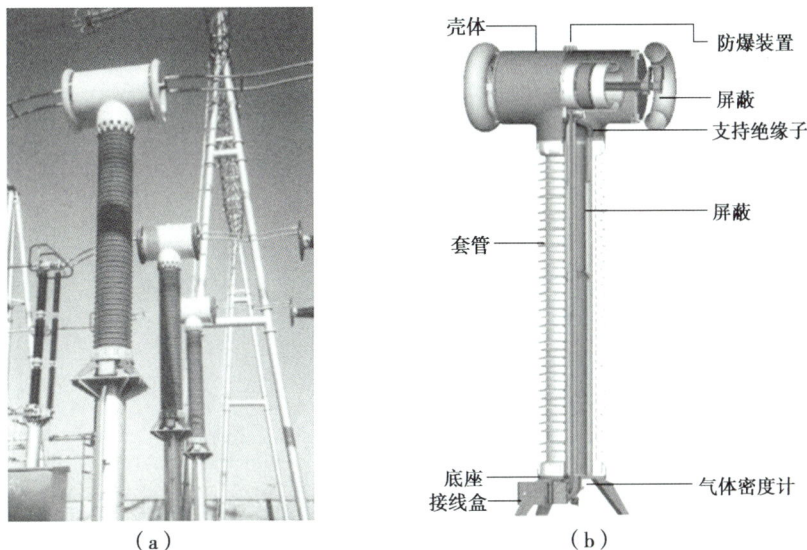

图4.9　气体绝缘电流互感器

2）电流互感器的铭牌

电流互感器的铭牌应标出制造单位名称及其所在地的地名、生产序号和日期、互感器型号及名称、采用标准的代号、主要技术参数等信息。

（1）型号

型号是指对规格的集合取的"名称"或"代码",一般由一组字母和数字以一定的规律编号组成。按 JB 3837—2016 标准,电流互感器型号的组成方法如图4.10所示。

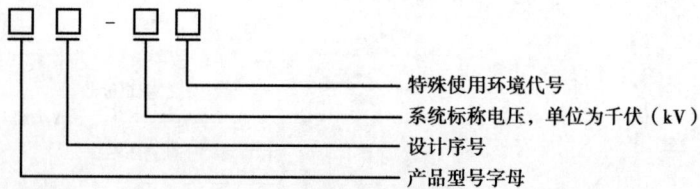

图4.10　电流互感器型号组成方法图

电流互感器型号中的"产品型号字母"代表的含义及顺序见表4.1。特殊使用环境有热带、高原、污秽、防腐蚀地区4种，其代号有：TA，为干热带地区使用；TH，为湿热带地区使用；GY，为高原地区使用；W，为污秽地区使用[W1,W2,W3对应的污秽等级为c（中等）、d（重）、e（很重）]；F，为防腐蚀地区使用（F1,F2分别为防中腐蚀和防强腐蚀）。

表4.1　电流互感器型号字母及含义

序号	分类	涵义	代表字母
1	类型	电磁式电流互感器	L
		电子式电流互感器	LE
2	结构类型	电容式绝缘	—
		非电容式绝缘	A
		套管式（装入式）	R
		支柱式	Z
		线圈式	Q
		贯穿式（复匝）	F
		贯穿式（单匝）	D
		母线式	M
		开合式	K
		倒立式	V
		SF_6气体绝缘配组合电器用	H
3	绝缘特征	油浸绝缘	—
		干式（合成薄膜绝缘或空气绝缘）	G
		气体绝缘	Q
		绝缘壳	K
		浇注成型固体绝缘	Z

续表

序号	分类	涵义	代表字母
4	功能	不带保护级	
		保护用	
		暂态保护用	
5	结构特征	手车式开关柜用	
		带触头盒	
6	安装场所	户外	（W）

示例1：LMZ-10电流互感器中M代表母线式、Z代表浇注成型固体绝缘、10 kV电压等级的电流互感器。

示例2：LAB-35GYW2电流互感器中LA代表非电容型绝缘、油浸式（无字母）、B代表带保护级、35 kV电压等级的电流互感器，适用于高原地区、e级（重度）污秽地区。

（2）主要技术参数

电流互感器铭牌相关主要的技术参数[①]如下：

①额定电压：一次绕组长期对地能够承受的最大电压（有效值以 kV 为单位），应不低于所接线路的额定相电压。电流互感器的额定电压分为0.5,3,6,10,35,110,220,330,500 kV等电压等级。

②额定一次电流：作为电流互感器性能基准的一次电流值。额定一次电流标准值为10，12.5,15,20,25,30,40,50,60,75 A 以及它们的十进位倍数或小数，有下划线者为优先值。

③额定二次电流：作为电流互感器性能基准的二次电流值，即允许通过电流互感器二次绕组的一次感应电流。

④额定电流比：额定一次电流与额定二次电流之比。

⑤额定输出：在额定二次电流及接有额定负荷条件下，互感器所供给二次电路的视在功率值（在规定功率因数下以 VA 表示）。额定输出的标准值为：2.5,5.0,10,15,20,25,30,40,50 VA。为了适应使用的需要，可以选择高于50 VA的输出值。

⑥额定绝缘水平：一级耐受电压值，它表示互感器绝缘所能承受的耐压强度。

⑦额定短时热电流 I_{th}：在二次绕组短路的情况下，电流互感器能受1 s且无损伤的一次电流方均根值。

⑧额定动稳定电流 I_{dyn}：在二次绕组短路的情况下，电流互感器能承受住其电磁力的作用而无电气或机械损伤的最大一次电流峰值。通常为额定短时热电流的2.5倍。

⑨准确级：对电流互感器所给定的等级，互感器在规定使用条件下的误差应在规定的限值内。准确级也称为误差等级，即电流互感器变流比误差的百分值，分为电流误差级和相位

---

① 各技术参数定义引用标准 GB 1208—2006。

误差级。

电流误差(比值差):比值差简称比差,一般用符号 f 表示,是互感器在测量电流时所产生的误差,它是由实际电流比与额定电流比不相等造成的。电流误差的百分数可表示为

$$\text{电流误差}(\%) = (k_n I_a - I_p) \times 100 / I_p \tag{4.4}$$

式中　k_n——额定电流比;

　　　I_p——实际一次电流,A;

　　　I_a——在测量条件下,流过 I_p 时的实际二次电流,A。

相位差:相位差简称角差,一般用符号 δ 表示,是互感器的一次电流与二次电流相量的相位差。相量方向是按理想互感器的相位差为零来决定的。若二次电流相量超前一次电流相量,则相位差为正值。它通常用分(′)或厘弧(crad)表示。

复合误差 ε_c:稳态条件下一次电流瞬时值与二次电流瞬时值乘以额定电流比两者之差的方均根值。

$$\varepsilon_c = \frac{100}{I_p} \sqrt{\frac{1}{T} \int_0^T (K_n i_s - i_p)^2 dt} \tag{4.5}$$

式中　K_n——额定电流比;

　　　I_p——一次电流方均根值;

　　　i_s——一次电流瞬时值;

　　　i_p——二次电流瞬时值;

　　　T——一个周波的时间。

10%倍数:在指定的二次负荷和任意功率因数下,电流互感器的电流误差为 ±10% 时,一次电流对其额定值的倍数。10%倍数是与继电保护有关的技术指标。

准确限值系数(ALF):额定准确限值一次电流(满足复合误差要求的最大一次电流值)为额定一次电流之比值。

测量用的电流互感器的标准准确级为 0.1,0.2,0.5,1,3,5 六个等级;特殊用途的测量用电流互感器的标准准确级为 0.2 S,0.5 S。保护用电流互感器标准准确限值系数为 5,10,15,20,30。保护用电流互感器的准确级是以其额定准确限值一次电流下的最大复合误差的比来标称,其后标以字母"P"(表示保护用)。保护用电流互感器的标准准确级为 5P 和 10P。例如,10P20 表示准确级为 10P,准确限值系数为 20。这一准确级电流互感器在 20 倍额定电流下,电流互感器复合误差不大于 10%。电流互感器准确级误差限值见表 4.2。

表 4.2　电流互感器准确级误差限值

准确级数	一次电流占额定电流的百分数/%	误差限值	
		电流误差/%	角误差/(′)
0.1	5	±0.4	15
	20	±0.2	8
	100	±0.1	5
	120	±0.1	5

续表

准确级数	一次电流占额定电流的百分数/%	误差限值	
		电流误差/%	角误差/(')
0.2	5	±0.75	30
	20	±0.35	15
	100	±0.2	10
	120	±0.2	10
0.5	5	±1.5	90
	20	±0.75	45
	100	±0.5	30
	120	±0.5	30
1	5	±3.0	180
	20	±1.5	90
	100	±1.0	60
	120	±1.0	60
5P	50	±1.0	60
	120	±1.0	60
10P	50	±3.0	60
	120	±3.0	60

（3）端子标志

端子标志应表示出一次绕组和二次绕组、绕组段（如果有）、绕组和绕组段的极性关系及中间抽头（如果有）。一次绕组用 P1,P2（如有分段用 P1,C1,P2,C2）标注，二次绕组用 Sn 标注。标有 P1,S1,C1 的电流互感器端子应为同极性端子。

3）电流互感器的接线方式

电流互感器的接线方式主要有两相 V 形接线、电流差接线、三相星形接线、三相三角形接线和零序接线。为了简化接线，目前广泛采用的是三相星形接线和两相星形接线，如图 4.11、图 4.12 所示。

（1）三相星形接线

三相三继电器完全星形接线是 3 个电流互感器两次分别按相接 3 个电流继电器，呈星形连接方式，电流继电器的触点并联。三相三断电器完全星形接线可以准确反映三相中每一相的真实电流。此接线方式主要应用在大电流接地系统中。

（2）两相星形接线

两相星形接线有两相两继电器不完全星形接线（图 4.12）和两相三继电器不完全星形接线两种，均为两个电流互感器分别接在 A,C 相上，按相接两个电流继电器，接成星形连接方式，电流继电器的触点并联。两相两继电器不完全星形接线可以准确反映两相的真实电流。此接线方式应用在 6～10 kV 中性点不接地的小电流接地系统中。两相三完全星形接线中流入第三个继电器的电流是 $I_j = I_u + I_v$。此接线方式可提高保护的灵敏度。

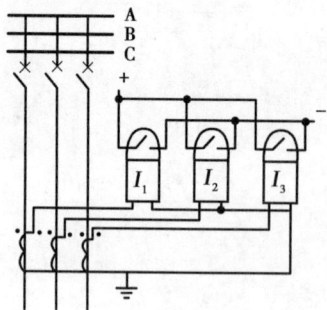

图 4.11　三相完全星形接线图　　　　　图 4.12　两相不完全星形接线图

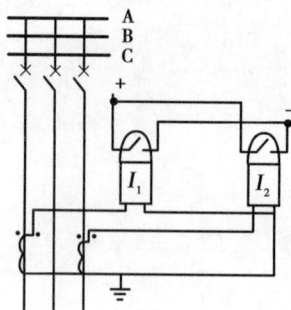

4.1.3　认识 LCWB6-110W2 型电流互感器

1) LCWB6-110W2 型电流互感器结构

LCWB6-110W2 型电流互感器为油箱瓷套式电容型绝缘 U 字形结构。一次线圈采用传统的 U 字形结构,有 4 个二次绕组(3 个 10P 级和 1 个 0.5 级),油补偿装置采用金属膨胀器,油箱壁上设有二次连线盒,油箱底部置有放油阀,供放油及抽油样用。LCWB6-110W2 型电流互感器结构图如图 4.13 所示。

LCWB6-110W2 型电流互感器具有良好的游离特性及热击穿稳定性。电容型结构由于电平的调节作用,电压分布比较均匀。

2) 型号及技术参数

（1）型号

LCWB6-110W2 型电流互感器,第一个字母 L 代表电流互感器,第二个字母 C 代表瓷套式,第三个字母 W 代表户外式(采用旧标准编号),字母 B 代表带保护级,数字 6 代表设计序号,110 代表 110 kV 电压等级,W2 代表适用于污秽等级为 e 级(重度)的地区。

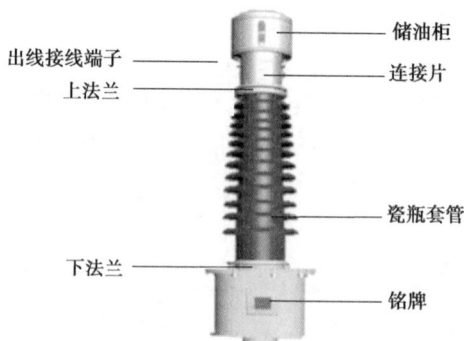

（a）外观结构图

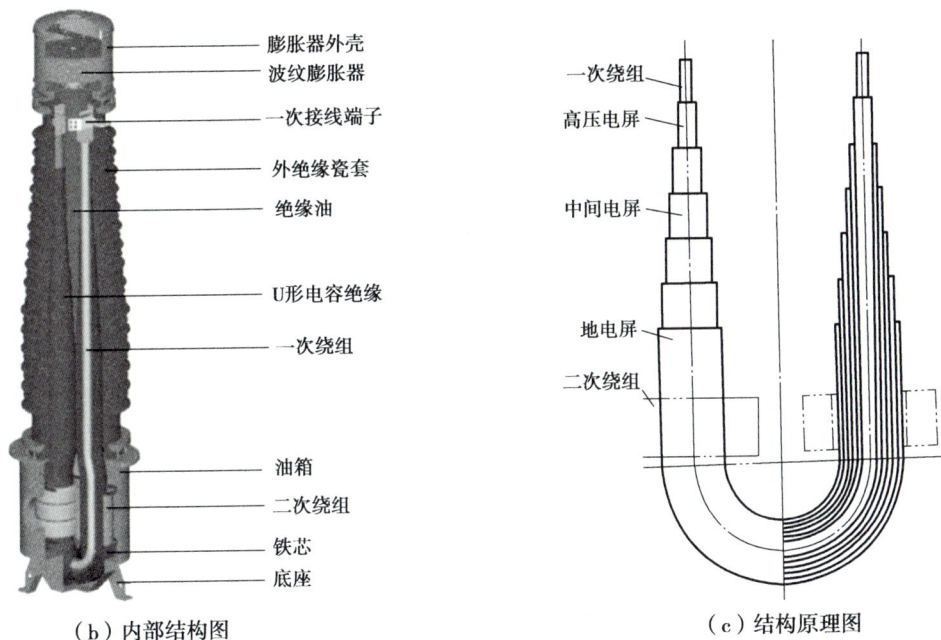

（b）内部结构图　　　　　　　　　　　（c）结构原理图

图4.13　LCWB6-110W2型电流互感器结构图

（2）相关参数

LCWB6-110W2型电流互感器使用条件参数及技术参数见表4.3、表4.4。

表4.3　使用条件参数表

序号	名称		单位	参数值
1	额定电压		kV	110
2	最高运行电压		kV	126
3	安装场所		—	户外
4	外绝缘爬电距离		mm	≥3 150
5	额定频率		Hz	50
6	环境温度	最高气温	℃	40
		最低气温		−25
		最高日平均气温		30
7	海拔高度		m	≤1 000
8	污秽等级		—	e级

表 4.4　技术参数表

序号	名　称	技术参数值
1	额定一次电流/A	$2\times50,2\times75,2\times100,2\times150,2\times200,2\times300,2\times400,2\times500,$ $2\times600(2\times300),2\times750(2\times400)$ 和 $2\times1\,000(2\times500)$
2	额定二次电流/A	5 或 1
3	准确级组合（P 级含准确限值系数 ALF）	10 P15/10 P15/10 P15/0.5

序号	名称	电流比/A	准确级及相应的额定输出/(V·A)	
			0.5 级	10P 级
4	额定输出/(V·A)	$2\times50\sim2\times500/5$	50	50
		$2\times600\sim2\times1\,000/5$	50(30)	50
		$2\times50\sim2\times500/1$	30	30
		$2\times600\sim2\times1\,000/1$	30(20)	30

注：括号内的值为 0.5 级二次绕组抽头的额定输出。

序号	名称	技术参数值
5	额定绝缘水平/kV	126/185/450
6	负荷的功率因数	0.85

序号	名称	额定一次电流/A	50~100	75~150	100~200	150~300	200~400	300~600	400~800	500~1 000 及以上
7	额定短时电流	额定短时热电流/kA	5.3~10.6	7.9~15.8	10.5~21	15.8~31.6	21~42	31.5~45	31.5~45	31.5~45
		额定动稳定电流/kA	13~26	20~40	27~54	40~80	54~108	80~115	80~115	80~115

4.1.4　电流互感器的运行维护知识

1) 电流互感器在运行中应注意的事项

①二次侧必须一点可靠接地。二次线圈应一点可靠接地，以防止绝缘损坏，一次高压串入

至二次侧,危及工作人员人身及设备安全。末屏端在运行中必须接地,否则会产生高电压。

②二次回路严禁开路。电流互感器二次回路开路将产生高电压,二次线圈不允许装设熔断器,以防开路。在电流互感器二次回路工作时二次侧应短接,工作中必须有监护,应使用绝缘工具并站在绝缘垫上,穿长袖、使用干燥工具并戴护目镜,防止金属物品掉入,避免对人身和设备安全造成危害。

③极性。电流互感器在安装接线时,应注意端子极性,同极性端子不可接错,否则会造成计量错误与保护误动或烧坏仪表。

④准确度。电流互感器的负载不得过大或过小,以保证测量的精确和保护装置的正确动作。

2)电流互感器的巡视检查

①外观检查:各连接引线及接头无发热、变色迹象;外绝缘表面完整,无裂纹、放电痕迹、金属部位无锈蚀。无异常振动、异常声响及异味。二次接线盒关闭紧密,电缆进出口密封良好。油浸电流互感器油位指示正常,各部位无渗漏油现象。SF_6电流互感器压力表指示正常、密度继电器正常。

②红外热像检测:红外热像检测高压引线连接处、电流互感器本体等无异常温升。

4.1.5 电流互感器的检修知识

电流互感器检修的分类、检修项目及周期见表4.5。

表4.5 电流互感器检修的分类、检修项目及周期

检修类型	含义	检修项目	检修周期
A类检修	整体性检修	包含整体更换、解体检修	按照设备状态评价决策进行,应符合厂家说明书要求
B类检修	局部性检修	包含部件的解体检查、维修及更换	按照设备状态评价决策进行,应符合厂家说明书要求
C类检修	例行检查及试验	包含整体检查、维护	1.基准周期35 kV及以下4年、110(66) kV及以上3年 2.可依据设备状态、地域环境、电网结构等特点,在基准周期的基础上酌情延长或缩短检修周期,调整后的检修周期一般不小于1年,也不大于基准周期的两倍 3.对未开展带电检测设备,检修周期不大于基准周期的1.4倍;对未开展带电检测老旧设备(大于20年运龄),检修周期不大于基准周期

续表

检修类型	含义	检修项目	检修周期
C类检修	例行检查及试验	包含整体检查、维护	4.110(66) kV 及以上新设备投运满 1~2 年,以及停运 6 个月以上重新投运前的设备,应进行检修。对核心部件或主体进行解体性检修后重新投运的设备,可参照新设备要求执行 5. 现场备用设备应视同运行设备进行检修;备用设备投运前应进行检修 6. 符合以下各项条件的设备,检修可以在周期调整后的基础上最多延迟 1 个年度: (1)巡视中未见可能危及该设备安全运行的任何异常 (2)带电检测(如有)显示设备状态良好 (3)上次试验与其前次(或交接)试验结果相比无明显差异 (4)没有任何可能危及设备安全运行的家族缺陷 (5)上次检修以来,没有经受严重的不良工况
D类检修	在不停电状态下进行的检修	包含专业巡视、SF$_6$气体补充、密度继电器校验及更换、压力表校验及更换、辅助二次元器件更换、金属部件防腐处理、箱体维护及带电检测等不停电工作	依据设备运行工况,及时安排,保证设备正常功能

资讯学习成果检测

一、填空

1. 互感器是电力系统中将一次系统的 _____ 、_____ 转换为二次系统的 _____ 、_____ 的设备。

2. 电流互感器的二次侧绕组的额定电流为 5 A 或 _____ A。

3. 电流互感器的基本结构为 _____ 、铁芯、_____ 和外壳。

4. 油浸式电流互感器是由绝缘纸和 _____ 作为绝缘的电流互感器。

5. _____ 型电流互感器的二次绕组在互感器的上部。

6. 气体绝缘电流互感器是主绝缘由 _____ 构成的互感器。

7. _____ 是指额定准确限值一次电流(满足复合误差要求的最大一次电流值)为额定一次电流之比值。

任务 4 咨讯检测答案

8. 测量用的电流互感器的标准准确级为 0.1、0.2、　　　　、　　　　、3、　　　　几个等级。

9. 一次接线端子的连接方式是　　　　。

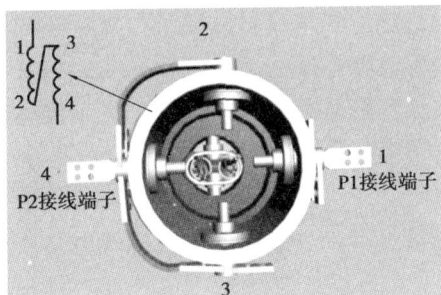

10. 下图中 1—7 分别代表什么？

1—（　　　　　　　）

2—（　　　　　　　）

3—（　　　　　　　）

4—（　　　　　　　）

5—（　　　　　　　）

6—（　　　　　　　）

7—（　　　　　　　）

二、简答

1. 互感器有哪些作用？

2. LCWB6-110W2 型电流互感器各字母代表什么意思？

3. 简述电流互感器检修的分类、检修项目。

4.2　决策与计划

4.2.1　电流互感器检修策略

1）电流互感器常见异常情况及原因

①渗油。油浸式电流互感器有密封件老化、瓷套损坏或放油阀关闭不紧、螺栓吃力不均等情况时将出现渗油或漏油的情况。常见处有顶盖渗油、瓷套下断面结合处渗油、二次小套

管渗油、油位计渗油及局部砂眼渗油等。电流互感器严重漏油将使内部绕组暴露在空气中，影响绝缘而造成故障。

②本体或引线端子严重过热。本体或引线端子严重过热的原因可能是负载过大、引线接触不良、二次回路开路、内部故障等。

③内部有异常响声。电流互感器内部若有异常响声可能是铁芯松动、二次开路、过载、末屏开路及绝缘损坏放电等情况。当电流互感器内部有气孔等缺陷时，会发生局部放电，使绝缘介质逐步劣化，以致击穿。

④电晕放电。当局部场强过大时会造成电流互感器电晕放电，电晕放电会导致绝缘腐蚀、老化。

⑤受潮。电流互感器若密封不良，随环境温度变化箱体内气体压强和温度也会发生变化，互感器内外的空气随之进出，导致互感器受潮。

2) 检修策略

根据电流互感器的现场情况制订检修策略，具体实际状态与检修策略见表 4.6。

表 4.6　电流互感器检修策略表

序号	评价项目	实际状态	检修策略
1	密封性	油浸式电流互感器渗油	开展 D 类检修,加强监视,必要时进行 B 类检修,进行处理
		油浸式电流互感器漏油	开展 B 类检修,进行密封处理,必要时更换电流互感器
		SF_6 气体两次补气间隔大于一年且小于两年	开展 D 类检修,进行补气、检漏
		SF_6 气体两次补气间隔小于一年大于半年	先进行 D 类检修,根据结果开展 B 类检修,进行密封处理
		SF_6 气体两次补气间隔小于半年	先进行 D 类检修,根据结果开展 B 类检修或 A 类检修,进行密封处理
2	红外热成像检测	瓷套整体运行温度增高,且上部温升高于 2K	加强 D 类检修,跟踪监测分析,必要时安排停电检查,根据检查结果进行相应处理
		热点温度高于 55 ℃	加强 D 类检修,必要时开展 A 类或 B 类检修
3	外绝缘防污闪水平	外绝缘爬距不满足所在地区污秽程度要求且没有采取措施	适时安排 B 类检修或 A 类检修,喷涂 PRTV 涂料、调爬距或整体更换
4	异常声响	互感器内部有放电等异常声响	开展 A 类或 B 类检修,进行诊断性试验,根据实验结果进行相应处理

序号	评价项目	实际状态	检修策略
5	本体外绝缘表面情况	硅橡胶憎水性能异常	开展 A 类或 C 类检修,停电检查,根据检查结果开展相关工作
		瓷外套防污闪涂料憎水性能异常或破损	开展 B 类检修,进行防污闪涂料修补或复涂
		外绝缘破损	开展 B 类或 C 类检修,停电检查,根据检查结果作相应修补或更换处理
6	膨胀器、底座、二次接线盒锈蚀情况	锈蚀严重	开展 C 类检修,进行除锈、刷漆,必要时开展 B 类检修更换膨胀器、底座、二次接线盒
7	金属膨胀器破损	金属膨胀器外观破损或锈蚀严重	开展 B 类检修,更换膨胀器
8	油位	油位不正常	开展 B 类或 C 类检修,进行检查,根据检查结果进行油位调整或密封处理
9	连接端子及引流线温升	相间温差大于 15 K	加强 D 类检修,开展 C 类检修,检查引线端子及引流线,根据需要进行处理或更换
		热点温度高于 90 ℃	尽快开展 B 类或 C 类检修,处理引线、接头发热缺陷,必要时解体检修或返厂处理
10	引流线、接地引下线锈蚀情况	锈蚀严重	开展 D 类检修,进行除锈、刷漆,对引流线锈蚀的应开展 C 类检修
11	二次接线盒	密封不良：密封、压条破损,关闭错位,螺丝缺失、滑牙,封堵不严等	开展 D 类检修,必要时安排 C 类检修,进行密封处理
		内部受潮、锈蚀：接线盒内空气湿度较大,内部有湿气,金属部件锈蚀	开展 C 类检修,烘干、更换锈蚀部件,进行密封处理
		内部受潮、锈蚀：二次接线盒外观锈蚀	适时开展 C 类检修,进行除锈、刷漆
		二次开路：二次开路	开展 C 类检修,进行停电检查

续表

序号	评价项目	实际状态	检修策略
12	SF₆气体压力	SF₆气体压力低报警	开展 D 类检修,进行补气;必要时安排 C 类检修,进行密封性、密度继电器检查,根据检查结果作相应处理
		SF₆气体压力异常	
13	一次绕组绝缘电阻	小于 3 000 MΩ 时,或与上次测量值有明显下降	进行诊断性试验,根据试验结果作相应处理,必要时开展 A 类检修,更换电流互感器
14	主绝缘介质损耗因数	主绝缘 $\tan\delta$ 大于下列值: 500 kV 及以上:0.007; 330 kV/220 kV:0.008; 110 kV/66 kV:0.01 (聚四氟乙烯缠绕绝缘互感器0.005)	进行诊断性试验,根据试验结果作相应处理,必要时开展 A 类检修,更换电流互感器
15	主绝缘电容量	主绝缘电容量初值差超过 ±5%	进行诊断性试验,根据试验结果作相应处理,必要时开展 A 类检修,更换电流互感器
16	末屏绝缘	电容型电流互感器末屏对地绝缘电阻小于 1 000 MΩ	开展 B 类检修,进行诊断性试验,根据试验结果作相应处理
		电容型电流互感器末屏对地绝缘电阻低于 1 000 MΩ,且末屏对地 $\tan\delta$ 大于 0.015	
17	油色谱	H₂ 大于 150 μL/L	开展 B 类检修,进行诊断性试验,必要时开展 A 类检修,更换电流互感器
		总烃大于 100 μL/L	
		乙炔: 220 kV 及以上:>1 μL/L 110(66) kV:>2 μL/L	
18	局部放电(在 $1.2(U_m/\sqrt{3}$下)	>20 pC(气体)	开展 B 类检修,进行诊断性试验,必要时开展 A 类检修,更换电流互感器
		>20 pC(油纸绝缘及聚四氟乙烯缠绕绝缘)	
		>50 pC(固体)	
19	SF₆气体微水含量	A 类检修后大于 250 μL/L;运行中大于 500 μL/L	开展 B 类检修,进行气体处理,并检查分析,进行相应处理

序号	评价项目	实际状态	检修策略
20	二次绕组精度	不满足计量要求	开展 A 类检修,更换电流互感器
21	二次绕组容量	不满足计量要求	开展 A 类检修,更换电流互感器
22	相对介质损耗因数	(1)正常:变化量≤0.003 (2)异常:变化量 >0.003 且≤0.005 (3)缺陷:变化量 >0.005	开展 C 类检修,进行诊断性试验,根据试验结果做作相应处理
23	相对电容量比值	相对电容量比值初值差大于5%	开展 C 类检修,进行诊断性试验,根据试验结果作相应处理
24	高频局部放电检测	符合典型放电图谱且与同等条件下同类设备检测的图谱有明显区别	开展 C 类检修,进行诊断性试验,必要时开展 A 类检修,更换电流互感器

电流互感器内部有放电等异常声响,一次绕组绝缘电阻较上次数据有明显下降,应对其进行 A 类检修。

4.2.2　现场查勘

现场查勘的内容如下:

①确定待检修电流互感器的安装地点,查勘工作现场周围相邻带电设备与工作区域的距离是否满足"安规"要求。

②核对待检修电流互感器台账和技术参数。

③核查检修设备评价结果、上次检修试验记录、运行状况及存在的缺陷。

④查勘工器具、设备进入工作区域的通道是否通畅,确定作业工器具的需求,明确工器具、备件及材料的现场摆放位置。

⑤明确作业流程,分析检修、施工时存在的安全风险,制订安全预控措施。

电流互感器检修
作业风险辨识与
预控措施

4.2.3　危险点分析与控制

参照 GB 26860—2011《电力安全工作规程发电厂和变电站电气部分》、Q/GDW 1799.1—2013《国家电网公司电力安全工作规程(变电部分)》及相关规定,根据工作内容和现场勘察结果,从作业场地的特点、工作环境的情况、工作中使用的机械、设备、工具、操作程序、工艺流程颠倒,操作方法的失误、作业人员的身体状况不适等方面,分析对电流互感器检修作业的风险,并制订相应的预控措施,填表4.7。

表4.7　电流互感器检修作业风险辨识及预控措施

序号	风险辨识类别	风险辨识项目	预控措施
1	低压触电	接取临时电源	
2	高压触电	误入、误登、误碰带电设备	
3	高空坠落	高处作业	
4	机械伤害	使用工器具或在设备机构或传动部件上工作	
5	落物伤害	起重或交叉作业	
6	感应触电	在可能产生感应电的设备上作业	

序号	风险辨识类别	风险辨识项目	预控措施
7	试验触电	高压试验	
确认(签名):			

4.2.4　确定安全技术措施

1)一般安全注意事项

①正确着装,穿好工作服、工作鞋,需穿防滑性能良好的软底鞋,正确佩戴安全帽和劳保手套,高空作业要正确使用安全带。

②按规定办理工作票,工作负责人与班组人员检查现场安全措施,履行工作许可手续。

③开工前,工作负责人组织全体施工人员宣读工作票,交代作业任务(工作内容、人员分工)、交代现场安全措施及带电部位、交代风险辨识及控制措施。

④注意与高压试验、保护传动调试等工作的配合,按标准作业,规范施工。施工过程中相互监督,保证施工安全。

2)技术措施

①拆除接线时,做好记录,按记录恢复接线。

②工器具摆放整齐有序。

③检修后按规定项目进程测试,各部件应符合质量要求。

4.2.5　确定检修内容、时间和进度

根据检修设备的结构、现场查勘报告,将现场作业的全过程以最佳的检修顺序,对检修项目完成时间进行量化,明确完成时间和责任人,形成检修流程。编制标准化作业流程见表4.8。

表4.8　标准化作业流程表

工作任务	电流互感器检修	
工作日期	年　月　日至　年　月　日	工　期
工作内容	工作安排	时间(学时)
制订检修计划、作业方案、学习规程		
优化作业方案,编制标准化作业卡		
准备工器具、材料,办理开工手续		
布置安全措施		
电流互感器放油拆引线		
电流互感器起吊本体		
解体检修		
检修组装		
修后试验		
恢复接线防腐处理		
清理工作现场,验收,办理工作终结		
小组自评互评,教师总结点评		
确认(签名):	工作负责人: 小组成员:	

4.2.6　工器具和材料计划

1)工器具、仪器仪表(见表4.9)

工器具内容主要包括专用工具、常用工器具、仪器仪表、电源设施、消防器材等。

表4.9　电流互感器本体检修所需工器具及仪器、仪表

序号	名称	规格型号	单位	数量	确认(√)	责任人
1	梅花扳手	8～32 in	套	1		
2	呆扳手	8～24 in	套	1		
3	活动扳手	8 in,10 in, 12 in,15 in,18 in	把	6		

序号	名称	规格型号	单位	数量	确认(√)	责任人
4	尖嘴钳	6″	把	1		
5	十字螺丝刀	4~6 in	把	4		
6	一字螺丝刀	3,4,6 in	把	6		
7	铁榔头	2磅、4磅	把	2		
8	木榔头	大、中	把	2		
9	套筒扳手	28件	套	1		
10	微型套筒	12件	付	1		
11	管子钳	16 in	把	1		
12	仪表螺丝刀	十字、一字	把	2		
13	锉刀	12 in 半圆、圆、平	把	3		
14	钢丝刷	钢、铜	把	2		
15	铲刀	—	把	2		
16	保险带	—	付	4		
17	梯子	—	把	3		
18	绝缘梯	12 m	部	1		
19	检修电源盘	330 V,380 V	只	3		
20	万用表	—	只	1		

注:1 in = 2.54 cm

2)材料(见表4.10)

材料主要包括消耗性材料、装置性材料等。

表 4.10　电流互感器本体检修所需耗材

序号	名称	规格型号	单位	数量	备注
1	小毛巾	—	块	5	
2	白布	—	m	5	
3	铁砂纸	1 号	张	10	
4	绝缘胶带	—	圈	2	
5	塑料带	—	圈	3	
6	棉纱头	—	kg	30	
7	自粘胶带	KCJ-30	圈	1	
8	洗手液	—	瓶	1	
9	洗涤型汽油	70 号	L	3	
10	绝缘胶带	—	圈	2	

4.2.7　人员组织

本次检修以班级为单位,配备不少于两名实训指导老师。在实训指导老师的组织安排下,学员进行分组。每个实训小组明确检修负责人及工作成员(不得少于两人)名单,将名单提交实训指导老师审批后进行必要的安全措施及技术要求培训。工作人员着装整齐、精神状态良好。

具体分工请填写表4.11。

表4.11　电流互感器检修分工表

序号	作业项目	检修负责人	作业人员

4.3　实　施

4.3.1　布置安全措施,办理开工手续

按以下步骤布置安全措施,办理开工手续,并填写表4.12、表4.13、表4.14。

①断开522线路断路器,检查确认断路器在分闸位置,断路器就地操作把手已经悬挂"禁止合闸,有人工作"标示牌。

②检查522断路器操动机构、信号、合闸电源已切断。

③确认522检修间隔线路侧电流互感器两侧已挂地线(或合上接地刀闸)。

④确认检查522间隔四周与相邻带电设备间装设围栏,并向内侧悬挂"止步,高压危险"标示牌。

⑤列队宣读工作票,交代作业任务(工作内容、人员分工)、交代现场安全措施及带电部位、交代风险辨识及控制措施。

⑥准备好检修所需的工器具、材料、备品备件,检查工器具、材料齐全、合格,摆放位置符合规定。

表 4.12　设备停电操作

序号	工作内容	执行人(签名)
1	拉开 522 断路器	
2	检查 522 断路器在分位	
3	拉开 5223 隔离开关	
4	拉开 5222 隔离开关	
5	检查 5223,5222,5221 隔离开关在分位	

表 4.13　布置安全措施

序号	工作内容	执行人(签名)	确认人(签名)
1	522 线路电流互感器两侧各装设一组地线		
2	在 522 断路器就地操作把手悬挂"禁止合闸,有人工作"标示牌		
3	在 5222 隔离开关操作把手悬挂"禁止合闸,有人工作"标识牌		
4	在 5221 隔离开关操作把手悬挂"禁止合闸,有人工作"标识牌		
5	在 522 线路电流互感器处悬挂"在此工作"标识牌		
6	在 522 线路电流互感器与相邻带电设备间装设围栏,向内侧悬挂适量"止步,高压危险"标示牌。围栏设置唯一出口,在出口处悬挂"从此进出"标示牌		
7	在 522 断路器端子箱、机构箱断开控制电源和储能电源快分开关		
8	在 5223 机构箱断开控制电源和电机电源快分开关。		

表 4.14　办理开工手续

序号	工作内容	执行人（签名）	确认人（签名）
1	列队宣读工作票，交代工作内容、安全措施和注意事项		
2	检查工器具应齐全、合格，摆放位置符合规定。		
3	工作时，检修人员与 10 kV 带电设备的安全距离不得小于 0.7 m。		

4.3.2　电流互感器检修

1）电流互感器渗油分析

（1）密封胶垫老化龟裂

电流互感器渗漏多发生在密封胶垫处，主要是由密封垫老化龟裂引起的。绝缘油含酸性较大，选用的密封胶垫应具有良好的耐酸耐油性、抗老化性、较好的机械强度和适当的弹性，若密封胶垫耐油性能等指标不符合要求，则易出现老化龟裂，进而造成电流互感器渗漏油。

（2）安装方法不当

渗油缺陷还可能由安装工艺引起。在安装过程中如果紧固螺栓力矩不同、法兰连接处不平、法兰接头变形错位，这都将造成密封垫受力不均匀，受力偏小的一侧密封垫因压缩量不足容易引起渗漏。此外，在安装过程中密封垫上有杂质，产生密封垫印痕，拆装后容易发生渗油。

（3）电流互感器的制造质量

电流互感器在制造过程中因铸造、焊接质量欠佳，造成气孔、砂眼、虚焊、脱焊现象而使电流互感器渗漏油。

（4）电流互感器内部故障

电流互感器内部故障产生高温，螺杆因膨胀拉伸而松弛，发生渗油。

2）电流互感器检修前检查

电流互感器检修前检查内容包括：

（1）外观检查

①设备外涂漆层清洁、外绝缘表面清洁情况，支撑瓷瓶有无裂纹。

②金属部位有无锈蚀，底座、构架牢固，有无倾斜变形。一次导电杆及端子有无变形、裂痕。

（2）温度检查

用红外测温仪检测一、二次引线接触是否良好，接头无过热，各连接引线无发热，变色。

（3）油位检查

检查油位是否正常。

（4）渗漏油检查

检查二次、末屏引线接触是否良好，二次接线盒密封情况，有无锈蚀、异常声响、异常振动和异常气味。

（5）端子箱检查

①检查端子箱密封性情况。

②检查元器件接触情况。查看电压互感器端子箱熔断器和二次低压断路器是否正常。

③检查元器件完整性，电气元件有损坏。

（6）声响和振动

检查是否有不正常的噪声或振动。

（7）其他

检查各连接及接地部位连接是否可靠。

3）电流互感器检修

电流互感器检修步骤如下：

（1）互感器解体

互感器解体吊出器身应在空气相对湿度不大于75%的清洁无尘的室内环境中进行，避免污染器身；解体应尽量减少器身暴露在空气中的时间，相对湿度小于65%时不超过8 h，在65%～75%时不超过6 h。

电流互感器的解体步骤如下：

①解体前划好瓷套与储油柜及底箱或底座的相对位置的标记。

②打开放油阀（对全密封结构产品还应先打开储油柜或膨胀器的注油阀），将产品内的变压器油放尽。

③拆掉储油柜的外罩，卸下金属膨胀器，用塑料布将膨胀器包封好。

④拆掉在储油柜内换接电流比的连接板（对在储油柜外换接变比的结构，不必拆卸一次换接板）。

⑤卸下一次绕组引线与一次导杆的连接螺母，做好一次引线的标记，将所有一次引线用布带捆在一起，以便瓷套顺利吊起。

⑥拆除瓷套上部压圈与储油柜之间的连接螺栓或夹件，取下储油柜。

⑦取出一次绕组引出线之间的纸隔板。

⑧取掉上压圈及上半压圈，注意勿碰坏瓷套。

⑨拆除瓷套下压圈与底油箱（或升高座）之间的连接螺栓或夹件，小心地吊起瓷套，切勿碰损器身。

⑩取出瓷套下凸台上的下压圈与下半压圈，用塑料布将瓷套两端部包封，以免瓷套内腔污染或受潮。

⑪对有升高座结构的产品，继续拆除升高座与底油箱之间的连接螺栓，小心地吊起升高

座,切勿碰损器身。

⑫如果使器身与底油箱脱离,先拆下二次接线板,松开二次引线及末屏、监测屏引线,并做好各引线的标记。

⑬拆除器身支架与底油箱的固定螺母,即可吊出器身。

⑭将拆下的螺栓、螺母、垫圈等清擦干净,若有缺损应更换补齐,并按拆卸部位分类装袋保管。

(2)金属膨胀器检修

①检查金属膨胀器内应无气体,如有气体应查明原因。

②检查膨胀器伸缩正常、密封可靠,无渗漏,无永久变形。(图4.14,图4.15分别为金属膨胀器密封胶垫老化及老化的密封胶垫图。)

③检查油位计完整无损,其各部密封良好。油位指示或油温压力指示机构灵活,指示正确。观察窗表面清洁、刻度清晰可见。

④膨胀器上盖与外罩连接可靠,不得锈蚀卡死。

⑤外罩及顶盖无变形和锈蚀现象。

图4.14　金属膨胀器上下密封胶垫老化

图4.15　老化的密封胶垫

(3)储油柜检修

①检查油标,如发现渗漏,应拧紧螺钉,更换破裂的油标玻璃油管或油标玻璃面板,更换老化失效的密封圈。

②检查储油柜内橡胶隔膜,如发现破裂或老化,应予更换。

③检查一次接线板连接紧固、密封良好。等电位线连接牢固可靠。串并联接线板接线紧固、正确。图4.16为一次接线端子与瓷套间的密封结构图,图4.17为固定丝杆滑扣及裂纹情况图。

④一次接线板清洁,无受潮、无放电烧伤痕迹。

⑤检查外表漆面,如漆膜脱落或锈蚀,应予除锈补漆。

(4)瓷套检修

①检查瓷套无破碎及裂纹现象。

②清除瓷套外表面积污,注意不得刮伤釉面,瓷套外表清洁无积污。

③对瓷套和膨胀器法兰、油箱法兰、一次接线板连接处进行渗油检查。

绝缘胶木

已经严重老化龟裂的C2
端瓷套内侧黑色密封垫

电流互感器瓷套内部
的C2接线端子坚固螺帽

平垫

裂纹位于坚固螺帽与
平垫之间

电流互感器瓷套
内部的C2端固定丝杆

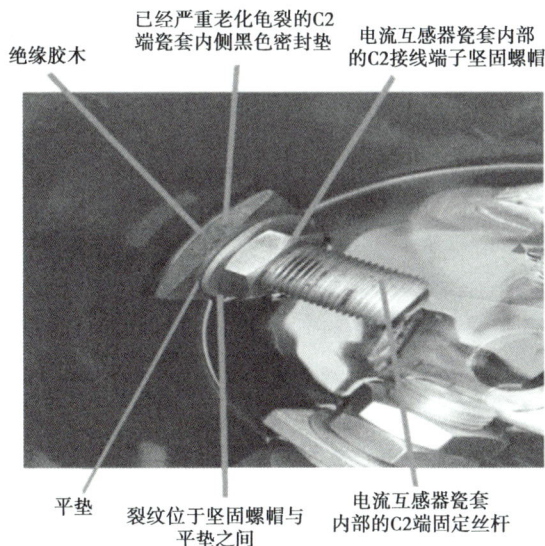

图4.16 一次接线端子与瓷套间的密封结构

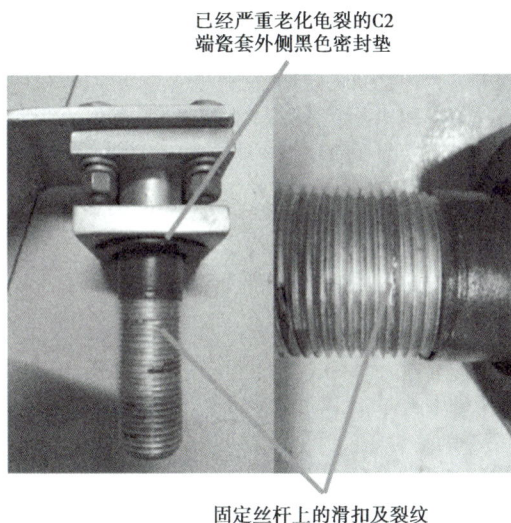

已经严重老化龟裂的C2
端瓷套外侧黑色密封垫

固定丝杆上的滑扣及裂纹

图4.17 固定丝杆滑扣及裂纹情况

④用环氧树脂修补裙边小破损,或用强力胶(如502胶)黏接修复碰掉的小瓷块;如瓷套径向有穿透性裂纹,外表破损面超过单个伞裙10%或破损总面积虽不超过单伞10%。但同一方向破损伞裙多于2个以上者,应更换瓷套。

(5)油箱、底座检修

①二次接线、末屏接线紧固,端子清洁无氧化,无放电烧伤痕迹。(图4.18,图4.19分别为二次接线端子处引线脱开与螺栓松动情况图)

②末屏小套管应清洁,无积污,无破损渗漏,无放电烧伤痕迹。

③油箱、放油阀、二次接线端子等各部位密封良好,无渗漏,螺丝紧固。放油门完整,密封良好,管路畅通无堵塞现象。

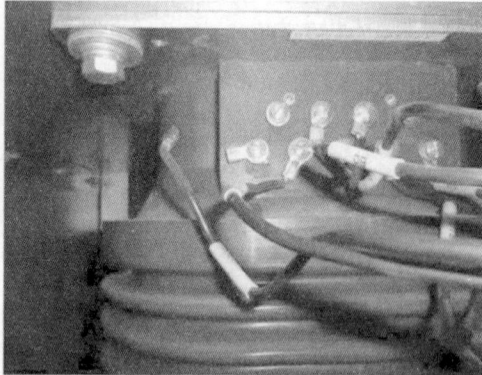

图4.18　二次引线脱开　　　　　　　　　　图4.19　二次螺栓松动

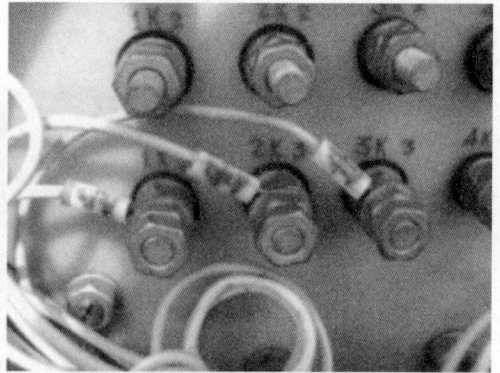

④接地端子应接地可靠。

⑤清除油箱及底座内外的油垢和灰尘,二次套管洁净无破损现象并与箱底密封良好。

（6）电流互感器装配

按表4.15所示步骤级质量标准完成电流互感器的装配。

（7）真空注油

①正确选用与互感器相同品牌和标号的绝缘油。严禁使用再生油,严禁混用不同标号绝缘油。混用不同品牌的绝缘油时,应先做混油试验,合格后方可使用。

表4.15　电流互感器装配关键工序或质量标准要求

步　骤	关键工序或质量标准
装配前的准备	①储油柜、油箱、升高座、底座等组件的内壁应擦拭干净。 ②瓷套内壁洗净烘干。 ③器身检修合格,拧紧器身夹件、支架。 ④螺栓、螺母垫圈等紧固件,按组装部位配齐,分别放置。 ⑤更换拆卸下来的密封圈。 ⑥检查金属膨胀器、压力释放器及油标等组件,应齐全完好。 ⑦清点检查一、二次侧引出小瓷套,电流互感器末屏及监测屏引出小瓷套,电压互感器N端引出小瓷套等应齐备,清洁干燥。 ⑧将二次接线端子安装在二次接线板上,检查标志牌应完整,字迹清晰。 ⑨清点装配用的工器具应齐全,起吊设备完好。 ⑩清理装配场地。
油箱（或底座）装配	①在油箱上装好电流互感器的末屏、监测屏引出小瓷套。 ②在底座上装好二次侧引出小瓷套及电压互感器的N端引出小瓷套,将二次接线板装在座底底部,按相应端子接好小瓷套至二次接线板的连线。 ③用2 500 V绝缘电阻表测量小瓷套对油箱（或底座）的绝缘电阻,应大于1 000 MΩ。 ④检查放油导管及放油阀,应清洁通畅,拧紧放油阀或放油螺塞,装好油罩。

步　骤	关键工序或质量标准
器身装配	①装配前应将器身用合格的变压器油冲洗干净。装配时器身暴露在空气中的时间应尽量短。当空气相对湿度小于65%时,器身暴露时间不得超过8 h;相对湿度在65% ~75%时,不得超过6 h;大于75%时不宜装配器身。 ②将器身安装在油箱(或底座)上,拧紧器身与底座的固定螺母。 ③将电流互感器的末屏(地屏)、监测屏引线,电压互感器的N端引线接到相应的小瓷套上,要求正确牢靠。 ④将二次引线按标志接在底座的小瓷套或油箱的二次接线板的相应端子上,要求正确牢靠。 ⑤将二次接线板装入油箱二次接线盒中。 ⑥检查二次绕组之间及对地,以及末屏(地屏)、监测屏、N端套管对地的绝缘电阻,结果应合格。 ⑦测量电压互感器铁芯对穿心螺杆的绝缘电阻,应不小于500 MΩ,然后恢复铁芯连接片。油箱式电压互感器的铁芯只能一点可靠接地。 ⑧检查并拧紧电流互感器器身支架及电压互感器绝缘支架的紧固螺母。
瓷套装配	①对一次导杆从瓷套侧孔直接引出的电流互感器,先在瓷套侧孔装好一次导电杆。 ②对储油柜与瓷套内连接的结构(如部分链式电流互感器或110 kV电压互感器),拧紧储油柜与瓷套的紧固螺母。 ③在油箱(或底座)法兰上,安放好两侧涂有密封胶的瓷套下密封圈,对压板螺栓紧固结构则先放置圆挡圈。 ④将缓冲胶垫套在瓷套的下装配凸台上,然后安放下半压圈和下压圈。将瓷套吊放在油箱(或底座)法兰上,注意L1(P1)与L2(P2)的位置应与拆卸前一致,并注意防止器身的一次引线受碰损。 ⑤装好下压圈的固定螺栓或在圆挡圈内装好夹件压板螺栓,对角均匀拧紧各个螺母,直至压紧为止。 ⑥对从瓷套侧孔引出一次导杆的电流互感器,按标志将一次引线接到相应的导电杆上,拧紧螺母,插装好一次引线间纸隔板。 ⑦对储油柜已预装在瓷套上的电流互感器,按标志在储油柜内按电流比要求接好连板。
储油柜装配	①将缓冲胶圈安放在瓷套上凸台斜面,并将上压圈、上半压圈或压板螺栓紧固结构的圆挡圈套入瓷套上端。 ②在瓷套上端面安放好两侧涂有密封胶的变套上密封圈。 ③装上储油柜,注意L1(P1)、L2(P2)位置应与拆卸前一致。 ④装好上压圈的固定螺栓,或在圆挡圈内装好夹件压板螺栓,对角均匀拧紧各个螺母,直至压紧为止。

续表

步　骤	关键工序或质量标准
储油柜一次 引线的装配	①在储油柜内部改换电流比的电流互感器,将 L1(P1)、L2(P2)引线分别接到储油柜两侧相应的导电杆上,将 C1(P11)、C2(P12)分别接到变换电流比的接线板上,然后拧紧螺母。 ②在储油柜外部改换电流比的电流互感器,将一次绕组 L1(P1)、L2(P2)、C1(P11)、C2(P12)四个引线分别接到储油柜四侧相应的导电杆上,然后拧紧螺母。 ③装配电压互感器的一次侧引线时,将一次绕组 A 端引线接到储油柜内的 A 端接线螺丝上,然后拧紧螺母。 ④装好一次绕组与储油柜间的等电位片,以免储油柜出现高压悬浮电位。 ⑤测量一次侧引线装配后的一次导电杆对地绝缘电阻,应不小于 1 000 MΩ。 ⑥检查 L1(P1)、L2(P2)之间的氧化锌避雷器(若有),应正常。 ⑦检查储油柜上一次导电杆的标志牌,要求正确无误。
金属膨胀器 的装配	①按膨胀器使用说明书的规定安装好膨胀器,注意不要碰损波纹盘。 ②调整好盒式及串组式膨胀器的温度压力指示机构及压力释放机构,要求灵活无卡滞现象。 ③装好膨胀器外罩及上盖。

②互感器应进行真空注油,管路连接好后,抽真空达到相应的抽空时间,关闭和开启相关阀门,油量大小和注油速度应按制造厂规定进行。注意补油机进出油方向正确。

③绝缘油流入膨胀器达到相应温度下的油位。

4.3.3　收尾工作

按照现用台账核对检修设备铭牌编号,更新相关检修记录。

LCWB6-110W2 型电流互感器检修流程及质量要求见表 4.16。

表 4.16　LCWB6-110W2 型电流互感器检修流程及质量要求

序号	检修内容	质量要求	检修记录	执行人 (签名)	确认人 (签名)
1	搭设互感器 专用检修架	①装设过程中登高作业应使用合格的安全带和安全帽。 ②作业人员及工具保证对带电设备 1.5 m 安全距离。			

续表

序号	检修内容	质量要求	检修记录	执行人（签名）	确认人（签名）
2	拆除互感器两侧引线	①拆除与设备连接的一次引线。 ②专人拆除二次接线并做好标记。 ③钢丝绳应固定在专用吊环上，并采取防倾倒措施。			
3	互感器外观检查	①检查部件无遗漏。 ②查明缺陷。			
4	互感器解体	①解体前做好储油柜、油箱和底座的相对标记。 ②做好绕组与底座的方向、二次绕组引线标记。 ③按顺序进行拆除。			
5	金属膨胀器检修	①膨胀器密封可靠，无渗漏，无永久性变形。 ②放气阀内无残存气体。 ③油位指示或油温压力指示机构灵活，指示正确。 ④盒式膨胀器的压力释放装置完好正常。 ⑤波纹式膨胀器上盖与外罩连接可靠，不得锈蚀卡死，保证膨胀器内压力异常增大时能顶起上盖。 ⑥漆膜完好。			
6	储油柜检修	①油标完好无渗漏，油位指示正确，无假油位。 ②隔膜完好无损。 ③一次引线连接可靠。L_1、L_2 套管完好，无损伤且密封应良好。L_1、L_2 端子板应光滑平整，表面无氧化膜存在。 ④接线柱焊接牢固，无松动及转轴现象。 ⑤漆膜完好。			

续表

序号	检修内容	质量要求	检修记录	执行人（签名）	确认人（签名）
7	瓷套检修	①瓷套清洁,无积污。 ②瓷套外表应修补完好,一个伞裙修补的破损面积不得超过规定。 ③涂料及硅橡胶增爬裙的憎水性良好。			
8	油箱、底座检修	①铭牌、标志牌完备齐全。 ②外表清洁,无积污、无锈蚀。 ③二次接线板及端子密封完好,无渗漏,清洁无氧化,无放电烧伤痕迹。 ④小瓷套应清洁,无积污、无破损渗漏、无放电烧伤痕迹。 ⑤压力释放装置膜片完好,密封可靠。 ⑥放油阀密封良好,无渗漏。 ⑦漆膜完好。			
9	总装配	①更换全部密封垫。 ②器身组装要按照分解顺序的相反顺序进行,标记对号入座。末屏引线与二次套管接触牢固。 ③检测绝缘电阻合格。 ④按事先标好的标记恢复接线。按照电流比的要求,接好联板,拧紧螺母。			
10	真空注油	管路连接好后,抽真空达到相应的抽空时间,关闭和开启相关阀门,使绝缘油流入膨胀器,达到相应温度下的油位。			
11	试验、测试	按照现行规程试验项目及要求对互感器进行试验和测试,项目齐全、合格。			
12	接线、喷漆	进行一、二次接线。清除金属表面的油污和铁锈,先涂防锈漆,然后均匀喷涂色漆,不得有漆疤流迹现象。			

表 4.17　故障分析及处理

故障现象	可能原因	处理措施	执行人（签名）	确认人（签名）
电流互感器二次开路	电流引线接头松动,端子损坏等	①按表计判断是测量回路还是保护回路开路。②尽量减少一次电流或停用一次回路。③停用保护。④用绝缘导线或绝缘棒短接二次端子。⑤处理时就戴绝缘手套,站立在绝缘垫上。		
绝缘受潮	互感器进水	①停用互感器。②对互感器进行真空干燥。		
电晕放电	局部场强大	停用设备,将绝缘表面与铁芯间隙用半导体垫紧,并用防晕漆塞紧。		
局部放电	绝缘内部有气孔等缺陷	测量局部放电量:油浸式互感器不大于40 pC,环氧绝缘放电量不大于200 pC。		

4.4　检查控制

4.4.1　工作检查

1)小组自查

检修工作结束后,工作负责人带领小组作业成员进行自查。小组自查项目及质量要求见表4.18。

表 4.18　小组自查项目及质量要求

序号	检查项目		质量要求	确认(√)
1	资料准备	工作票	正确、规范、完整	
		现场查勘记录		
		检修方案		
		标准作业卡		
		调整数据记录		
2	检修过程	正确着装	穿长袖工作服,戴安全帽,穿绝缘鞋。	
		工器具选用	一次性备齐工器具。	

续表

序号	检查项目		质量要求	确认(√)
2	检修过程	检查安全措施	隔离开关闭锁可靠;接地线、标示牌挂装正确。	
		互感器解体	拆卸方法、步骤正确;零部件不得碰伤掉地。	
		金属膨胀器检修	检查无遗漏,及时发现缺陷。	
		储油柜检修	检查无遗漏,及时发现缺陷。	
		瓷套检修	检查无遗漏,及时发现缺陷。	
		油箱、底座检修	检查无遗漏,及时发现缺陷。	
		互感器回装	装配顺序与拆卸顺序相反;各紧固螺栓紧固。	
		真空注油	达到相应温度下的油位。	
		施工安全	遵守安全规程,不发生习惯性违章或危险动作。	
		工具使用	正确使用和爱护工具。	
		文明施工	工作完后做到"工完、料尽、场地清"。	
3	检修记录		如实记录,项目完整。	
4	遗留缺陷:		整改措施:	

2)小组交叉检查

为保证检修质量,小组自查之后,小组之间进行交互检查,小组交叉项目及质量要求见表4.19。

表4.19　小组交叉项目及质量要求

序号	检查内容	质量要求	检查结果
1	资料准备	资料完整、规范。	
2	检修过程	无安全事故、符合规程要求。	
3	检修记录	记录完整、规范。	
4	工具使用	正确使用和爱护工具,工具无损坏。	
5	文明施工	施工现场有序、整洁。	
被检查组:		检查实施组:	

4.4.2 工作终结

①清理现场,办理工作终结。

a.清点工器具和耗材,分类归位。

b.清扫现场,恢复安全措施。

②填写检修报告。

③整理资料。

4.5 考核与评价

4.5.1 考核

对学生掌握相关专业知识的情况进行笔试或口试考核。对检修技能的考核,参照表4.20的评分细则进行考核。

表4.20 LCWB6-110W2型电流互感器检修考核评分细则

技能操作项目		LCWB6-110W2型电流互感器检修				
姓名		班级		学号	标准分	100分
开始时间		结束时间		实际用时	得分	
序号	评分项目	评分内容及要求	评分标准		扣分原因	得分
1	预备工作 (5分)	1.安全着装; 2.工器具及仪器、仪表检查。	1.未按照规定着装,每处扣0.5分; 2.工器具及仪器、仪表选择错误,每处扣0.5分;未检查扣3分; 3.其他不符合条件之处,酌情扣分。			
2	班前会 (5分)	1.交代工作任务及任务分配; 2.交代危险点及预控措施。	1.未交代工作任务,扣2分; 2.未进行人员分工,扣1分; 3.未交代危险点及预控措施,扣2分,交代不全,酌情扣分; 4.其他不符合条件之处,酌情扣分。			

续表

序号	评分项目	评分内容及要求	评分标准	扣分原因	得分
3	检查安全措施 （10分）	1. 检查现场安全措施设置是否与工作票所列的安全措施一致； 2. 检查现场安全措施是否满足检修要求，必要时补充。	1. 检查安全措施设置情况，每错漏一处扣2分； 2. 其他不符合条件之处，酌情扣分。		
4	检修、试验及常见故障处理 （45分）	整体试验及常见故障处理。	1. 未完成指定试验及故障处理工作每处扣20分； 2. 检修后未达到产品说明书和相关规范的要求每处扣5分； 3. 检修过程中发生危及人身安全事件每处扣20分； 4. 检修过程中发生仪器仪表损坏每次扣20分。		
5	标准化作业卡 （15分）	完整填写标准化作业卡。	1. 未填写标准化作业卡，扣10分； 2. 未对检修结果进行判断，扣5分； 3. 检修数据记录不全，每处扣1分。		
6	履行竣工汇报手续和整理现场 （5分）	1. 履行竣工汇报手续； 2. 将作业现场整理并恢复。	1. 未履行竣工汇报手续，扣5分； 2. 未清点、整理工器具、材料，扣5分； 3. 现场有遗留物，每件扣1分； 4. 其他不符合条件，酌情扣分。		
7	收工点评 （5分）	1. 总结检修内容； 2. 总结发现的安全及技术问题，提出相应改进措施。	1. 未点评，扣5分； 2. 其他不符合条件，酌情扣分。		
8	综合素质 （10分）	1. 着装及精神面貌； 2. 现场组织及配合； 3. 执行工作任务时，大声呼唱； 4. 不违反电力安全规定及相关规程。	1. 着装不整齐，精神不饱满，扣5分； 2. 现场组织不够有序，工作人员之间配合不默契，扣5分； 3. 执行工作任务时未大声呼唱，扣2分； 4. 有违反电力安全规定及相关规程的情况，扣10分； 5. 损坏设备或严重违章，标准分全扣。		
教师（签名）			得分		

4.5.2　评价

学习过程评价由学生自评、互评和教师评价构成。各小组成员对自己小组和其他小组在检修资料准备、检修方案制定、检修过程组织、职业素养等方面进行评价,并提出改进建议。教师根据学习过程存在的普遍问题,结合理论和技能考核情况,对学生的相关知识学习、技能掌握、职业素养等方面进行评价。参照表 4.21 进行评价,并填写学习评价记录表 4.22。

表 4.21　学习综合评价表

学习任务		高压电流互感器检修				
评价对象						
评价项目	子项目	评价标准	自评（20%）	互评（30%）	教师评价（50%）	综合评价
资讯（15%）	收集资料（7%）	资料齐全、内容丰富。				
	引导问题（8%）	回答问题正确。				
计划与决策（20%）	故障判断（4%）	分析和判断合理。				
	现场查勘（4%）	实施了现场查勘,查勘记录完整,如实反映现场状况。				
	危险点分析（4%）	危险点分析全面,预控措施到位。				
	任务安排（4%）	人员及进度安排合理可行。				
	材料工具（4%）	材料和工具准备齐全,并检查合格。				
实施（40%）	安全措施（10%）	对安全措施进行检查,保证安全措施完善。				
	使用工具（4%）	工具使用方法正确规范。				
	工艺工序（10%）	工序正确,无漏项,无错序;工艺符合规范要求。				

续表

评价项目	子项目	评价标准	自评 （20%）	互评 （30%）	教师评价 （50%）	综合 评价
实施 （40%）	工器具管理 （4%）	工器具管理符合规范要求。				
	检修质量 （8%）	检修质量符合规范要求。				
	文明施工 （4%）	按标准要求设置安全警示标志牌、现场围挡;材料、构件、料具等堆放有序;垃圾及时清理;临时设施质量合格;施工安全,无事故发生。				
检查控制 （10%）	全面性 （5%）	检查项目无遗漏				
	准确性 （5%）	检查方法正确				
职业素养 （15%）	吃苦耐劳 （4%）	能忍受艰苦的环境,完成长时间的检修工作,不抱怨,享受劳动过程。				
	团队合作 （4%）	检修班组成员各负其责,互相关照,配合默契。				
	创新 （2%）	能积极思考,就工艺、工序等方面提出改进措施。				
	"5S"管理 （5%）	及时整理、整顿工器具和材料,做到科学布局,取用快捷;及时清扫,美化环境;将整理、整顿、清扫进行到底,保持环境处在美观的状态;遵守各项规定,养成习惯。				
评语						
教师签字			日　期			

表 4.22　学习评价记录表

序号	项目	主要问题	整改建议
1	资讯		
2	计划与决策		
3	实施		
4	检查控制		
5	职业素养		
被评价对象:		评价人:	

任务 5　电力电容器检修

【任务描述】

2020 年 5 月，某供电公司 220 kV 变电站红外测温时发现 10 kV 电力电容器接线桩头运行温度达 81.5 ℃，现场红外图谱如图 5.1 所示。请对电力电容器进行故障判断和检修试验处理。

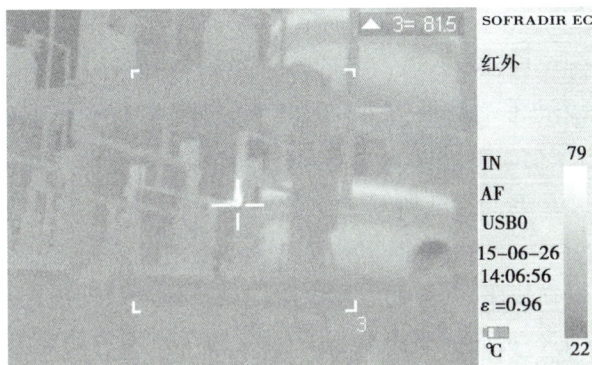

图 5.1　10 kV 电力电容器接线桩头发热

【任务目标】

通过本任务的学习，应该达到的知识目标为熟悉电力电容器的基本原理与结构；掌握电力电容器检修的标准工艺、试验方法和运行维护标准；熟悉电力电容器相应的规程规范要求。应该达到的能力目标为能正确组织电力电容器检修前勘察，收集检修所需的标准、资料；能正确判断设备运行状态，确定检修方案，并在其中体现危险点分析，制订预控措施；能根据检修方案与标准化作业指导书来组织开展人员、工器具、备品备件及耗材准备工作；能安全、正确地组织开展电力电容器标准化检修作业；能进行电力电容器常见故障的处理。应该达到的素质目标为具有较强的安全意识、责任意识和按规程规范作业的行为习惯；具有一定的组织策划能力、团队协作能力和沟通协调能力；具有初步收集处理信息的能力和自学能力。

5.1 资　讯

提示:认真学习以下内容,完成资讯后面的学习成果检测。

5.1.1　电力电容器概述

1)电力电容器的作用

电容器在各个电压等级的电网中广泛存在,那么电容器是什么呢？它是一种容纳电荷的元件。任意两块金属导体,中间用绝缘介质隔开,即构成一个电容器。

电容器电容的大小,由其几何尺寸和两极板间绝缘介质的特性来决定。当电容器在交流电压下使用时,通常以无功功率表示电容器容量,单位为乏(var),电容器电容量单位为法拉(F)。

电力电容器是一种无功补偿装置。电力系统的负荷和供电设备如电动机、变压器、互感器等除了消耗有功功率以外,还要"吸收"无功功率。如果这些无功功率都由发电机供给,必将影响它的有功出力,不但不经济,还会造成电压质量低劣,影响用户使用。电容器在交流电压作用下能产生无功功率,如果把电容器并接在负荷或供电设备上运行,那么负荷或供电设备要"吸收"的无功功率,正好由电容器产生的无功功率供给,这就是并联电容器的作用。

如果把电容器串联在线路上,补偿线路电抗,改变线路参数,这就是串联补偿。串联补偿可以减少线路电压损失,提高线路末端电压水平,减少电网的功率损失和电能损失,提高输电能力。

2)电力电容器的种类及型号

①电力电容器按其安装方式可分为户内式和户外式两种。

②电力电容器按其运行的额定电压可分为低压和高压两类。

③电力电容器按其相数可分为单相和三相,除低压并联电容器外,其余均为单相。

④电力电容器按其外壳材料可分为金属外壳、瓷绝缘外壳、胶木筒外壳等。

⑤电力电容器按其用途可分为:

a. 移相(并联)电容器:主要用来补偿电力系统感性负荷的无功功率,以提高功率因数,改善电压质量,降低线路损耗。

b. 串联电容器:串联于工频高压输、配电线路中,用以补偿线路的分布感抗,提高系统的静、动态稳定性,改善线路的电压质量,加长送电距离和增大输送能力。其基本结构与并联电容器相似。

c. 耦合电容器:主要用于高压电力线路的高频通信,测量、控制、保护以及在抽取电能的装置中作部件用。

d. 电热电容器:用于频率为 40 ~ 24 000 Hz 的电热设备系统中,以提高功率因数,改善回路的电压或频率等特性。

e. 均压电容器:主要用于并联在超高压断路器的断口上起均压作用,使各断口间的电压在分断过程中和断开时均匀,并可改善断路器的灭弧特性,提高分断能力。

f. 滤波电容器:用于高压直流装置和高压整流滤波装置中。交流滤波电容器可用以滤去工频电流中的高次谐波分量。

g. 脉冲电容器:主要起储能作用,在较长的时间内由功率不大的电源充电,然后在很短的时间内进行振荡或不振荡地放电,可得到很大的冲击功率。

h. 标准电容器:用于工频高压测量介质损耗回路中,作为标准电容或用作测量高电压的电容分压装置。

本书主要学习电力网中应用最广泛的并联电容器

国产电力电容器的型号及含义如图 5.2 所示。

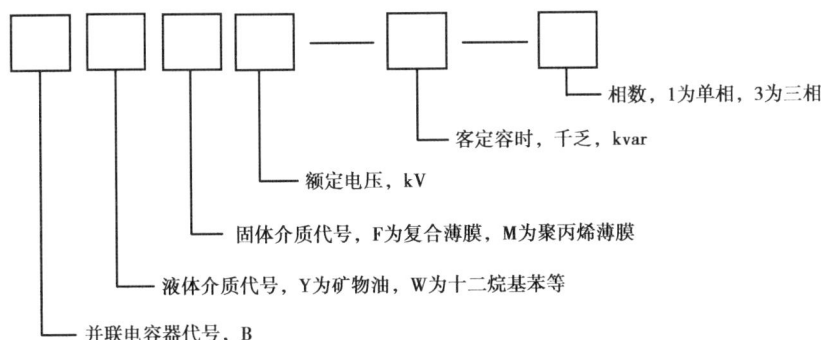

相数,1为单相,3为三相
客定容时,千乏,kvar
额定电压,kV
固体介质代号,F为复合薄膜,M为聚丙烯薄膜
液体介质代号,Y为矿物油,W为十二烷基苯等
并联电容器代号,B

图 5.2　电力电容器的型号及含义

如 BFM 12-200-1W 中各部分含义为:B 表示并联电容器,F 表示浸渍剂为二芳基乙烷,M 表示聚丙烯薄膜,额定电压为 12 kV,额定容量为 200 kvar,1 表示单相,W 表示户外型。

3)电力电容器的基本结构(扫码看电容器结构视频)

并联电容器主要由电容元件、浸渍剂、紧固件、引线、外壳和套管组成,其结构如图 5.3 所示。

(1)电容元件

电容元件是用一定厚度和层数的固体介质与铝箔电极卷制而成。为适应各种电压等级电容器耐压的要求,可由若干个电容元件并联和串联起来,组成电容器芯子。固体介质可采用电容器纸、膜纸复合或纯薄膜作为介质。在电压为 10 kV 及以下的高压电容器内,每个电容元件上都串有一熔丝,作为电容器的内部短路保护。当某个元件击穿时,其他完好元件即对其放电,使熔丝在毫秒级的时间内迅速熔断,切除故障元件,从而使电容器能继续正常工作。

单元电容器安装在框架上,根据不同的电压和容量作适当的电气连接,单台三相电容器的芯子一般接成三角形接线。出线端子通过导线与箱盖上的套管相连,供进出线及放电线圈使用。

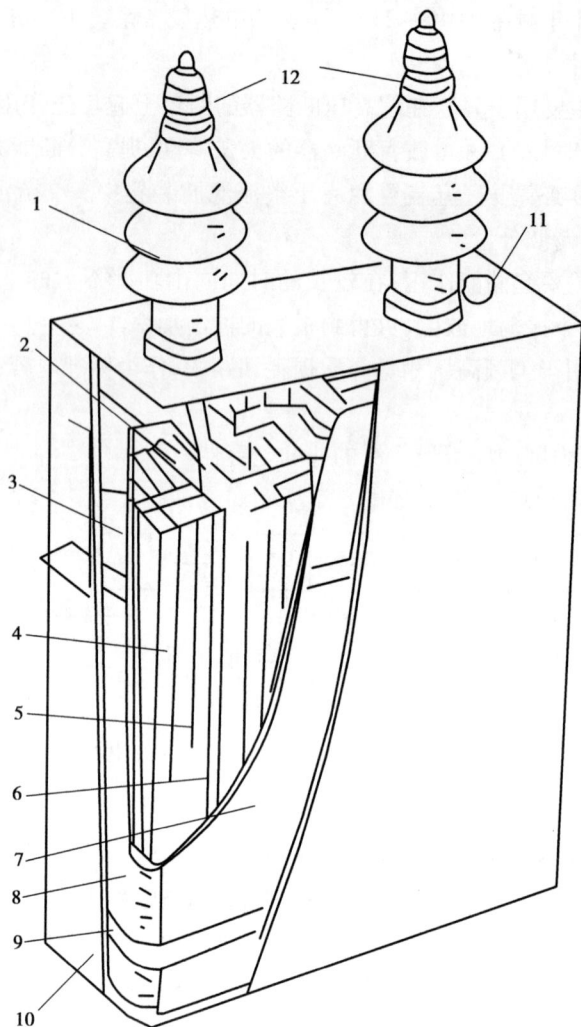

图 5.3　电容器集中补偿接线图

1—出线瓷套管;2—出线连接片;3—连接片;4—电容元件;
5—出线连接片固定板;6—组间绝缘;7—包封件;8—夹板;
9—紧箍;10—外壳;11—封口盖;12—接线端子

（2）浸渍剂

为了提高电容元件的介质耐压强度,改善局部放电特性和散热条件,电容器芯子一般放于浸渍剂中。浸渍剂一般有矿物油、氯化联苯、SF_6 气体等。

（3）外壳、套管

电容器的外壳一般采用薄钢板焊接而成,有利于散热,但绝缘性能较差,表面涂阻燃漆,壳盖上焊有出线套管,箱壁侧面焊有吊攀、接地螺栓等。大容量集合式电容器的箱盖上还装有油枕或金属膨胀器及压力释放阀,箱壁侧面装有片状散热器、压力式温控装置等。接线端子从出线瓷套管中引出。

4)电力电容器的无功补偿

补偿方式按安装地点不同可分为集中补偿和分散补偿(包括分组补偿和个别补偿);按投切方式不同分为固定补偿和自动补偿。

(1)集中补偿

集中补偿是把电容器组集中安装在变电所的一次或二次侧母线上,如图5.4所示。

(2)分组补偿

分组补偿是将电容器组分组安装在各分配电室或各分路出线上,它可与部分负荷的变动同时投入或切除。

(3)个别补偿

个别补偿是把电容器直接装设在用电设备的同一电气回路中,与用电设备同时投切,如图5.5所示。用电设备消耗的无功能就地补偿,能就地平衡无功电流,但电容器利用率低。

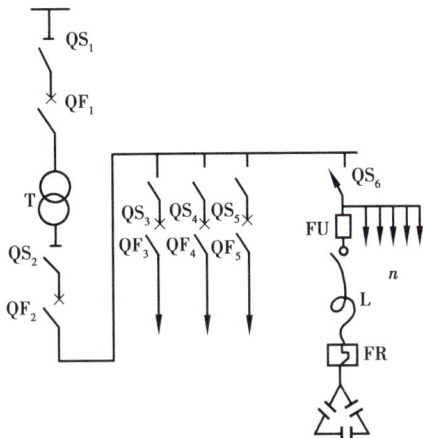

图 5.4　电容器集中补偿接线图

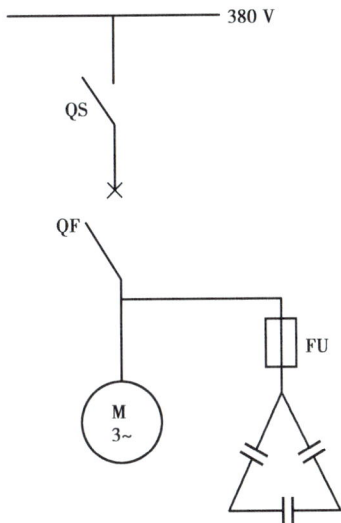

图 5.5　电容器个别补偿接线图

5.1.2　电力电容器的检修知识

1)电力电容器检修的分类

电力电容器的检修工作分为四类:A 类检修、B 类检修、C 类检修、D 类检修。

A 类检修:指整体性检修,检修项目包含整体更换、解体检修。

B 类检修:指局部性检修,检修项目包含部件的解体检查、维修及更换。

C 类检修:指例行检查及试验,检修项目包含检查、维护。

D 类检修:指在不停电状态下进行的检修,检修项目包含专业巡视、辅助二次元器件更换、金属部件防腐处理、框架箱体维护。

2）电力电容器的检修周期

①基准周期:35 kV 及以下 4 年、110(66) kV 及以上 3 年。

②可依据设备状态、地域环境、电网结构等特点,在基准周期的基础上酌情延长或缩短检修周期,调整后的检修周期一般不小于 1 年,也不大于基准周期的 2 倍。

③对于未开展带电检测设备,检修周期不大于基准周期的 1.4 倍;未开展带电检测老旧设备(大于 20 年运龄),检修周期不大于基准周期。

④110(66)kV 及以上新设备投运满 1 至 2 年,以及停运 6 个月以上重新投运前的设备,应进行检修。对核心部件或主体进行解体性检修后重新投运的设备,可参照新设备要求执行。

⑤现场备用设备应视同运行设备进行检修;备用设备投运前应进行检修。

⑥符合以下各项条件的设备,检修可以在周期调整后的基础上最多延迟 1 个年度:

a. 巡视中未见可能危及该设备安全运行的任何异常;

b. 带电检测(如有)显示设备状态良好;

c. 上次试验与其前次(或交接)试验结果相比无明显差异;

d. 上次检修以来,没有经受严重的不良工况。

3）电力电容器的检修项目

（1）电力电容器检修安全注意事项

①工作前应将电容器内各高压设备逐个多次充分放电。

②按厂家规定正确吊装设备,必要时使用揽风绳控制方向,并设专人指挥。

③对安全距离小的电容器检修时,应做好安全防护措施。

④拆、装电容器一、二次电缆时应做好防护措施。

（2）电力电容器检修关键工艺质量控制

①电容器单元更换时按照厂家规定程序进行拆除、吊装。

②瓷套管表面应清洁,无裂纹、破损和闪络放电痕迹。

③芯棒应无弯曲和滑扣,铜螺丝螺母垫圈应齐全。

④无变形、无锈蚀、无裂缝、无渗油。

⑤铭牌、编号在通道侧,顺序符合设计要求。

⑥各导电接触面符合要求,安装紧固有防松措施。

⑦外壳接地端子可靠接地。凡不与地绝缘的每个电器的外壳及电容器构架均应接地,凡与地绝缘的电容器的外壳均应接到固定的电位上。

⑧引线与端子间连接应使用专用压线夹,电容器之间的连接线应采用软连接。

（3）外熔断器更换关键工艺质量控制

①规格应符合设备要求。

②熔丝无断裂、虚接,无明显锈蚀,熔丝与熔管无接触。

③更换后外熔断器的安装角度应符合产品安装说明书的要求。

④芯棒应无弯曲和滑扣,铜螺丝螺母垫圈应齐全。

咨讯学习成果检测

任务 5 资讯检测答案

一、填空

并联电容器在电力系统中的作用是　　　　,以提高功率因数,　　电压质量,　　线路损耗,　　系统或变压器的输出功率;提高母线电压质量,降低电能损耗,改善供电质量,达到系统　　目的。

二、简答

1. 简述 BWM 12-400-1W 中各部分含义。

2. 简述电力系统中并联电容器的电容量试验标准。

5.2　决策与计划

5.2.1　电力电容器的运行维护知识

1) 电力电容器完好的标准

①密封良好,外壳无渗油,无油垢,无鼓肚变形,无锈蚀,油漆完好。

②瓷件完好无损,接头无过热现象,无异常声响。

③放电装置齐全完好,接地线牢固。

④运行条件符合规程要求,环境温度不超过 40 ℃,电压不超过额定电压的 1.1 倍,三相电流不平衡度不超过平均值的 5%。

⑤设备清洁,标志齐全,通风良好。

⑥定期进行预防性试验,并有记录。

2) 电容器组的操作要求

①正常情况下变电所停电操作时,应先断开电容器断路器,后断开各路出线断路器。恢复送电时,应先合各路出线断路器,后合电容器组的断路器。事故情况下,变电所无电后必须将电容器开关断开。

当变电所母线无负荷时,母线电压可能会超过电容器的允许电压,电容器的绝缘可能击穿。此外,电容器组有可能与空载变压器产生铁磁谐振而使过流保护动作。应尽量避免无负荷空投电容器这一情况。

②电容器开关跳闸后不应强送,熔断器的熔丝熔断后,应查明原因并进行相应处理后才能更换熔丝送电。

电容器组开关跳闸或熔断器的熔丝熔断都可能由电容器故障引起,只有经过检查确系外部原因造成的跳闸或熔丝熔断后,才能再次合闸试送。

③电容器组禁止带电荷合闸。电容器组切除 3 min 后才能进行再次合闸。

在交流电路中,如果电容器带有电荷时合闸,则可能使电容器承受两倍左右的额定电压的峰值,甚至更高,以致可能将电容器击穿。同时造成很大的冲击电流、开关跳闸或熔丝熔断。

电容器组每次切除后必须随即进行放电,待电荷消失后方可再次合闸。一般来说,只要电容器组的放电电阻选择合适,1 min 左右即可达到再次合闸的要求。电气设备运行管理规程中规定,电容器组每次重新合闸,必须在电容器组断开 3 min 后进行。

电容器组重新合闸前必须在其放电完毕后方可进行,任何额定电压的电容器组禁止带电荷合闸。

为了防止电容器组带电荷合闸和操作人员触电而发生危险,应在电容器与电源断开时,立即对电容器组进行放电,必要时应用装于令克棒上的接地金属棒对电容器单独放电。

操作过电压是运行电容器断开时所产生的,它对电容器的使用寿命和安全运行影响很大。在未采取有效的降低操作过电压措施之前,应尽量减少操作次数。

3) 电容器组的投、退要求

①正常情况下并联电容器组的投入或退出运行应根据系统无功负荷潮流或负载的功率因数及电压情况决定,当功率因数低于 0.9 时投入电容器组,功率因数高于 0.95 且有超前趋势时,应退出部分电容器组,当电压偏低时,可投入部分电容器组。

②当电容器组母线电压高于额定电压的 1.1 倍或电流大于额定电流的 1.3 倍以及电容器组室温超过 40 ℃,电容器外壳温度超过 60 ℃,均应将其退出运行。

③当电容器发生下列情况之一时,应立即退出运行:

a. 电容器爆炸。

b. 电容器喷油或起火,冒烟。

c. 电容器瓷套管发生肛重闪络放电。

d. 电容器接点严重过热或熔化。

e. 电容器内部或放电设备有严重异常响声。

f. 电容器外壳有异常膨胀。

g. 电容器严重渗漏油。

5.2.2　电力电容器的常见故障及处理

电力电容器的常见故障及处理方法见表5.1。

表 5.1　电力电容器的常见故障及处理方法

故障现象	可能原因	处理方法
发热	接头螺栓松动	加强检查,停电时拧紧螺栓或加弹簧垫,防止松动
	频繁通断,反复受浪涌电流作用	减少通断电容器的次数,只有在线路停用时才切断电力电容器
	长期过电压运行,造成过负荷	换耐压程度较高的电力电容器
	环境温度超过允许值	用示温片或温度计测温,及早发现,并改善通风条件
渗油	保养不良,外壳油漆剥落,油锈蚀点	清除油漆剥落点的锈蚀点,并重新刷漆
	瓷套管与外壳连接处碰伤裂纹;元件本身质量不好	如果裂纹微微渗油,可在裂纹处用肥皂嵌入,以供临时使用;如果已经出现裂缝,则应调换电容器
外壳膨胀变形	因漏油,空气进入,使内部介质膨胀;使用到期;本身质量差	更换电容器
短路击穿	本身质量差	更换
	小动物钻入接头间	接头周围加防护罩
	瓷瓶表面积尘过多,产生短路击穿	清理积尘油污,保证平面清洁
	长期过电压运行造成负荷、温度过高,使绝缘过早老化	限制过电压运行,长期运行时,一般不超过额定电压5%
异常响声	内部有局部放电	停止运行,查找故障,更换电容器
	外部有局部放电	停止运行,查找故障电容器,将外部擦拭干净

续表

故障现象	可能原因	处理方法
电容器爆裂	制造工艺不良,内部击穿;电容器对外壳绝缘损坏;密封不良、漏油;鼓肚和内部游离;带负荷合闸;温度过高,通风不良,运行电压过高,谐波分量过大,操作过电压等	更换电容器
瓷绝缘表面闪络	清扫和维护工作差,表面脏污严重	定期进行清扫检查

对照表5.1,可以及时了解和掌握电容器的运行情况,及时发现电容器缺陷并采取有效措施,避免电容器故障的进一步扩大,保障电容器组及电容器的安全运行。

假设电力电容器有以下故障现象,分析故障原因并进行处理。

1)电容器渗漏油

原因一:保养不良,外壳油漆剥落,有锈蚀点,在锈蚀点出现油渗漏。

处理方法:仔细检查,找出渗、漏油部位后,先清除该部位残留的漆膜和锈点,然后重新涂漆。

原因二:在搬运过程中将瓷套管与外壳交接处碰伤,该处出现裂纹。

处理方法:此时严禁提拿搬运,已渗、漏油的用铅锡焊料补焊,如果有裂纹的部位只微微渗油而不漏油,可在渗油处嵌入肥皂,暂时继续使用;如果出现裂缝应更换电容器。

原因三:接线时紧固螺钉用力过大,造成瓷套焊接处损伤。

处理方法:接线时不要扳摇瓷套,紧固时防止用力过猛。

原因四:产品质量缺陷。

处理方法:严格控制瓷套金属涂敷及焊接工艺、外壳焊接及成品试漏工艺。

原因五:日光曝晒,温度变化剧烈。

处理方法:采取有效措施,防止曝晒,以免瓷套上银层脱落。

2)电容器发热

原因一:接头螺栓松动。

处理方法:加强检查,停电时拧紧螺栓。

原因二:频繁切合,反复受涌流作用。

处理方法:减少通断次数,只在线路停用时才切断电容器。

原因三:长期过电压运行,造成过负荷。

处理方法:可更换耐压较高的电容器。

原因四:环境温度过高。

处理方法:可粘贴示温蜡片或用温度计测量温升,加强电容器所在场所的通风。

原因五:电容器布置太密,造成散热困难。

处理方法:增大电容器布置的间隙。

原因六:介质老化,电容器寿命已到。

处理方法:停止使用,更换新电容器。

3) 电容器外壳"鼓肚"

原因一:内部介质产生局部放电,电容击穿或极对壳击穿,使介质分解产生气体,这些都是体积膨胀造成的。

处理方法:运行中应对电容器进行外观检查,发现外壳鼓肚时要及时采取措施,鼓肚严重的应立即停止使用,更换新电容器。

原因二:由于环境温度太高、通风不良或电压过高,引起电容器运行时温升过高,使电容器外壳鼓肚。

处理方法:改善电容器工作环境,调整电源电压。当出现外壳鼓肚时,应立即停止使用,以免发生电容器爆炸。

4) 电容器爆炸起火

故障原因:

由于电容器真空度不高、不清洁、对地绝缘不当,运行环境温度过高,使电容器内部发生极间或极对壳击穿而又无适当保护时。与它并联的电容器组对它放电,能量极大,引起爆炸起火。

预防措施:

①完善电容器内部故障防护,对于高压电容器组,可采用以下器件来控制和保护:总容量不大于 100 kW 时,应安装跌落式熔断器;总容量为 100~300 kvar 时,应安装负荷开关和熔断器:总容量大于 300 kW 时,应安装断路器、电容器组采用熔断器保护时,熔体额定电流不应超过电容器组额定电流的 1.5 倍。

②对于无熔体保护的高压电容器,应根据具体情况采用以下防护方式:分组熔体保护;双星形接线的零相电流平衡保护;双三角形接线的横差保护;单接线的零序电流保护。

③加强电容器补偿装置的运行管理和维护,应定期清扫、巡视和检查,发现故障元件及时进行处理。

④使电容器室符合防火要求,室内不得使用木板、油毛毡等易燃材料。

⑤在电容器室附近配备砂箱、消防用铁锹和四氯化碳灭火器等消防设施。当遇到电容器爆炸起火时,应首先切断电源,尽快制止火灾蔓延,严禁用水灭火。

5.2.3　现场查勘

现场查勘的内容如下:

①确定待检修电力电容器的安装地点,查勘工作现场周围相邻带电设备与工作区域的距离是否满足"安规"要求。

②核对待检修电力电容器台账、技术参数。

③核查检修设备评价结果、上次检修试验记录、运行状况及存在缺陷。

④查勘工器具、设备进入工作区域的通道是否通畅,确定作业工器具的需求,明确工器具、备件及材料的现场摆放位置。

⑤明确作业流程,分析检修、施工时存在的安全风险,制定安全预控措施。

5.2.4　危险点分析与控制

参照 GB 26860—2011《电力安全工作规程发电厂和变电站电气部分》、Q/GDW1799.1-2013《国家电网公司电力安全工作规程(变电部分)》及相关规定,根据工作内容和现场勘察结果,对电容器检修作业的风险进行评价分析,制定相应的预控措施,填表 5.2。

表 5.2　电容器检修作业风险辨识及预控措施

序号	风险辨识类别	风险辨识项目	预控措施
1	低压触电	接取临时电源	
2	高压触电	误入、误登、误碰带电设备	
3	高空坠落	高处作业	
4	机械伤害	使用工器具或在设备机构或传动部件上工作	
5	落物伤害	起重或交叉作业	
6	感应触电	在可能产生感应电的设备上作业	
7	试验触电	高压试验	
确认(签名):			

5.2.5　确定安全技术措施

隔离开关本体检修作业风险辨识与预控措施

1)一般安全注意事项

①正确着装,穿好工作服、工作鞋,需穿防滑性能良好的软底鞋,正确佩戴安全帽和劳保手套,高空作业要正确使用安全带。

②按规定办理工作票,工作负责人同班组人员检查现场安全措施,履行工作许可手续。

③开工前,工作负责人组织全体施工人员宣读工作票,交代作业任务(工作内容、人员分工)、交代现场安全措施及带电部位、交代风险辨识及控制措施。

④按标准作业,规范施工。施工过程中相互监督,保证施工安全。

2）技术措施

①拆除接线时，做好记录，按记录恢复接线。

②工器具摆放整齐有序。

③检修后按规定项目进程测试，各部件应符合质量要求。

3）确定检修内容、时间和进度

根据现场查勘报告，编制标准化作业流程表（见表5.3）。

表5.3　标准化作业流程表

工作任务	电力电容器检修	
工作日期	年　月　日至　年　月　日	工　期
工作内容	工作安排	时间（学时）
制订检修计划、作业方案	主持人：　　　参与人：	
优化作业方案，编制标准化作业卡	主持人：　　　参与人：	
准备工器具、材料，办理开工手续	主持人：　　　参与人：	
电力电容器故障分析判断	小组成员训练顺序：	
电力电容器检修	小组成员训练顺序：	
电力电容器电容量测试	小组成员训练顺序：	
清理工作现场，验收，办理工作终结	主持人：　　　参与人：	
小组自评互评，教师总结点评	主持人：　　　参与人：	
确认（签名）：	工作负责人： 小组成员：	

5.3　实　施

5.3.1　布置安全措施，办理开工手续

按以下步骤布置安全措施，办理开工手续，并填写表5.4、表5.5、表5.6。

①断开电容器间隔的断路器，检查确认断路器在分闸位置，断路器就地操作把手已经悬挂"禁止合闸，有人工作"标识牌。

②检查断路器操动机构、信号、合闸电源已切断。

③确认检修间隔侧隔离开关已挂接地线。

④确认检查间隔四周与相邻带电设备间装设围栏,并向内侧悬挂"止步,高压危险"标示牌。

⑤列队宣读工作票,交代交代作业任务(工作内容、人员分工)、交代现场安全措施及带电部位、交代风险辨识及控制措施。

⑥准备好检修所需的工器具、材料、备品备件,检查工器具、材料齐全、合格,摆放位置符合规定。

表5.4　设备停电操作

序号	工作内容	执行人(签名)
1	拉开 10 kV 断路器	
2	检查 10 kV 断路器在分位	
3	将 10 kV 断路器拉至"检修"位置	

表5.5　布置安全措施

序号	工作内容	执行人(签名)	确认人(签名)
1	合上 10 kV 接地开关(或悬挂接地线)		
2	在 10 kV 断路器合闸开关、KK 把手处悬挂"禁止合闸,有人工作"标示牌。		
3	在电容器四周装设安全围栏,围栏留有出入口,在出入口咱悬挂"从此进出"标示牌。		
4	围栏向内悬挂适量"止步,高压危险"标示牌。		
5	在电容器本体处悬挂"在此工作"标示牌		
6	在电容器中性点上装设接地线一组		

表5.6　办理开工手续

序号	工作内容	执行人(签名)	确认人(签名)
1	列队宣读工作票,交代工作内容、安全措施和注意事项		
2	检查工器具应齐全、合格,摆放位置符合规定。		
3	工作时,检修人员与 10 kV 带电设备的安全距离不得小于 0.7 m。		

5.3.2　电力电容器检修

1）电力电容器接线桩头发热分析

电力电容器接线桩头发热的原因分析如下：

①接线桩头处松动，接触电阻增大，导致电力电容器接线桩头发热。

②涂抹导电物质不当造成电力电容器接线桩头接触电阻增大而发热。当涂抹导电膏过厚时，经运行操作，将在触指表面堆积。在电吸尘和自然降尘的作用下，导电膏与尘土混合形成接触电阻大的硬壳而发热。

③电力电容器接线桩头锈蚀，造成接触电阻增大而发热。

2）电力电容器检修前检查

①瓷套管表面清洁，无裂纹、无闪络放电和破损。

②电容器单元无渗漏油、无膨胀变形、无过热。

③电容器单元外壳油漆完好，无锈蚀。

④各连接部件固定牢固，螺栓无松动。

⑤支架、基座等铁质部件无锈蚀。

⑥瓷瓶完好，无放电痕迹。

⑦母线平整无弯曲，相序标示清晰可识别。

⑧构架应可靠接地且有接地标识。

⑨电容器之间的软连接导线无熔断或过热。

3）电力电容器检修

①清扫各电力电容器的壳体。电极之间的灰尘、油泥。

②检查电容器有无膨胀和凹陷之处，有无漏油现象，各电极上的瓷套管有无裂纹或缺口，损坏严重的应更换相同型号的电容器，并水平固定好。以防电气连接部位受到机械损伤。

③测量电容器的电容值，单台电容的实际测量值与铭牌标称值之偏差应不超过 -5% ～ $+10\%$，且初值差不超过 $\pm5\%$，电容器组各相电容要求搭配平衡，电容器组三相的任何两个线路端子之间的最大与最小电容之比不超过 1.05 倍。

④测量电容两极之间和极对外壳的绝缘电阻和吸收比，测量时，低压电容器使用 500 V 摇表测量，高压电容器用 2 500 V 摇表测量，摇测后应充分放电。

⑤检查电容器外壳、瓷套、接地螺栓等是否完好，壳体油漆是否均匀，有无掉落现象。

5.3.3 电容量测量试验

1) 测量试验安全要求

①应严格执行国家电网公司《电力安全工作规程(变电部分)》的相关要求。

②试验前,电容器应先行逐个多次放电并接地,装在绝缘支架上的电容器外壳也应接地。

③高压试验工作不得少于两人。试验负责人应由有经验的人员担任,开始试验前,试验负责人应向全体试验人员详细布置试验中的安全注意事项,交代邻近间隔的带电部位,以及其他安全注意事项。

④试验现场应装设遮栏或围栏,遮栏或围栏与试验设备高压部分应有足够的安全距离,向外悬挂"止步,高压危险!"的标示牌,并派人看守。

⑤应确保操作人员及试验仪器与电力设备的高压部分保持足够的安全距离。

⑥试验装置的金属外壳应可靠接地,高压引线应尽量缩短,并采用专用的高压试验线,必要时用绝缘物支持牢固。

⑦加压前必须认真检查试验接线,使用规范的短路线,表计倍率、量程、调压器零位及仪表的开始状态,均应正确无误。

⑧因试验需要断开设备接头时,拆前应做好标记,接后应进行检查。

⑨试验装置的电源开关,应使用明显断开的双极刀闸。为了防止误合刀闸,可在刀刃上加绝缘罩。试验装置的低压回路中应有两个串联电源开关,并加装过载自动跳闸装置。

⑩试验前,应通知有关人员离开被试设备,并取得试验负责人许可,方可加压;加压过程中应有人监护并呼唱。

⑪变更接线或试验结束时,应首先断开试验电源,放电,并将升压设备的高压部分放电、短路接地。

⑫试验现场出现明显异常情况时(如异音、电压波动、系统接地等),应立即停止试验工作,查明异常原因。

⑬高压试验作业人员在全部加压过程中,应精力集中,随时警戒异常现象发生。

⑭试验结束时,试验人员应拆除自装的接地短路线,并对被试设备进行检查,恢复试验前的状态,经试验负责人复查后,进行现场清理。

2) 试验方法

(1) 电压电流表法

试验接线:电压电流表法测量电容器的试验原理接线如图 5.6 所示。当被测电容量小于 10 μF 时,电压表按图 5.6 中实线接线,电容量大于 10 μF 时,按虚线接线。

试验步骤:

①测试前,对待试电容器充分放电并接地。

②拆除待试电容器所有接线和外熔断器。

③根据待试电容器的电容量和测试电压估算测试电流,选择电流表和电压表的挡位。

④按图 5.6 所示进行试验接线。

⑤检查试验接线和调压器零位、表计初始状态,拆除接地线。

⑥合上电源,加压试验。

⑦读取记录试验电压、电流值后立即将调压器降到零位,切断电源。

⑧计算待试电容器电容量,计算式为:

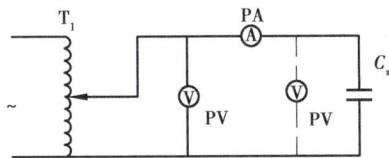

图 5.6　电压电流表法测量电容量接线图

T_1—单相调压器;Cx—待试电容器;

PA—电流表;PV—电压表

$$C_x = \frac{I}{\omega U_s} \times 10^6$$

式中　C_x——待试品的电容量,μF;

　　　ω——角频率,$\omega = 2\pi f = 314$,(rad/s);

　　　I——测试电流,A;

　　　U_s——测试电压,V。

完成试验记录,对待试电容器放电并接地,恢复电容器接线。

注意事项:

①拆、接高压引线前,必须先对待试电容器逐只使用专用放电工具按先经电阻放电、后直接放电的程序进行充分放电,放电后将待试电容器接地。

②根据待试电容器电容量的大小选择接线方式,减小电压表或电流表的影响。

③测试中应随时观察电压表、电流表读数,防止超过量程、损坏表计。

④合理选择电压表、电流表量程,试验电压、电流指示应至少达到表计满量程的 2/3 刻度处。

⑤采用外熔断器结构的电容器,测量前必须将外熔断器拆除。如有内置熔丝,应注意测试电流的大小。

(2)电容电感测试仪法

试验接线:使用电容电感测试仪进行电容量测量的接线示意图如图 5.7 所示。

试验步骤:

①测试前,对待试电容器逐只充分放电并接地。

②将测量仪器的电压输出测试线连接到电容器组的高压侧及中性点侧两个汇流排上。将钳形电流传感器套在被测试的单台电容器套管处。

③若测量电容器组的总电容量,则将钳形电流传感器套在电容器组的高压侧汇流排上即可(电压输出测试线内侧)。

④检查试验接线正确后,拆除待试电容器接地线。

⑤合上仪器电源,按仪器操作手册进行测量。

⑥完成试验记录,对待试电容器进行放电并接地,拆除试验接线。

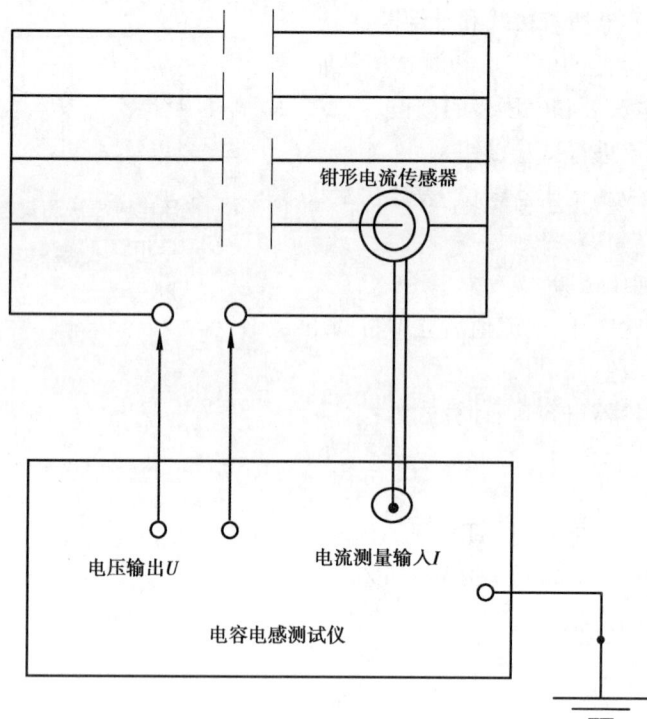

图 5.7　电容电感测试仪接线示意图

注意事项：

①检测前检查钳形电流传感器卡钳钳口闭合是否良好。

②仪器必须可靠接地。

③仪器电压输出测试线夹应尽量靠近电容器组引出线端子,且接触良好。

④严禁仪器的电压输出端两端短路。

⑤测量过程中,禁止移动电压线,禁止触摸或移动钳形电流传感器。

试验验收：

①检查试验记录是否完整、正确。

②将待试设备和试验仪器恢复到试验前状态。

3)试验数据分析和处理

①电容器组应测量各相、各臂及总的电容量。对于框架式电容器,应采用不拆连接线的测量方法逐台测量单台电容器的电容量。电容器组的电容量与额定值的相对偏差应符合下列要求：

容量 3 Mvar 以下的电容器组：-5% ~10% ；

容量从 3 Mvar 到 30 Mvar 的电容器组：0% ~10% ；

容量 30 Mvar 以上的电容器组:0% ~5% 。

②任意两线端的最大电容量与最小电容量之比值,应不超过 1.05。

③单台电容器电容量与额定值的相对偏差应为 -5% ~10% ,且初值差不超过 ±5% 。

对于带内熔丝电容器,电容量减少不超过铭牌标注电容量的3%。

5.4　检查控制

5.4.1　工作检查

1)小组自查

检修工作结束后,工作负责人带领小组作业成员进行自查。小组自查项目及质量要求见表5.7。

表 5.7　小组自查项目及质量要求

序号	检查项目		质量要求	确认(√)
1	资料准备	工作票	正确、规范、完整	
		现场查勘记录		
		检修方案		
		标准作业卡		
		调整数据记录		
2	检修、试验过程	正确着装	穿长袖工作服,戴安全帽,穿胶鞋	
		工器具选用	一次性准备齐全工器具	
		检查安全措施	隔离开关闭锁可靠;接地线、标示牌挂装正确	
		电容器检修	拆卸零件方法、步骤正确;零部件不得碰伤掉地	
		电容器试验	正确接线,试验流程无违章;试验数据有记录,分析判断正确无误	
		施工安全	遵守安全规程,不发生习惯性违章或危险动作	
		工具使用	正确使用和爱护工具	
		文明施工	工作完后做到"工完、料尽、场地清"	
3	检修记录		如实记录,项目完整	
4	遗留缺陷:		整改措施:	

2)小组交叉检查

为保证检修质量,小组自查之后,小组之间进行交互检查,小组交叉项目及质量要求见表5.8。

表5.8　小组交叉项目及质量要求

序号	检查内容	质量要求	检查结果
1	资料准备	完整、规范	
2	检修过程	无安全事故、符合规程要求	
3	检修记录	记录完整规范	
4	工具使用	工具无损坏,正确使用和爱护工具	
5	文明施工	施工现场整洁、卫生、有序	
被检查组:		检查实施组:	

5.4.2　工作终结

①清理现场,办理工作终结。

②清点工器具和耗材,分类归位。

③清扫现场,恢复安全措施。

④填写检修及试验报告,报告格式见表5.9。

表5.9　电容器电容量测量报告

一、基本信息							
变电站		运行单位		试验单位		运行编号	
试验性质		试验日期		试验人员		试验地点	
报告日期		编写人		审核人		批准人	
试验天气		环境温度/℃		环境相对湿度/%			
二、设备铭牌							
生产厂家		出厂日期				出厂编号	
设备型号		额定电压/kV				额定电流/A	
结构形式		额定容量/kVA					

续表

三、试验数据				
电容器编号	出厂编号	实测电容量/μF	铭牌电容量/μF	电容比差/%
A				
B				
C				
A1				
A2				
A3				
A4				
A5				
……				
B1				
B2				
B3				
B4				
B5				
……				
C1				
C2				
C3				
C4				
C5				
……				
仪器型号				
结论				
备注				

5.5 考核与评价

5.5.1 考核

对学生掌握相关专业知识的情况进行笔试或口试考核。对检修技能的考核,参照表5.10的评分细则进行考核。

表5.10 电力电容器检修考核评分细则

技能操作项目			电力电容器检修			
姓名		班级		学号	标准分	100分
开始时间		结束时间		实际用时	得 分	
序号	评分项目	评分内容及要求	评分标准		扣分原因	得分
1	预备工作 (5分)	1. 安全着装; 2. 工器具及仪器、仪表检查	1. 未按照规定着装,每处扣0.5分; 2. 工器具及仪器、仪表选择错误,每处扣0.5分;未检查扣3分; 3. 其他不符合条件之处,酌情扣分。			
2	班前会 (5分)	1. 交代工作任务及任务分配; 2. 交代危险点及预控措施。	1. 未交代工作任务,扣2分; 2. 未进行人员分工,扣1分; 3. 未交代危险点及预控措施,扣2分,交代不全,酌情扣分; 4. 其他不符合条件之处,酌情扣分。			
3	检查安全措施 (10分)	1. 检查现场安措设置是否与工作票所列的安全措施一致; 2. 检查现场安措是否满足检修要求,必要时补充。	1. 检查安全措施设置情况,每错漏一处扣2分; 2. 其他不符合条件之处,酌情扣分。			

续表

序号	评分项目	评分内容及要求	评分标准	扣分原因	得分
4	检修、试验及常见故障处理(45)	检修、试验及常见故障处理。	1. 未完成指定检修、试验及故障处理工作每处扣20分； 2. 试验结果判断不准确扣20分； 3. 检修过程中发生危及人身安全事件每处扣20分； 4. 检修过程中发生仪器仪表损坏每次扣20分。		
5	标准化作业卡(15分)	完整填写标准化作业卡。	1. 未填写标准化作业卡,扣5分； 2. 未对检修结果进行判断,扣10分； 3. 检修数据记录不全,每处扣1分。		
6	履行竣工汇报手续和整理现场(5分)	1. 履行竣工汇报手续； 2. 将作业现场整理并恢复。	1. 未履行竣工汇报手续,扣5分； 2. 未清点、整理工器具、材料,扣5分； 3. 现场有遗留物,每件扣1分； 4. 其他不符合条件之处,酌情扣分。		
7	收工点评(5分)	1. 总结检修内容； 2. 总结发现的安全及技术问题,提出相应改进措施。	1. 未点评,扣5分； 2. 其他不符合条件之处,酌情扣分。		
8	综合素质(10分)	1. 着装及精神面貌； 2. 现场组织及配合； 3. 执行工作任务时,大声呼唱； 4. 不违反电力安全规定及相关规程。	1. 着装不整齐,精神不饱满,扣5分； 2. 现场组织不够有序,工作人员之间配合不默契,扣5分； 3. 执行工作任务时未大声呼唱,扣2分； 4. 有违反电力安全规定及相关规程的情况,扣10分； 5. 损坏设备或严重违章,标准分全扣。		
教师(签名)			得分		

5.5.2　评价

学习过程评价由学生自评、互评和教师评价构成。各小组成员对自己小组和其他小组在检修资料准备、检修方案制订、检修过程组织、职业素养等方面进行评价,并提出改进建议。教师根据学习过程存在的普遍问题,结合理论和技能考核情况,对学生的相关知识学习、技能掌握、职业素养等方面进行评价。参照表 5.11 进行评价,并填写学习评价记录表5.12。

表 5.11　学习综合评价表

学习情境		电力电容器检修				
评价对象						
评价项目	子项目	评价标准	自评(20%)	互评(30%)	教师评价(50%)	综合评价
检修前准备(20%)	资料准备	应制订作业方案、标准化作业卡,并带到作业现场				
	工器具准备	按照规定着装,工器具及仪器、仪表选择并对其进行检查				
现场实施(40%)	检查安全措施	1. 检查现场安措设置是否与工作票所列的安全措施一致; 2. 检查现场安措是否满足检修要求,必要时补充。				
	站队三交	1. 交代工作任务及任务分配; 2. 交代危险点及预控措施。				

续表

学习情境		电力电容器检修				
评价对象						
评价项目	子项目	评价标准	自评(20%)	互评(30%)	教师评价(50%)	综合评价
检修及试验结果分析（25%）	检修作业	无违章行为,按要求完成检修				
	试验工作	无违章行为,记录试验结果,并进行分析判断				
职业素养（15%）	整理现场	1.履行竣工汇报手续; 2.将作业现场整理并恢复				
	综合素质	1.着装及精神面貌; 2.现场组织及配合; 3.执行工作任务时,大声呼唱; 4.不违反电力安全规定及相关规程				
评语						
教师签字			日　期			

表 5.12　学习评价记录表

学习情境		高压隔离开关检修	
序号	项目	主要问题	整改建议
1	资讯		
2	计划与决策		
3	实施		
4	检查控制		
5	职业素养		
被评价对象:		评价人:	

任务6　组合电器检修

【任务描述】

　　某供电公司所辖一座 220 kV 变电站于 2020 年 9 月对 110 kV L1 线 524 间隔做常规性维护、例行试验工作,该变电站 110 kV 部分为组合电器形式。现场接线图如图 6.1 所示。请结合所学知识对照标准化作业流程的要求,编制作业方案,对一组合电器进行检修维护。掌握组合电器的基本结构与工作原理,掌握组合电器的基本运行维护要求和例行试验方法。

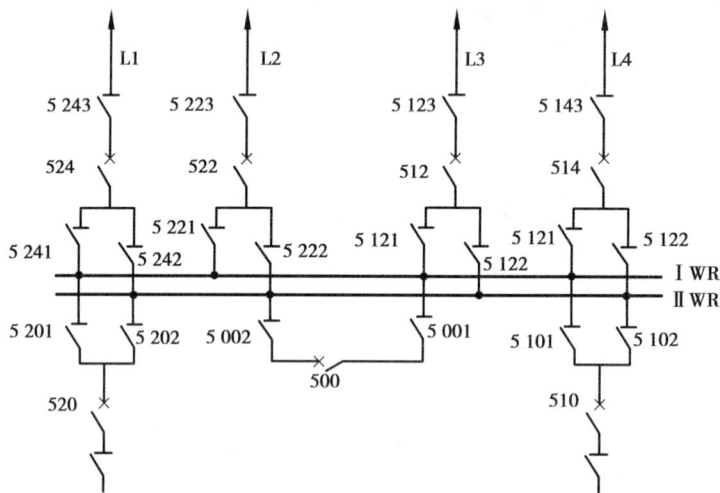

图 6.1　某变电站电气主接线图(110 kV 部分)

【任务目标】

　　通过本任务的学习,应该达到的知识目标为掌握组合电器的作用和结构特点;能正确组织组合电器例行检修试验前查勘,能进行危险点分析并制订预控措施,编制标准化作业卡;能根据标准化作业卡组织开展人员、工器具、备用件及耗材准备工作。应该达到的素质目标为具有较强的安全意识、责任意识和按规程规范作业的行为习惯;具有一定的组织策划能力、团队协作能力和沟通协调能力;具有初步收集处理信息的能力和自学能力。

6.1　资　讯

提示:认真学习以下内容,完成资讯后面的学习成果检测。

6.1.1　组合电器概述

1)变电站配电装置方式介绍

①空气绝缘的常规配电装置(Air – Insulated Switchgear),简称 AIS。仅仅依靠空气和绝缘子来保证各一次设备带电部分与地、相与相之间的绝缘,如图 6.2 所示。

图 6.2　常规变电站(AIS)

②混合式配电装置(Hybrid Gas Insulated Switchgear),简称 H-GIS,如图 6.3 所示。其主变、母线、(避雷器、电压互感器)采用敞开式,其他均为 SF_6 气体绝缘开关装置。根据不同厂家和不同结构,常见的还有 PASS,HIS 等不同形式设备,也可以归入 HGIS。

③SF_6 气体绝缘全封闭配电装置(GAS-INSTULATED SWITCHGEAR),简称 GIS,如图6.4所示。它将一座变电所中除变压器以外的一次设备,包括断路器、隔离开关、接地开关、电压互感器、电流互感器、避雷器、母线等主要元件,组合成一个整体并全部封闭在密封的金属容器内,其间充以一定压力的 SF_6 气体保证各带电部分间的绝缘。

2)组合电器(GIS)简介

20 世纪 60 年代中期,美国制造了第一套 GIS 设备,使高压电器发生了质的飞跃,也给配电装置带来了一次革命。它具有占地面积少、元件全部密封、不受环境干扰、可靠性高、运行方便、检修周期长、维护工作量少、安装迅速、运行费用低等优点,引起世界电力部门的普遍重视。

多年来,GIS 设备迅速发展,欧洲、美洲、中东的电力公司都规定配电装置要用 GIS 设备,在亚洲、非洲、大洋洲的发达国家也基本上要用 GIS 设备,在南非有 800 kV GIS 设备投入运行。

图 6.3 混合式变电站(H-GIS)

图 6.4 组合电器变电站(GIS)

我国 GIS 设备的研制工作起步于 20 世纪 60 年代,与世界其他国家基本同步。1971 年我国首次试制成功 110 kV GIS 设备,并投入运行,自改革开放以来,我国大型核电站、火电站、水电站、变电站先后都选用了 GIS 设备,如大亚湾、秦山核电站,广州抽水蓄能电站,四川二滩水电站,浙江北仑港、上海石洞口、广东沙角等火电厂,广东江门、云南草铺等变电站,三峡水电站的升压变电站,自 20 世纪 80 年代以来,国产大型 GIS 设备也投入运行。

SF$_6$全封闭组合电器配电装置的英文全称是 Gas Iusulated Sub Station ,可缩写为 GIS。现在已习惯将 SF$_6$全封闭组合电器配电装置俗称为 GIS。与常规配电装置一样,它是由断路器、隔离开关、快速或慢速接地开关、电流互感器、避雷器、母线及这些元件的封闭外壳、伸缩节和出线套管等组成。也就是将上述间隔的配电装置设备通过封闭式组合,加装在一个充满一定压力的 SF$_6$气体的仓内,其间电气绝缘可依靠间隔内 SF$_6$气体保证。SF$_6$气体同时也起灭弧介质的作用。

GIS 设备有优越的技术性能,GIS 采用最小电气距离的封闭组合结构,其最大的优点是设备所占的土地面积只有常规设备的 15% ~ 35%。这对我国节约土地的国策是非常有利的,符合我国的国情。

GIS 的带电体和绝缘元件均封闭在金属外壳内,不受外界环境的影响,且布置的重心低,抗震能力强,适宜在环境条件恶劣的地区使用。

GIS 设备加工精密、选材优良、工艺严格、技术先进。绝缘介质使用 SF$_6$ 气体,其绝缘性能、灭弧性能都优于空气。断路器的开断能力高,触头烧伤轻微,GIS 设备的检修周期长、故障率低,运行安全可靠,维护工作量少。

GIS 设备各个元件的通用性强,采用积木式结构,尽量在制造厂组装成一个运输单元。电压较低的 GIS 可以整个间隔作为一个运输单元,运到施工现场就位固定。电压高的 GIS 设备运输件很大,不可能整个间隔运输,可以分成若干个运输单元,对运输单元进行少量的安装、调整试验以后进行拼装,就可以投入运行。与常规的设备相比,GIS 设备安装现场工作量减少了 80% 左右。安装施工速度快,费用省,这在现代大型发电厂中尤为重要。

GIS 设备的导电部分均为外壳所屏蔽,外壳接地良好,其导电体所产生的辐射,电场干扰等都被外壳屏蔽了。噪声来自断路器的开断过程,也被外壳屏蔽了。GIS 设备不会对通信、无线电进行干扰。

3) 组合电器的分类

(1)按安装地点分类

组合电器按照安装地点可以分为户内式和户外式两种。这两种类型的结构基本相同,只是户外型需要附加防气候措施,以适应户外环境。这两种型式 GIS 在世界已运行多年,都取得令人满意的结果。

①户内式

户内式安装的 GIS(图 6.5)有以下特点:

图 6.5　户内式安装的 GIS

a. 运行环境可通过空调除湿机进行控制，运行环境较好。

b. 需建造建筑物，费用较高。

c. 扩建间隔较户外式更复杂。

②户外式

户外式安装的 GIS(图 6.6)有以下特点：

a. 运行环境较为恶劣，需要附加防气候措施，以适应户外环境。

b. 相对户内式可为用户省去建造建筑物的费用，扩建间隔更为方便。

图 6.6　户外式安装的 GIS

(2)按设备结构分类

按照 GIS 结构一般可分为单相单筒式和三相共筒式两种形式。

三相共筒式壳体设计的优势如下：

①每个馈线需要的壳体数量少 1/3。

②在三相共筒式结构中，相对地电弧在几毫秒内因导体之间间隙气体被电离而发展成相-相故障，同时相对地电弧熄灭。这样壳体就不会被烧穿，同时罐体上基本无电磁感应电流流过，也几乎没有因涡流引起能量的损失。

③对于同一参数而言(电压水平、导体大小、相间距离和相-地距离)，三相共筒式中电场强度相比单相式减小约 30%，不易发生故障。同时，SF_6 气体密封面和结合面减少，仅为三相分相式的 1/3，大大减少了漏气概率。

④省去了断路器、隔离开关和接地开关的相间复杂的连杆和连接件，简化了操动系统。

但是三相共筒式壳体用于 252 kV 以下电压等级，而更高电压等级需用分相式结构。按照不同的电压等级，GIS 的分类如下：

①72.5,126,145 kV GIS：全三相共箱型，如图 6.7 所示。

②252 kV GIS：主母线三相共箱，其余分箱型，如图 6.8 所示。

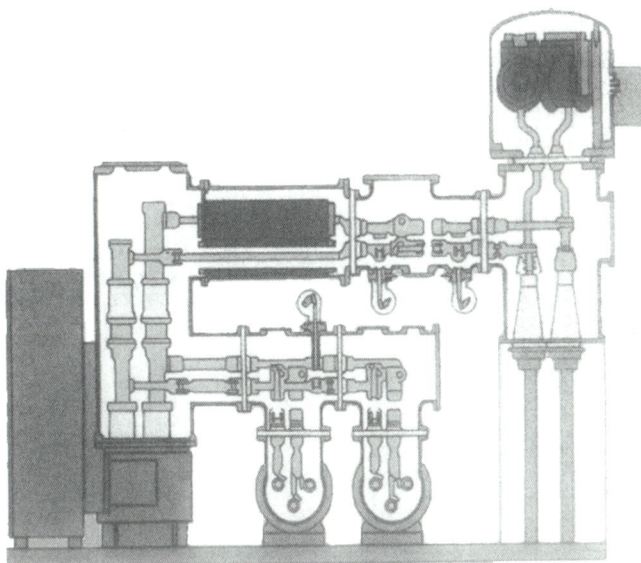

图6.7　全三相共箱型剖面

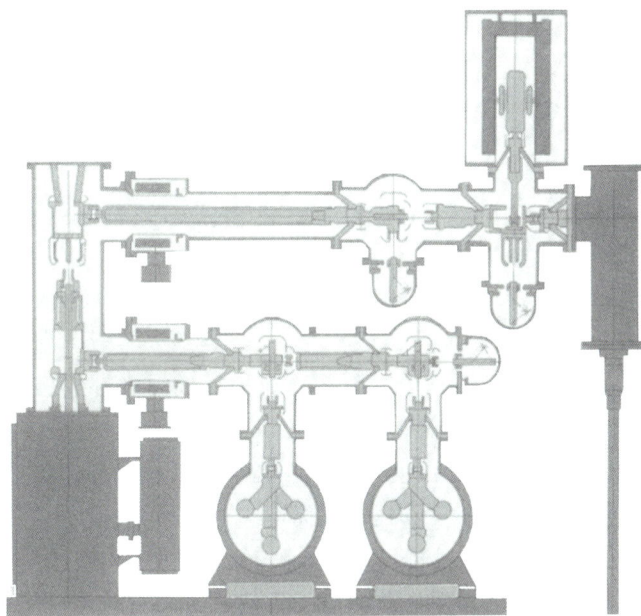

图6.8　主母线三相共箱,其余分箱型剖面

③550,800,1 100 kV GIS:全三相分箱型,如图6.9所示。

4)组合电器的基本结构

(1)基本结构

GIS 每一个间隔(GIS 配电装置也是将一个具有完整的供电、送电或具有其他功能的一组元器件称为一个间隔)根据其功能由若干元件组成。同时,GIS 的金属外壳往往分隔成若干个密封隔室,称为气隔(Ⅰ,Ⅱ,Ⅲ,Ⅳ),内充满 SF_6 气体,如图6.10所示。

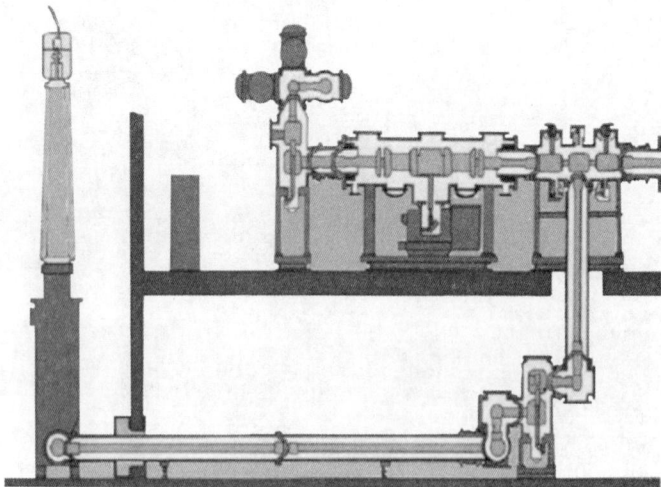

图 6.9 全三相分箱型剖面

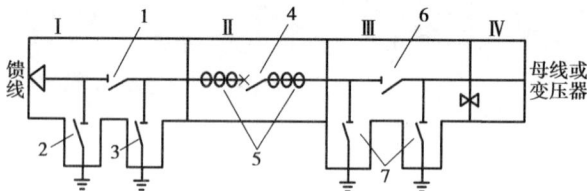

图 6.10 间隔的气隔划分图

1—隔离开关;2—慢速接地开关;3—快速接地开关;4—断路器;
5—电流互感器;6—隔离开关;7—快速接地开关;Ⅰ,Ⅱ,Ⅲ,Ⅳ—气隔

这样组合的结构,具备三大优点:其一,如需扩大配电装置或拆换其一气隔时,整个配电装置无须排气,其他间隔可继续保持 SF₆ 气压。其二,若发生 SF₆ 气体泄露,只有故障气隔受影响,而且泄露很容易查出,因为每一个气隔都有压力表或温度补偿压力开关。其三,如果某一气隔内部出现故障,不会涉及相邻气隔设备。GIS 外壳内以盘式绝缘子作为绝缘隔板与相邻气隔隔绝,在某些气隔内,盘式绝缘子装有通阀,即可沟通相邻隔室,又可隔离两个气隔。隔室的划分视其配电装置的布置和建筑物而定。

220 kV 的 GIS 间隔的总体组成如图 6.11 所示。

①断路器。断路器有单压式和双压式两种。目前广泛采用的是单压式断路器。单压式断路器结构简单,使用内部压力一般为 0.5～0.7 MPa,它的行程,特别是预压缩行程较大,分闸时间和金属短接时间均较长。为缩短分闸时间,应尽量加快操动机构的运行速度,加大操作功。

单压式断路器的断口可以垂直布置,也可以水平布置。水平布置的特点是两侧出线孔需支持在其他元件上,检修时,灭弧室由端盖方向抽出,没有起吊灭弧室的高度要求,但侧向则要求有一定的宽度。断口垂直布置的断路器,出线孔布置在两侧,操动机构一般作为断路器的支座,检修时灭弧室垂直向上吊出,配电室高度要求较高,但侧面距离一般比断面水平布置的断路器小。

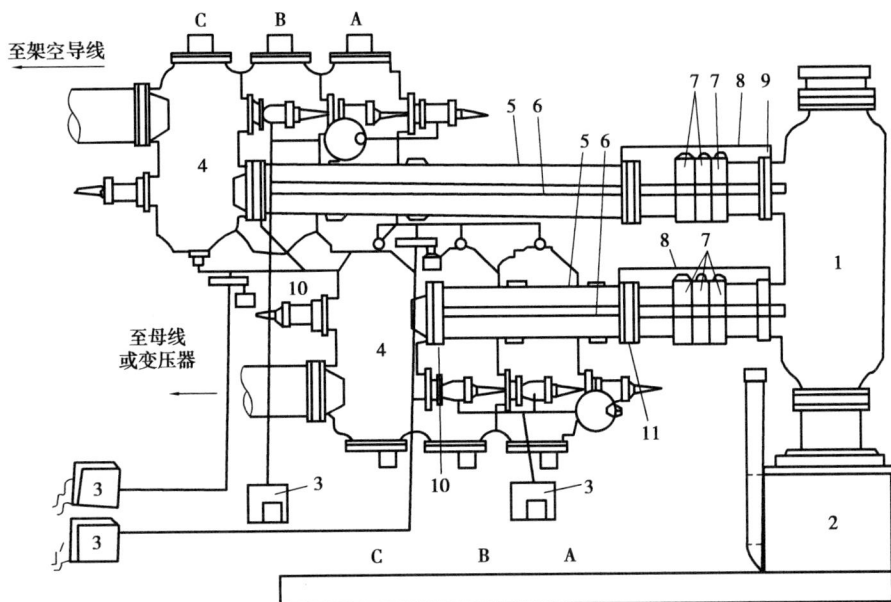

图 6.11　间隔的总体组成图(以 220 kV 的 GIS 为例)

1—断路器;2—断路器操作箱;3—隔离开关与接地开关操动机构;
4—隔离开关与接地开关;5—金属外壳;6—导电杆;7—电流互感器;
8—外壳短路线;9—外壳连接法兰;10—气隔分割处,盘式绝缘子;11—绝缘垫

②隔离开关与接地(快速)开关。GIS 隔离开关(见图 6.12)根据用途可分为 3 种形式:第一种是只切断主回路,使电气回路有一明显的断开点。第二种是接地隔离开关,将主回路通过这种接地开关直接接地,第一种和第二种隔离开关不能切断主电流,只能切断电感电流和电容电流。第三种是快速接地隔离开关,它能合上接地短路电流,这是因为当 GIS 设备内部发生接地短路时,在母线管里会产生强烈的电弧,它可以在很短的时间内将外壳烧穿,或者发生母线管爆炸。为了能及时切断电弧电源,人为地使电路直接接地,通过继电保护装置将断路器跳闸,从而切断故障电流,保护设备不致损坏过大。快速接地隔离开关通常都安装在进线侧。

在一般情况下,隔离开关和接地开关组合成一个元件,接地开关很少单独成一个元件。隔离开关在结构上可分为直动式和转动式两种。转动式可布置在 90°转角处和直线回路中,其动触头通过蜗轮传动,结构复杂,但检修方便。直动式只能布置在 90°转角处,其结构简单,检修方便,且分合速度容易达到较大值。接地开关一般为直动式结构。

③电流互感器。电流互感器用于电力系统的电流测量和系统保护,采用一次穿心式结构,如图 6.13 所示。

GIS 中的电流互感器可以单独组成一个元件或与套管、电缆头联合组成一个元件,单独的电流互感器放在一个直径较大的筒内(或者放在母线筒外面),并可根据需要选择不同的电流比。

图 6.12 GIS 隔离开关

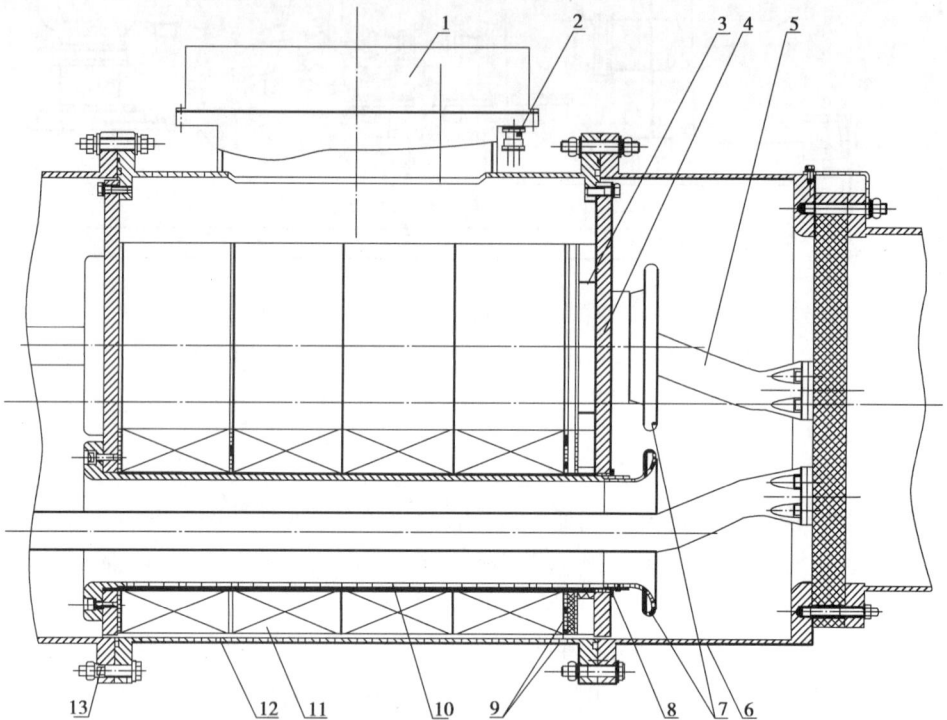

图 6.13 GIS 电流互感器

1—接线盒;2—管接头;3—圆筒;4—圆板;5—导电杆;6—壳体;7—屏蔽罩;
8—绝缘套;9—绝缘垫圈;10—屏蔽筒;11—线圈;12—壳体;13—圆板

④电压互感器。电压互感器用于电力系统的电压测量和系统保护。电压互感器有两种型号:一种是电磁式;另一种是电容式。两种都可竖放或横放,它们直接接在母线管上。电压互感器作为单独的一个气室,如图 6.14 所示。

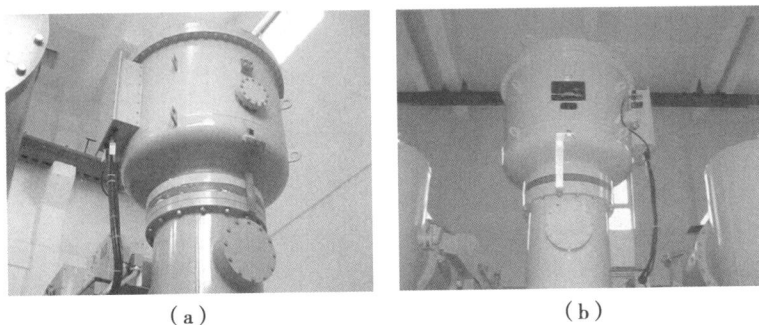

（a）　　　　　　　　　　（b）

图 6.14　GIS 电压互感器

220 kV 以下电压等级一般采用环氧浇注的电磁式电压互感器,550 kV 及以下电压等级普遍采用电容式电压互感器。

⑤母线。母线有三相母线和单相母线两种结构形式。三相母线封闭于一个筒内,导电杆采用条形(盆形)支撑固定,它的优点是外壳涡流损失小,相应载流量大。但三相布置在一个筒内,不仅电动力大而且存在三相短路的可能性。220 kV 以下三相母线因直径过大难以分割气隔,回收 SF_6 气体工作量很大,一般采用三相共筒。单相母线筒是每相母线封闭于一个筒内,它的主要优点是杜绝三相短路的可能,筒直径较同级电压的三相母线小,但存在占地面积较大、加工量大和温度损耗大等特点。

126 kV,252 kV 母线采用三相共箱式结构。母线导体连接采用表带触指,梅花触头。壳体材料采用钢筒及铸铝壳体低能耗材料,三相共箱式结构可避免磁滞和涡流循环引起的发热,并采用主母线落地布置结构,降低了开关设备高度,缩小了开关设备占地面积。在适当位置布置金属波纹管。

⑥避雷器。避雷器用于限制电力系统的过电压,实现过电压保护,如图 6.15 所示。GIS避雷器有两种:一种为带磁吹火花的碳化硅非线型电阻串联而成的避雷器;另一种为没有火花间隙的氧化锌避雷器。后者有较高的通流容量和吸收能力。目前,广泛采用氧化锌避雷器,氧化锌与磁吹避雷器相比,具有残压低,尺寸及质量小,具有稳定的保护性和良好的伏秒特性等优点。

⑦连接管。各种用途的连接管,如 90°、三通、四通、转角管、直线管、伸缩节等一般选择定型规格。

⑧过渡元件。SF_6 电缆头是 SF_6 全封闭组合电器和高压电缆出线的连接部分,为避免 SF_6气体进入油中,目前采用加强过渡处的密封或采用中油压电缆。

⑨SF_6 充气套管。SF_6 充气套管是 SF_6 全封闭组合电器和高压电缆出线的连接部分,套管内充入 SF_6 气体。SF_6 气体套管也是 SF_6 全封闭组合电器直接与油浸变压器的连接部分,为了防止组合电器上的环流扩大到变压器上以及防止变压器的振动传至全封闭组合电器上,在 SF_6 气油套管上有绝缘垫和伸缩节。

图 6.15　GIS 避雷器

（2）GIS 设备气室的布置原则

GIS 设备是全封闭的，根据各个元件不同的作用，将内部分成不同的若干个气室，如图 6.16 所示，其原则如下：

①因 SF_6 气体的压力不同，要分成若干个气室。断路器在开断电流时，要求电弧迅速熄灭，要求 SF_6 气体的压力要高，而隔离开关切断的只是电容电流，母线管里的压力要低点。例如，断路器室的 SF_6 气体压力为 700 kPa，而母线管里的 SF_6 气体压力为 540 kPa。

②因绝缘介质不同要分成若干气室。GIS 设备必须与架空线路、电缆、主变压器相连接，而不同元件所用的绝缘介质不同，例如，电缆终端的电缆头要用电缆油，与 GIS 连接的要 SF6 气体，要把电缆油与 SF_6 气体分隔开来，要分成多个气室。变压器套管也如此。

③GIS 设备检修时，要分成若干个气室。所有的元件都要与母线连接起来，母线管里充以 SF_6 气体。但当某一元件发生故障时，要将该元件的 SF_6 气体抽出来才能进行检修。若母线管里不分成若干气室，一旦某一元件故障，连接在母线管里的所有元件都要停电，扩大了故障的范围。必须将母线管中的不同性能的元件分成若干个气室，当某一元件故障时，只停下故障元件，并将其气室的 SF_6 气体抽出来。非故障元件正常运行。

5）组合电器的技术参数

（1）使用环境条件

安装条件：户内或户外。

环境温度：$-35 \sim 40$ ℃。

最大日温差：25 ℃。

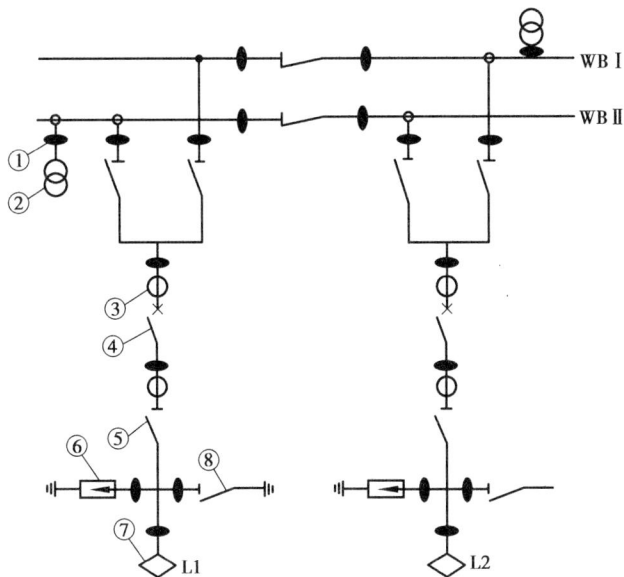

图 6.16　GIS 设备的气隔分布

1—盆形绝缘子；2—电压互感器；3—电流互感器；4—断路
器；5—隔离开关；6—避雷器；7—电缆头；8—接地隔离开关

相对湿度：日平均不大于 95%；月平均不大于 90%。

日照强度（户外）：0.1 W/cm²（晴天中午）。

最大风速：34 m/s。

覆冰厚度：20 mm。

抗震烈度：9 度。

污秽等级：Ⅰ，Ⅱ，Ⅲ，Ⅳ级。

海拔：1 000 m；2 000 m；3 000 m。

（2）主要技术参数（以 126 kV GIS 为例）

额定电压：72.5/126/145 kV。

额定电流：2 000/3 150/4 000 A（主母线）。

额定短时耐受电流：31.5/40 kA　4 S。

额定峰值耐受电流：80/100 kA。

额定雷电冲击耐受电压：550/650 kV。

额定 1 min 工频耐受电压：230/275 kV。

SF_6 气体额定压力（20 ℃）下：断路器 0.5 MPa；其他气室 0.4 MPa。

额定电流：在规定的正常使用和性能条件下，断路器主回路能够连续承载的电流有效值。

额定短时耐受电流：又称额定热稳定电流，是指在规定的使用和性能条件下，在确定的时间内，断路器合闸位置所能承载的电流有效值。

额定峰值耐受电流：又称额定动稳定电流，是指在规定的使用和性能条件下，断路器在合闸位置所能耐受的额定短时耐受电流第一个大半波的峰值电流。

（3）主要技术指标

在 1.1 倍最高电压下：晴天夜晚无可见电晕。

无线电干扰水平：在 1.1 倍最高电压下≤500 μV。

SF_6 气体年漏气率：≤0.5%。

SF_6 气体水分含量：断路器气室≤150 ppmv；其余气室≤250 ppmv。

机械寿命：不维修试验 5 000 次。

可靠性试验：10 000 次。

局部放电：≤5 pc（间隔）。

6.1.2　组合电器的运行维护知识

GIS 配电装置与常规配电装置在运行和维护方面有很大不同，常规配电装置运行维护中必须经常检查监视的重点，如检查导线部分的接触、发热、放电、电晕、断股、绝缘子闪络、击穿、漏电等，GIS 都不存在或无法观察、监视。

1）GIS 运行维护的重点

（1）GIS 中气体密度的监测

在 GIS 中，SF_6 的绝缘强度及灭弧能力均取决于 SF_6 气体的密度，若 SF_6 气体密度降低，则 GIS 的耐压强度降低，不能承受允许过电压，断路器的开断容量下降，达不到铭牌参数，大量的泄露气体会使水分进入 GIS 本体中，气体中的微水含量将大幅上升，从而导致耐压强度进一步下降和有害副产物的增加。

目前，国内外 GIS 的年漏气率一般定为小于 1%。运行中的 SF_6 的密度监测至关重要，常用的监测方法有以下两种：

①压力表监测。GIS 各气隔一般均装有压力表，在运行中可直观地监视气体压力的变化。法国阿尔斯通公司的 GIS 不装压力表，可减少漏气点，运行中定期检测气隔压力，平时压力是否异常，由密度继电器发信号。

②密度继电器监视。当气体泄漏时，先发出补气信号，如不及时对气隔进行补气，继续漏气，则进一步对断路器进行分闸闭锁，并发闭锁信号。

如果 GIS 设备发生年漏气率大于 1% 的情况，则说明 GIS 设备存在密封不良故障，需要对 GIS 进行检漏，主要的检漏方法有以下两种（SF_6 断路器也基本使用下述方法进行漏气点检查）：

①定性检漏。定性检漏只作为判断 GIS 泄漏率的相对程度，而不测量其具体泄漏率。定性检漏的方法有：

a. 空检漏。这种方法主要用于 GIS 安装或接替大修后配合抽真空干燥设备时进行。先将 GIS 抽真空至 132 MPa，维持 30 min，然后停泵，30 min 后读取真空度 A，再静置 5 h 读取真

空度 B，如果 $B-A<132$ MPa，初步认为密封性良好。

b. 用肥皂泡检漏。这是一种简单的定性检漏方法，能较准确地发现漏气点。

c. 检漏仪检漏。运行中 GIS 可直接用检漏仪对怀疑漏气的部位进行检漏。

②定量检漏。定量检漏就是测定 GIS 的泄漏率，以便采取相应措施。其方法有：

a. 挂瓶法检漏。用软胶管连接检漏孔和挂瓶，经一定时间后，测量瓶内气体的浓度，通过计算确定相对泄漏率。这种方法只适用于法兰面有双道密封槽的场合。

b. 扣罩法检漏。用塑料罩将 GIS 封罩在内，经一定时间后，测试罩内泄漏气体的浓度，通过计算确定相对泄漏率。扣罩前应吹净待测设备周围残留的 SF_6 气体，扣罩时间一般为 24 h，然后视设备大小，测试 2~6 点，求取罩内 SF_6 气体的平均浓度，以便计算。

c. 局部包扎法检漏。设备局部用塑料薄膜包扎，经一定时间后测量包扎腔内气体浓度，再通过计算确定相对泄漏率，一般在 24 h 后进行包扎腔内气体浓度的测量。

（2）微水含量检测

一般使用专用的电解湿度计，如贝克曼湿度计，使需分析的气体的一部分流过仪器测其含水量，用水与气体容积的百万分之一表示。气隔内允许的含水量的限度以 20 ℃时的数值表示，一般厂家均提供不同温度的含水量曲线，当测量的数值低于曲线所允许的含水量时，则认为合格。

GIS 的含水量在设备安装之后测得的数值一般很小，运行几个月之后复测，一般都有较大升高，半年以后趋于稳定，只要半年以后的含水量不超标，则 GIS 可稳定运行相当长时间，除非 GIS 发生大的泄漏和故障。

GIS 运行维护的项目还有油压机构（或气体压力机构有的 GIS 是用压缩空气来实现操作功的）的压力监视、漏油或渗油的监视检查、隔离开关和接地开关检查、互感器的检查、汇控柜以及操作电源和各种信号检查。总的来说，GIS 的运行维护比常规的配电装置要少得多，简单得多。

2）GIS 设备的巡视检查

用 SF_6 气体绝缘的设备可免除外界环境，如温度、湿度及大气污染等因素的影响，并能保持设备在良好的条件下运行。这是由于 SF_6 气体具备了优良的绝缘和灭弧性能。其触头和其他零部件的使用寿命更长，结构更简单，机械部分的协调性和可靠性更好。显然，SF6 气体绝缘设备较一般通用电气设备的各方面特性都优越得多。一般情况下，设备无须修理，并具有检修周期长的特点。GIS 巡视检查的目的是保护 SF_6 气体绝缘设备及其他附属设备的性能以及预防故障发生。

3）GIS 设备巡视分类及巡视内容

（1）例行巡视

例行巡视是指对站内设备及设施外观、异常声响、设备渗漏、监控系统、二次装置及辅助设施异常告警、消防安防系统完好性、变电站运行环境、缺陷和隐患跟踪检查等方面的常规性巡查。具体巡视项目按照现场运行通用规程和专用规程执行。

一类变电站每 2 d 不少于 1 次；二类变电站每 3 d 不少于 1 次；三类变电站每周不少于 1

次;四类变电站每两周不少于 1 次。

配置机器人巡检系统的变电站,机器人可巡视的设备可由机器人巡视代替人工例行巡视。

GIS 例行巡视内容见表 6.1。

表 6.1　SF_6 气体绝缘设备例行巡视检查项目及要求

序号	巡视部件	巡视内容
1	GIS 外观、铭牌	1. 设备出厂铭牌齐全、清晰 2. 运行编号标志、相序标志清晰。外壳无锈蚀、损坏,漆膜无局部颜色加深或烧焦、起皮现象 3. 外壳间导流排外观完好,金属表面无锈蚀,连接无松动
2	GIS 伸缩节	伸缩节外观完好,无破损、变形、锈蚀
3	GIS 盆式绝缘子	盆式绝缘子分类标示清楚,可有效分辨通盆和隔盆,外观无损伤、裂纹
4	套管、引线	1. 套管表面清洁,无开裂、放电痕迹及其他异常现象;金属法兰与瓷件胶装部位粘合应牢固,防水胶应完好 2. 增爬措施(伞裙、防污涂料)完好,伞裙应无塌陷变形,表面无击穿,粘接界面牢固;防污闪涂料涂层无剥离、破损 3. 均压环外观完好,无锈蚀、变形、破损、倾斜、脱落等现象 4. 引线无散股、断股;引线连接部位接触良好,无裂纹、发热变色、变形
5	GIS 设备基础、支架、接地	1. 设备基础应无下沉、倾斜,无破损、开裂 2. 接地连接无锈蚀、松动、开断,无油漆剥落,接地螺栓压接良好 3. 支架无锈蚀、松动或变形
6	GIS 设备本体运行状况	1. 对室内组合电器,进门前检查氧量仪和气体泄漏报警仪无异常 2. 运行中组合电器无异味,重点检查机构箱中有无线圈烧焦气味 3. 运行中组合电器无异常放电、振动声,内部及管路无异常声响
7	密度继电器、压力释放装置(防爆膜)	1. SF_6 气体压力表或密度继电器外观完好,编号标志清晰完整,二次电缆无脱落,无破损或渗漏油,防雨罩完好 2. 对不带温度补偿的 SF_6 气体压力表或密度继电器,应对照制造厂提供的温度 - 压力曲线,并与相同环境温度下的历史数据进行比较,分析是否存在异常 3. 压力释放装置(防爆膜)外观完好,无锈蚀变形,防护罩无异常,其释放出口无积水(冰)、无障碍物

续表

序号	巡视部件	巡视内容
8	开关类设备	1. 开关设备机构油位计和压力表指示正常,无明显漏气漏油 2. 断路器、隔离开关、接地开关等位置指示正确,清晰可见,机械指示与电气指示一致,符合现场运行方式 3. 断路器、油泵动作计数器指示值正常 4. 机构箱、汇控柜等的防护门密封良好,平整,无变形、锈蚀
9	其他设备	1. 带电显示装置指示正常,清晰可见 2. 各类配管及阀门应无损伤、变形、锈蚀,阀门开闭正确,管路法兰与支架完好 3. 避雷器的动作计数器指示值正常,泄漏电流指示值正常 4. 各部件的运行监控信号、灯光指示、运行信息显示等均应正常 5. 智能柜散热冷却装置运行正常;智能终端\合并单元信号指示正确与设备运行方式一致,无异常告警信息;相应间隔内各气室的运行及告警信息显示正确 6. 在线监测装置外观良好,电源指示灯正常,应保持良好运行状态 7. 组合电器室的门窗、照明设备应完好,房屋无渗漏水,室内通风良好 8. 本体及支架无异物,运行环境良好 9. 有缺陷的设备,检查缺陷、异常有无发展 10. 变电站现场运行专用规程中根据组合电器的结构特点补充检查的其他项目

（2）全面巡视

全面巡视是指在例行巡视项目基础上,对站内设备开启箱门检查,记录设备运行数据,检查设备污秽情况,检查防火、防小动物、防误闭锁等有无漏洞,检查接地引下线是否完好,检查变电站设备厂房等方面的详细巡查。全面巡视和例行巡视可一并进行。

一类变电站每周不少于 1 次;二类变电站每 15 d 不少于 1 次;三类变电站每月不少于 1 次;四类变电站每两月不少于 1 次。

需要解除防误闭锁装置才能进行巡视的,巡视周期由各运维单位根据变电站运行环境及设备情况在现场运行专用规程中明确。

全面巡视在例行巡视的基础上应增加的项目见表6.2。

（3）熄灯巡视

熄灯巡视是指夜间熄灯开展的巡视,重点检查设备有无电晕、放电,接头有无过热现象。熄灯巡视每月不少于 1 次。熄灯巡视内容主要有以下 3 个方面:

①设备无异常声响。

②引线连接部位、线夹无放电、发红迹象,无异常电晕。

③套管等部件无闪络、放电。

表6.2　SF$_6$气体绝缘设备全面巡视检查项目及要求

序号	巡视部件	巡视内容
1	机构箱	机构箱的全面巡视检查项目参考本通则断路器部分相关内容
2	汇控柜及二次回路	1.箱门应开启灵活,关闭严密,密封条良好;箱内无水迹;箱体接地良好 2.箱体透气口滤网完好、无破损 3.箱内无遗留工具等异物 4.接触器、继电器、辅助开关、限位开关、空气开关、切换开关等二次元件接触良好、位置正确,电阻、电容等元件无损坏,中文名称标志正确齐全 5.二次接线压接良好,无过热、变色、松动,接线端子无锈蚀,电缆备用芯绝缘护套完好 6.二次电缆绝缘层无变色、老化或损坏,电缆标牌齐全。电缆孔洞封堵严密牢固,无漏光、漏风、裂缝和脱漏现象,表面光洁平整 7.汇控柜保温措施完好,温湿度控制器及加热器回路运行正常,无凝露,加热器位置应远离二次电缆 8.照明装置正常 9.指示灯、字牌指示正常 10.光纤完好,端子清洁,无灰尘 11.压板投退正确
3	防误闭锁装置	防误闭锁装置完好
4	避雷器	记录避雷器动作次数、泄漏电流指示值

（4）特殊巡视

特殊巡视是指因设备运行环境、方式变化而开展的巡视。遇有以下情况,应进行特殊巡视:

①大风后。

②雷雨后。

③冰雪、冰雹后,雾霾过程中。

④新设备投入运行后。

⑤设备经过检修、改造或长期停运后重新投入系统运行后。

⑥设备缺陷有发展时。

⑦设备发生过负载或负载剧增、超温、发热、系统冲击、跳闸等异常情况。

⑧法定节假日、上级通知有重要保供电任务时。

⑨电网供电可靠性下降或存在发生较大电网事故（事件）风险时段。

特殊巡视检查项目与要求见表6.3。

表 6.3　SF$_6$气体绝缘设备特殊巡视检查项目及要求

序号	巡视名称	巡视内容
1	新设备投入运行后巡视项目与要求	新设备或大修后投入运行 72 h 内应开展不少于 3 次特殊巡视,重点检查设备有无异声、压力变化、红外检测罐体及引线接头等有无异常发热
2	异常天气时的巡视项目和要求	1. 严寒季节时,检查设备 SF$_6$气体压力有无过低,管道有无冻裂,加热保温装置是否正确投入 2. 气温骤变时,检查加热器投运情况,压力表计变化、液压机构设备有无渗漏油等情况;检查本体有无异常位移、伸缩节有无异常 3. 大风、雷雨、冰雹天气过后,检查导引线位移、金具固定情况及有无断股迹象,设备上有无杂物,套管有无放电痕迹及破裂现象 4. 浓雾、重度雾霾、毛毛雨天气时,检查套管有无表面闪络和放电,各接头部位在小雨中出现水蒸气上升现象时,应进行红外测温 5. 冰雪天气时,检查设备积雪、覆冰厚度情况,及时清除外绝缘上形成的冰柱 6. 高温天气时,增加巡视次数,监视设备温度,检查引线接头有无过热现象,设备有无异常声音
3	故障跳闸后的巡视	1. 检查现场一次设备(特别是保护范围内设备)外观,导引线有无断股等情况 2. 检查保护装置的动作情况 3. 检查断路器运行状态(位置、压力、油位) 4. 检查各气室压力

6.1.3　组合电器的检修知识

1)GIS 设备定期检查和检修

GIS 设备定期检查和检修的项目和周期见表 6.4。

表 6.4　GIS 设备定期检查和检修项目及周期

序号	定期检查项目	投入 3~6 个月后	3 年 1 次	10 年 1 次
1	SF$_6$含水量	√		
2	SF$_6$气压	√	√	
3	加热系统	√	√	
4	油压机构密封情况	√	√	
5	断路器紧固情况	√		√

续表

序号	定期检查项目	投入 3~6 个月后	3 年 1 次	10 年 1 次
6	液压操作机构的油位		√	
7	汇控柜和端子箱门上的密封圈		√	
8	SF_6 温度补偿压力开关		√	
9	蓄压筒预充压力	√	√	
10	油压信号传感器			√
11	断路器运行情况			√
12	隔离开关和接地开关运行检查			√
13	指示装置	√	√	
14	低压端子紧固情况			
15	操作机构、继电器安置等			
16	清洁排风系统		√	
17	换油压回路的过滤芯		√	
18	换油压机构的油			√
19	润滑隔离开关接地开关的直角传动杆			√
20	清洁出线套管		√	

对每年合、分闸 1 000 次以上的断路器,需每年检查 1 次。在有污染的环境中,清洗工作的次数需更频繁。

当 GIS 断路器累计分和 3 000~4 000 次或累计开断电流 4 MA 以上时,检查 1 次其动静耐弧触头,一般需运行 20 年以上时才会达到上述的数字。

当 GIS 隔离开关和接地开关分、合闸 3 000 次以上时,应检查其磨损情况。而 GIS 的第一次解体大修一般需要在运行 20 年后进行或在 GIS 事故进行,目前通常是委托制造厂进行。

2)GIS 的试验项目

由于组合电器设备为成套装置,均放置在密封的壳体内,因此各类试验是保障 GIS 设备稳定运行的关键手段。GIS 的试验项目见表 6.5。

表 6.5　GIS 设备试验项目

序号	试验类型	试验要求	试验项目
1	型式试验	型式试验是制造厂在试制新产品时,对该产品的各项技术条件进行的试验。其试验标准按有关的规程执行	1. 绝缘试验 2. 主回路电阻测量和各部分温升试验 3. 主回路及接地回路的动稳定和热稳定试验 4. 高压断路器的开断和关合能力试验 5. 高压开关的机械试验 6. 闭锁辅助回路和防护等级的试验 7. 外壳强度试验 8. 抗震试验 9. 压力释放试验 10. 无线电干扰试验 11. 外壳内部故障电弧灼烧试验 12. 固体绝缘材料的试验 13. 各类绝缘子的试验 14. 极限温度下的操作试验 15. 密封性试验 16. 防雨试验 17. 噪声试验
2	出厂试验	GIS 设备在制造厂完成之后,应进行检验产品的质量试验	1. 主回路工频耐压试验 2. 辅助回路、控制回路的绝缘试验 3. 主回路电阻测量 4. 局部放电测量 5. 外壳压力试验 6. 密封性试验 7. SF$_6$气体含水量测量 8. 机械操作试验 9. 电动、气动、液动的辅助装置试验 10. 二次接线检查
3	现场试验	GIS 设备安装完毕后,在施工现场做试验,其目的是检验在安装过程中是否符合国家规定的安装规程,作为 GIS 设备最后一次检验,其项目不必全试,只选择主要的项目	1. 主回路的绝缘试验 2. 辅助回路的绝缘试验 3. 主回路电阻测量 4. 密封试验 5. SF$_6$气体含水量的检测 6. 局部放电和无线电干扰试验 7. 互感器的变化测量 8. GIS 设备的高压耐压试验 9. 元件试验(必要时) 10. 竣工试运转试验

咨讯学习成果检测

任务 6 咨讯检测答案

一、填空题

1. GIS 组合电器内元件有：_____、_____ 和 _____ 结构。

2. GIS 在交接验收时以及进行 A/B 类检修后必须进行 _____ 测试,并保证机械行程特性曲线在规定的范围内。

3. 架空进线的 GIS 线路避雷器和线路电压互感器宜采用 _____ 结构。

4. 组合电器按照安装地点可以分为 _____ 和 _____。

5. GIS 设备 D 类检修一般指不需要停电进行的正常维护、_____ 和 _____ 工作。

6. 同一变压器三侧的成套 SF$_6$ 组合电器(GIS\PASS\HGIS) _____ 和 _____ 之间应有机械联锁。

7. _____ 在装入 GIS 罐体时应保证干燥彻底。

8. 紧凑型组合电器(HGIS)设备将 _____ 等设备融为一体。

9. 隔断盆式绝缘子标示 _____ 色,导通盆式绝缘子标示为 _____ 色。

10. GIS 设备的 _____、_____ 等相互电气联接宜用紧固联接,以保证电气上连通。

二、难点辨析

盆式绝缘子起什么作用?

6.2 决策与计划

6.2.1 组合电器例行检修关键质量点

1) 安全注意事项

① 二次回路工作,断开相关的电源并确认无电压。

② 接取低压电源时,检查漏电保护器动作可靠,正确使用万用表。

③ 操动机构传动部件检修时,应充分释放能量。

④ 承压部件承受压力时不得对其进行修理与紧固。

⑤ 开关设备检修前,切换开关应在就地位置。

2) 关键工艺质量控制

① 外绝缘清洁、无破损,胶合面防水胶完好,必要时重新涂覆。

② 均压环无锈蚀、变形及裂纹等异常,安装牢固、平整。

③各气室 SF_6 气体密度正常,符合产品技术规定,各气室密度继电器动作值符合产品技术规定。

④轴、销、锁扣和机械传动部件正常,无变形、损坏。

⑤操动机构外观良好,螺栓紧固,无渗漏;机构内部无渗水、凝露现象。

⑥断路器,隔离开关,接地开关分、合闸指示位置正确,分、合闸指示器指针角度符合厂家技术要求。

⑦避雷器放电计数器(泄漏电流监视器)指示正确。

⑧二次接线无松动,分、合闸线圈电阻检测应符合产品技术规定。

⑨储能电动机工作电流及储能时间检测,检测结果应符合产品技术规定。储能电动机应能在 85% ~110% 的额定电压下可靠工作。

⑩辅助回路和控制回路电缆、接地线外观完好;电缆的绝缘电阻合格。

⑪防跳跃装置符合产品技术规定。

⑫联锁和闭锁装置功能正常,符合产品技术规定。

⑬并联合闸脱扣器在合闸装置额定电源电压的 85% ~110% 范围内,应可靠动作;并联分闸脱扣器在分闸装置额定电源电压的 65% ~110% (直流)或 85% ~110% (交流)范围内,应可靠动作;当电源电压低于额定电压的 30% 时,脱扣器不应脱扣。

⑭对液(气)压操动机构,还应进行下列各项检查,结果均应符合产品技术规定要求:

a. 机构压力表、机构操作压力(气压、液压)整定值。

b. 分闸、合闸及重合闸操作时的压力(气压、液压)下降值。

c. 分闸和合闸位置分别进行液(气)压操动机构的泄漏试验。

d. 液压机构及气动机构,进行防失压慢分试验和非全相合闸试验。

6.2.2　现场查勘

现场查勘的内容如下:

①确定待检修设备的安装地点,查勘工作现场周围相邻带电设备与工作区域的距离是否满足"安规"要求。

②核对待检修组合电器台账和技术参数。

③核查检修设备评价结果、上次检修试验记录、运行状况及存在的缺陷。

④查勘工器具、设备进入工作区域的通道是否通畅,确定作业工器具的需求,明确工器具、备件及材料的现场摆放位置。

⑤明确作业流程,分析检修、施工时存在的安全风险,制订安全预控措施。

6.2.3 危险点分析与控制

参照 GB 26860—2011《电力安全工作规程发电厂和变电站电气部分》、Q/GDW 1799.1—2013《国家电网公司电力安全工作规程(变电部分)》及相关规定,根据工作内容和现场勘察结果,对组合电器本体部分检修作业的风险进行评价分析,制订相应的预控措施,见表 6.6。

组合电器本体部分检修作业风险辨识与预控措施

表 6.6 组合电器作业风险辨识及预控措施

序号	风险辨识 类别	风险辨识 项目	预控措施
1	低压触电	接取临时电源	
2	高压触电	误入、误登、误碰带电设备	
3	SF_6 气体及其分解物	中毒	
4	高空坠落	高处作业	
5	机械伤害	使用工器具或在设备机构或传动部件上工作	
6	落物伤害	起重或交叉作业	
7	感应触电	在可能产生感应电的设备上作业	
8	试验触电	高压试验	
确认(签名):			

6.2.4 确定安全技术措施

1)一般安全注意事项

①正确着装,穿好工作服、工作鞋,需穿防滑性能良好的软底鞋,正确佩戴安全帽和劳保手套,高空作业要正确使用安全带。

②按规定办理工作票,工作负责人与班组人员检查现场安全措施,履行工作许可手续。

③开工前,工作负责人组织全体施工人员宣读工作票,交代作业任务(工作内容、人员分工)、交代现场安全措施及带电部位、交代风险辨识及控制措施。

④按标准作业,规范施工。施工过程中相互监督,保证施工安全。

2)技术措施

①拆除接线时,做好记录,按记录恢复接线。

②工器具摆放整齐有序。

③检修后按规定项目进程测试,各部件应符合质量要求。

6.2.5　确定检修内容、时间和进度

根据现场查勘报告,编制标准化作业流程见表6.7。

表6.7　标准化作业流程表

工作任务	组合电器常规性检查维护	
工作日期	年　月　日至　年　月　日	工　期:
工作内容	工作安排	时间(学时)
制订检修计划、作业方案		
优化作业方案,编制标准化作业卡		
准备工器具、材料,办理开工手续		
组合电器例行检查试验		
清理工作现场,验收,办理工作终结		
小组自评互评,教师总结点评		
确认(签名):	工作负责人: 小组成员:	

6.2.6　工器具和材料准备

1)工器具、仪器仪表(见表6.8)

表6.8　组合电器检修所需工器具及仪器、仪表

序号	名称	规格型号	单位	数量	确认(√)	责任人
1	工作平台		组	1		
2	人字梯		副	1		
3	单梯		副	2		
4	手锤		把	1		
5	活动扳手		把	3		
6	梅花扳手		套	1		
7	套筒扳手		套	1		
8	板尺	50 cm	把	1		

续表

序号	名称	规格型号	单位	数量	确认(√)	责任人
9	卷尺	5 m	把	1		
10	油枪		把	1		
11	钢丝钳	6 in	把	1		
12	万用表		块	2		
13	绳索	$\phi10$ mm,20 m	根	2		
14	电源盘		台	1		
15	回路电阻测试仪		台	1		
16	超声波探测仪		台	1		
17	作业车		台	1		

2)耗材(见表6.9)

表6.9　组合电器本体检修所需耗材

序号	名称	规格型号	单位	数量	备注
1	清洗剂		kg	10	
2	低温润滑脂	2 号	瓶	2	
3	凡士林		瓶	1	
4	砂布	0 号	张	10	
5	抹布		kg	1.5	
6	锯条		根	3	
7	钢丝刷		把	3	
8	毛刷	40 mm	把	3	
9	不锈钢螺栓	M6 × 10 mm	套	25	304 钢
10	不锈钢螺栓	M8 × 25 mm	套	25	304 钢
11	镀锌螺栓	M10 × 40 mm	套	40	热镀锌

续表

序号	名称	规格型号	单位	数量	备注
12	镀锌螺栓	M12×50 mm	套	25	热镀锌
13	开口销	$\phi2、\phi4、\phi5$	个	各12	
14	导电膏		支	6	
15	铁线	10号	kg	3	
16	螺栓松动剂		瓶	1	
17	油漆	黄、绿、红、黑、白、铝粉、银灰	kg	各1	
18	防水胶		支	3	
19	二硫化钼		瓶	1	

6.3　实　施

6.3.1　布置安全措施,办理开工手续

按以下步骤布置安全措施,办理开工手续,并填写表6.10、表6.11、表6.12。

①断开回路的断路器,检查确认断路器在分闸位置,断路器就地操作把手已经悬挂"禁止合闸,有人工作"标识牌。

②检查断路器操动机构、信号、合闸电源已切断。

③确认检修间隔线路侧隔离开关已挂地线。

④确认检查间隔四周与相邻带电设备间装设围栏,并向内侧悬挂"止步,高压危险"表示牌。

⑤列队宣读工作票,交代作业任务(工作内容、人员分工)、交代现场安全措施及带电部位、交代风险辨识及控制措施。

⑥准备好检修所需的工器具、材料、备品备件,检查工器具、材料齐全、合格,摆放位置符合规定。

表 6.10 设备停电操作

序号	工作内容	执行人（签名）
1	拉开 524 断路器	
2	检查 524 断路器在分位	
3	拉开 5243 隔离开关	
4	拉开 5241 隔离开关	
5	检查 5243、5242、5241 隔离开关在分位	

表 6.11 布置安全措施

序号	工作内容	执行人（签名）	确认人（签名）
1	在 5241 隔离开关与 524 断路器之间装设一组地线		
2	在 5243 隔离开关线路侧装设一组地线。		
3	在 524 断路器就地操作把手悬挂"禁止合闸，有人工作"标识牌。		
4	在 5242 隔离开关操作把手悬挂"禁止合闸，有人工作"标识牌。		
5	在 5241 隔离开关操作把手悬挂"禁止合闸，有人工作"标识牌。		
6	在 5241 隔离开关机构相处悬挂"在此工作"标识牌。		
7	在 524 间隔与相邻带电设备间装设围栏，向内侧悬挂适量"止步，高压危险"标识牌。围栏设置唯一出口，在出口处悬挂"从此进出"标识牌。		
8	在 524 断路器端子箱、机构箱断开控制电源和储能电源快分开关。		
9	在 5243 机构箱断开控制电源和电机电源快分开关。		
10	在 524 断路器保护屏及测控屏悬挂"在此工作"标识牌，并在相邻运行设备上挂"运行设备"红布帘。		

表 6.12　办理开工手续

序号	工作内容	执行人（签名）	确认人（签名）
1	列队宣读工作票,交代工作内容、安全措施和注意事项		
2	检查工器具应齐全、合格,摆放位置符合规定		
3	工作时,检修人员与 110 kV 带电设备的安全距离不得小于 1.5 m		

6.3.2　组合电器检修

按以下步骤及要求进行组合电器检修,并填写表 6.13、表 6.14。

1)检修前检查

（1）组合电器外观检查

①外壳、支架等无锈蚀、松动、损坏,外壳漆膜无局部颜色加深或烧焦、起皮。

②外观清洁,标志清晰、完善。

③压力释放装置无异常,其释放出口无障碍物。

④接地端子无过热,接触完好。

⑤各类管道及阀门无损伤、锈蚀,阀门的开闭位置正确,管道的绝缘法兰与绝缘支架良好。

⑥盆式绝缘子外观良好,无龟裂、起皮,颜色标示正确。

⑦二次电缆护管无破损、锈蚀,内部无积水。

（2）断路器单元巡视

①SF_6 气体密度值正常,无泄漏。

②无异常声响或气味,防松螺母无松动。

③分、合闸到位,指示正确。

④对三相机械联动断路器检查相间连杆与拐臂所处位置无异常,连杆接头和连板无裂纹、锈蚀;对分相操作断路器检查各相连杆与拐臂相对位置一致。

⑤拐臂箱无裂纹。

⑥机构内金属部分及二次元器件无腐蚀。

⑦机构箱密封良好,无进水受潮、无凝露,加热驱潮装置功能正常。

⑧对液压、气动机构,分析后台打压频度及打压时长记录,无异常。

⑨对液压机构,机构内管道、阀门无渗漏油,液压压力指示正常,各功能微动开关触点与

行程杆间隙调整无逻辑错误,液压油油位、油色正常。

⑩对气动机构,气压压力指示正常,空压机油无乳化。

⑪对弹簧机构,分、合闸脱扣器和动铁芯无锈蚀,机芯固定螺栓无松动,齿轮无破损,咬合深度不少于1/3,挡圈无脱落,轴销无开裂、变形、锈蚀。

⑫加热装置功能正常,按要求投入。

⑬分、合闸缓冲器完好,无渗漏油等情况发生。

⑭检查储能电机无异常。

（3）隔离开关单元巡视

①SF_6气体密度值正常,无泄漏。

②无异常声响或气味。

③分、合闸到位,指示正确。

④传动连杆无变形、锈蚀,连接螺栓紧固。

⑤卡、销、螺栓等附件齐全,无锈蚀、变形、缺损。

⑥机构箱密封良好。

⑦机械限位螺钉无变位,无松动,符合厂家标准要求。

（4）接地开关单元巡视

①SF_6气体密度值正常,无泄漏。

②无异常声响或气味。

③分、合闸到位,指示正确。

④传动连杆无变形、锈蚀,连接螺栓紧固。

⑤卡、销、螺栓等附件齐全,无锈蚀、变形、缺损。

⑥机构箱密封情况良好。

⑦接地连接良好。

⑧机械限位螺钉无变位,无松动,符合厂家标准要求。

（5）电流互感器单元巡视

①SF_6气体密度值正常,无泄漏。

②无异常声响或气味。

③二次电缆接头盒密封良好。

（6）电压互感器单元巡视

①SF_6气体密度值正常,无泄漏。

②无异常声响或气味。

③二次电缆接头盒密封良好。

（7）避雷器单元巡视

①SF_6气体密度值正常,无泄漏。

②无异常声响或气味。

③放电计数器(在线监测装置)无锈蚀、破损,密封良好,内部无积水,固定螺栓(计数器

接地端)紧固,无松动、锈蚀。

④泄漏电流不超过规定值的10%,三相泄漏电流无明显差异。

⑤计数器(在线监测装置)二次电缆封堵可靠,无破损,电缆保护管固定可靠、无锈蚀、开裂。

⑥避雷器与放电计数器(在线监测装置)连接线连接良好,截面积满足要求。

(8)母线单元巡视

①SF_6气体密度值正常,无泄漏。

②无异常声响或气味。

③波纹管外观无损伤、变形等异常情况。

④波纹管螺柱紧固符合厂家技术要求。

⑤波纹管波纹尺寸符合厂家技术要求。

⑥波纹管伸缩长度裕量符合厂家技术要求。

⑦波纹管焊接处完好、无锈蚀。固定支撑检查无变形和裂纹,滑动支撑位移在合格范围内。

(9)进出线套管、电缆终端单元巡视

①SF_6气体密度值正常,无泄漏。

②无异常声响或气味。

③高压引线连接正常,设备线夹无裂纹、无过热。

④外绝缘无异常放电、无闪络痕迹。

⑤外绝缘无破损或裂纹,无异物附着,辅助伞裙无脱胶、破损。

⑥均压环无变形、倾斜、破损、锈蚀。

⑦充油部分无渗漏油。

⑧电缆终端与组合电器连接牢固,螺栓无松动。

⑨电缆终端屏蔽线连接良好。

(10)汇控柜巡视

①汇控柜外壳接地良好,柜内封堵良好。

②汇控柜密封良好,无进水受潮、无凝露,加热驱潮装置功能正常。

③汇控柜内干净整洁,无变形和锈蚀。

④钢化玻璃无裂纹、损伤。

⑤柜内二次元件安装牢固,元件无锈蚀,无烧伤过热痕迹。

⑥柜内二次线缆排列整齐美观,接线牢固无松动,备用线芯端部进行绝缘包封。

⑦智能终端装置运行正常,装置的闭锁告警功能和自诊断功能正常。

⑧空调运行正常,温度满足智能装置运行要求。

⑨断路器、隔离开关及接地开关位置指示正确,无异常信号。

⑩带电显示器安装牢固,指示正确。

2)组合电器检修

作业项目、方法及标准(见表6.13)

表6.13 组合电器检修作业项目、方法及标准

序号	作业项目	作业步骤	工作内容及方法	工艺质量要求	细分风险种类
1	作业准备	准备技术资料	负责人组织查阅历年检修报告和预试报告;了解该GIS设备现存的缺陷和异常情况;熟悉GIS设备运行缺陷	所有资料均完整,能满足工作人员了解当前设备真实状态的需要	
		办理许可手续	由工作负责人通过工作许可人办理工作票许可手续	办理变电站工作票,需提前一天提交至变电站,核对现场安全措施	
		准备物品	按照表1、表2要求做好相关工器具及材料准备工作	1. 工器具、仪器需有能证明合格有效的标签或试验报告; 2. 工器具、仪器、材料应进行检查,确认其状态良好	夹伤人身打击
		布置安全措施	工作负责人与工作许可人一起核实确认安全措施完全可靠,满足工作要求;注明双方需交代清楚的事项	认真履行工作许可手续,严格执行有关规章制度	人身触电
		召开班前会	召开班前会,检查员工的穿着及精神状态;宣读工作票,并交代安全措施及危险点;进行工作分工	安全帽、工作服、工作鞋参数规格应满足任务需要,如有时效要求,则应在有效期范围内; 安全措施、危险点交代内容必须完整,并确认其已被所有作业人员充分理解; 分工明确到位,职责清晰	
2	工作中部分	准备工作电源	工作电源接试验电源盘,接前要测量电源电压是否合格。用于接线的常用螺丝刀必须用绝缘胶布包好,防止人员接线时触电	接头紧固,插座完好无破损,接触良好	触电、设备烧损
		释放弹簧能量(若为弹操机构断路器)	将断路器开关手动合、分各一次,并确认开关在分闸未储能状态,而无法继续分、合闸操作,方可对机构进行检修	开关储能电源空开处于断开位置	夹伤

序号	作业项目	作业步骤	工作内容及方法	工艺质量要求	细分风险种类
2	工作中部分	进行消缺工作(有缺陷时进行)	根据缺陷情况,检查并确定缺陷部件	断路器处于分闸未储能状态	夹伤
			拆除故障部件把有故障的部件(或电气部件)拆下,拆除部件之前必须做好标记	标记清晰	无
			故障部件检修;把拆下的部件进行维修,确定不能维修的须更换,用万用表、绝缘摇表等仪器检查取下的电气部件是否确实损	拆前做好标记	设备损坏
			故障部件装复;把修好或系统部件装复,或装复检查合格的新电气部件并接回电气连接导线		设备损坏
			检查部件安装是否正确;检查装复的系统部件安装及机械连接是否正确,或装复的电气部件动作是否畅顺,尺寸是否合格	按标示恢复,由第二人进行检查	无
			检查故障排除情况;合上电机电源,给机构储能完毕。手动、电动分、合开关一次,确认开关正常动作后再次将弹簧压力释放		无
		机构内部检查	控制面板各元器件完整无损坏、无锈蚀,操作指示正常	二次接线、端子排及电气元件整洁、无松动	夹伤
			检查端子箱、机构箱应无进水、受潮现象,加热器工作正常,恒温器工作启动温度为10 ℃	密封、无进水痕迹、表面清洁无腐蚀	设备损坏
			机构联锁正确可靠	正确可靠	设备损坏
			二次回路接线是否正确,电气插件无松动、压皮现象;机构内各部分紧固螺丝尤其是分、合闸半轴挡板的固定螺丝有无松动	二次接线、端子排及电气元件整洁、无松动	设备性能下降
			各动作部分清洁、润滑,动作无卡涩	清洁、润滑,动作无卡涩	设备性能下降
			装置检查衔铁和辅助掣子之间的间隙;金属部件无裂纹、缺损	间隙≥1 mm;金属部件无裂纹、缺损	设备损坏

续表

序号	作业项目	作业步骤	工作内容及方法	工艺质量要求	细分风险种类
2	工作中部分	机构内部检查	电机及驱动装置储能时间不大于 20 s；测量电机回路电阻	绝缘电阻≥2 MΩ	
			主传动轴检查	无扭曲，闭锁杆位置正确	触电
			合、分闸拐臂	无裂纹、缺损	夹伤
			带辅助接点的限位开关接点通断灵活，动作位置与开关位置相对应	检查切换到位	夹伤
			检查缓冲器检查	应无漏油痕迹	触电
			用万用表测量分、合闸线圈的直流电阻值是否合格，并记录数据	线圈电阻值误差≤±5%线圈标准电阻值	夹伤
		断路器分、合闸指示器检查	故障跳闸和正常操作后，检查传动连杆完好，无锈迹；分、合闸指示标签清晰，指示器位置应正确，相关连接螺栓无松动	辅助开关节点灵活，无卡涩	触电、夹伤
		动作特性试验	检查机构箱内转换断路器切换是否正常，按照断路器的电气原理图，用万用表测量辅助开关接点、远近控切换开关	传动连杆完好，无锈迹；分、合闸指示标签清晰，指示器位置应正确，相关连接螺栓无松动	
			查看断路器分闸时间、分闸周期、断口间周期、分闸反弹等数据是否符合规程和说明书规定	断路器分闸应能在其额定电源电压的65%～110%范围内可靠动作。直流操作电源低至额定电压30%或更低时不应分闸。合闸：在额定电源电压的80%～110%范围内应能可靠	触电
			用外置的直流电源或特性测试仪按照电气原理图测量断路器分、合闸回路的低电压动作特性。85%～110%的额定操作电压（液压机构按产品规定的最低及最高压力值）进行合闸操作，开关应可靠合闸。65%的额定操作电压（液压机构按产品规定的最低压力值）进行分闸操作，开关应可靠分闸。30%的额定操作电压进行分闸操作，开关不应分闸。线圈最低动作电压时应点动试验，线圈两侧长时间加压，可能会对线圈造成潜在性伤害。若有两套分闸线圈，都须试验合格	断路器分闸应能在其额定电源电压的65%～110%范围内可靠动作。直流操作电源低至额定电压30%或更低时不应分闸。合闸：在额定电源电压的80%～110%范围内应能可靠	触电

续表

序号	作业项目	作业步骤	工作内容及方法	工艺质量要求	细分风险种类
2	工作中部分	动作特性试验	模拟永久性故障传动试验（O-0.3S-CO-180S-CO）	能正确动作，信号显示正常	夹伤
			主变侧、母联开关需做分、合闸时间，同期性测试	时间数据符合国家标准或厂家技术规范	
			GIS中的联锁和闭锁性能试验	具备条件时，检查GIS的电动、气动联锁和闭锁性能，以防止拒动或失效	动作应准确可靠
		开关检查	投入电机储能电源，查看储能是否正常	现场清洁，无检修垃圾	
			手动分合开关正常后，通知运行人员投入控制电源，进行远方电动分合开关操作，检查远方操作是否正常		
			工作负责人全面检查，确认设备合格且无遗留物，确认储能电源投入，远方/就地把手在远方位置后，关好（装回）机构外壳盖（门）		

3) 修后总结

填写如表6.14所示的检修、维护作业过程记录，对检修维护工作进行总结。

表6.14 组合电器检修流程及质量要求

序号	检修内容	质量要求	检修记录	执行人（签名）	确认人（签名）
1.修前检测					
2.检修					
3.					
4.					
5.					
6.					
7.					

表6.15　组合电器(GIS)设备(配弹簧机构)检修、维护作业过程记录表

表单名称	组合电器(GIS)设备(配弹簧机构)检修、维护作业过程记录表	表单编号		
变电站		运行编号		
设备型号		出厂序号		
生产厂家		出厂日期		
工作时间		工作负责人		
工作人员		上次维护数据		
序号	作业项目及步骤	执行情况	风险	控制措施
1	作业的准备			
1.1	准备技术资料			
1.2	准备物品			
1.3	办理许可手续			
1.4	布置安全措施			
1.5	召开班前会			
2	作业的实施			
2.1	断路器模块检查			
2.1.1	目测断路器模块外观可见信号齐全			
2.1.2	断路器模块的除锈清洁、防腐			
2.1.3	目测检查操动机构外观各部件是否变形			
2.1.4	对断路器模块SF_6管路及充气装置锈蚀情况进行检查			
2.1.5	SF_6气体密度表检查			
2.1.6	断开断路器机构电机电源开关,释放弹簧能量			
2.1.7	断路器操动机构内部机械传动部位检查			
2.1.8	断路器操动机构内部各紧固、限位螺丝检查			

续表

序号	作业项目及步骤	执行情况	风险	控制措施
2.1.9	断路器目测分、合闸缓冲器是否变形			
2.1.10	断路器检查分、合闸电磁铁是否灵活			
2.1.11	断路器操动机构转动部位加相应润滑油			
2.1.12	断路器操动机构内部清洁			
2.1.13	断路器操动机构箱内接线端子检查紧固			
2.1.14	断路器操动机构箱内继电器、接触器检查			
2.1.15	断路器操动机构箱内辅助开关、微动开关检查			
2.1.16	断路器分、合闸线圈电阻值检查,符合厂家要求			
2.1.17	储能电机线圈电阻值检查,符合厂家要求			
2.1.18	断路器机构分闸半轴扣接量检查,符合厂家技术要求			
2.1.19	断路器操动机构低电压试验(80%～110%可靠合闸;65%～120%可靠分闸;低至30%分闸不动作)			
2.1.20	机械特性试验			
2.1.21	控制回路、储能回路绝缘电阻测试			
2.1.22	GIS中的联锁和闭锁性能试验			

续表

序号	作业项目及步骤	执行情况	风险	控制措施
2.2	刀闸模块检修			
2.2.1	操动机构箱内接线端子检查紧固			
2.2.2	操作动机构箱内继电器、接触器检查			
2.2.3	操动机构箱内辅助开关、微动开关检查			
2.2.4	操动电机线圈电阻值检查,符合厂家要求			
2.2.5	对刀闸模块 SF_6 管路及充气装置锈蚀情况进行检查			
2.2.6	SF_6 气体密度表检查			
2.3	其他模块维护			
2.3.1	对其他模块 SF_6 管路及充气装置锈蚀情况进行检查			
2.3.2	SF_6 气体密度表检查			
2.4	SF_6 密度继电器校验			
2.4.1	密度继电器外观检查			
2.4.2	测量并记录环境湿度和温度			
2.4.3	检查断路器的信号电源、控制保护电源等开关在断开位置并用万用表测量确认无电压			
2.4.4	连接 SF_6 气体密度继电器与校验仪间的测量管路与导线并检查确认			
2.4.5	按标准进行校验并分析实验数据			
2.4.6	将检测仪连接管路与导线拆除、恢复 SF_6 密度继电器的原来状态			

续表

序号	作业项目及步骤	执行情况	风险	控制措施
2.4.7	用 SF_6 检漏仪检查密度继电器相关接口有无泄露			
3	作业结束			
3.1	清理现场			
3.2	验收现场			
3.3	召开班后会			
3.4	填写记录			
3.5	办理工作终结手续			
4	作业中发现的问题			
5	作业结论			
	□ 正常,可以投入运行　　　□ 有缺陷,可以投入运行　　　□有缺陷,不可投入运行			

6.4　检查控制

6.4.1　工作检查

1) 小组自查

检修工作结束后,工作负责人带领小组作业成员进行自查。小组自查项目及质量要求见表 6.16。

表 6.16　小组自查项目及质量要求

序号	检查项目		质量要求	确认(√)
1	资料准备	工作票	正确、规范、完整	
		现场查勘记录		
		检修方案		
		标准作业卡		
		调整数据记录		

续表

序号	检查项目		质量要求	确认(√)
2	检修过程	检查安全措施	隔离开关闭锁可靠,接地线、标识牌挂装正确	
		断路器模块检查	检查无遗漏,及时发现缺陷	
		刀闸模块检修	检查无遗漏,及时发现缺陷	
		其他模块检修	检查无遗漏,及时发现缺陷	
		SF6 密度继电器校验	检查方法正确,数据分析无错误	
		工具使用	正确使用和爱护工具	
		文明施工	工作完后做到"工完、料尽、场地清"	
3	检修记录		如实记录,项目完整	
4	遗留缺陷:		整改措施:	

2)小组交叉检查

为保证检修质量,小组自查之后,小组之间进行交互检查,小组交叉项目及质量要求见表 6.17。

表 6.17 小组交叉项目及质量要求

序号	检查内容	质量要求	检查结果
1	资料准备	完整、规范	
2	检修过程	无安全事故、符合规程要求	
3	检修记录	记录完整规范	
4	工具使用	工具无损坏,正确使用和爱护工具	
5	文明施工	施工现场整洁、卫生、有序	
被检查组:		检查实施组:	

6.4.2　工作终结

①清理现场,办理工作终结。

a.清点工器具和耗材,分类归位。

b.清扫现场,恢复安全措施。

②填写检修报告。

③整理资料。

6.5　考核与评价

6.5.1　考核

对学生掌握相关专业知识的情况进行笔试或口试考核。对检修技能的考核,参照表6.18的评分细则进行考核。

表6.18　组合电器检修考核评分细则

技能操作项目			组合电器检修			
姓　名		班　级		学　号	标准分	100分
开始时间		结束时间		实际用时	得　分	
序号	评分项目	评分内容及要求	评分标准		扣分原因	得分
1	预备工作 (5分)	1.安全着装 2.工器具及仪器、仪表检查	1.未按照规定着装,每处扣0.5分 2.工器具及仪器、仪表选择错误,每处扣0.5分;未检查扣3分 3.其他不符合条件,酌情扣分			
2	班前会 (5分)	1.交代工作任务及任务分配 2.交代危险点及预控措施	1.未交代工作任务,扣2分 2.未进行人员分工,扣1分 3.未交代危险点及预控措施,扣2分,交代不全,酌情扣分 4.其他不符合条件,酌情扣分			

续表

序号	评分项目	评分内容及要求	评分标准	扣分原因	得分
3	检查安全措施（10分）	1. 检查现场安全措施设置是否与工作票所列的安全措施一致 2. 检查现场安全措施是否满足检修要求，必要时补充	1. 检查安全措施设置情况，每错漏一处扣2分 2. 其他不符合条件，酌情扣分		
4	调试、试验及常见故障处理（45分）	整体调试、试验及常见故障处理	1. 未完成指定调试、试验及故障处理工作，每处扣20分 2. 检修后未达到产品说明书和相关规范的要求，每处扣5分 3. 检修过程中发生危及人身安全事件，每处扣20分 4. 检修过程中发生仪器仪表损坏，每次扣20分		
5	标准化作业卡（15分）	完整填写标准化作业卡	1. 未填写标准化作业卡，扣10分 2. 未对检修结果进行判断，扣5分 3. 检修数据记录不全，每处扣1分		
6	履行竣工汇报手续和整理现场（5分）	1. 履行竣工汇报手续 2. 将作业现场整理并恢复	1. 未履行竣工汇报手续，扣5分 2. 未清点、整理工器具、材料，扣5分 3. 现场有遗留物，每件扣1分 4. 其他不符合条件，酌情扣分		
7	收工点评（5分）	1. 总结检修内容 2. 总结发现的安全及技术问题，提出相应改进措施	1. 未点评，扣5分 2. 其他不符合条件，酌情扣分		
8	综合素质（10分）	1. 着装及精神面貌 2. 现场组织及配合 3. 执行工作任务时，大声呼唱 4. 不违反电力安全规定及相关规程	1. 着装不整齐，精神不饱满，扣5分 2. 现场组织不够有序，工作人员之间配合不默契，扣5分 3. 执行工作任务时未大声呼唱，扣2分 4. 有违反电力安全规定及相关规程的情况，扣10分 5. 损坏设备或严重违章，标准分全扣		
教师（签名）			得分		

6.5.2 评价

学习过程评价由学生自评、互评和教师评价构成。各小组成员对自己小组和其他小组在检修资料准备、检修方案制订、检修过程组织、职业素养等方面进行评价,并提出改进建议。教师根据学习过程存在的普遍问题,结合理论和技能考核情况,对学生的相关知识学习、技能掌握、职业素养等方面进行评价。参照表6.19进行评价,并填写表6.20所示的学习评价记录表。

表6.19 学习综合评价表

学习情境		组合电器检修				
评价对象						
评价项目	子项目	评价标准	自评(20%)	互评(30%)	教师评价(50%)	综合评价
资讯(15%)	收集资料(7%)	资料齐全、内容丰富				
	引导问题(8%)	回答问题正确。				
计划与决策(8%)	故障判断(4%)	分析和判断合理				
	现场查勘(4%)	实施了现场查勘,查勘记录完整,如实反映现场状况				
计划与决策(12%)	危险点分析(4%)	危险点分析全面,预控措施到位				
	任务安排(4%)	人员及进度安排合理可行				
	材料工具(4%)	材料和工具准备齐全,并检查合格				
实施(40%)	安全措施(10%)	对安全措施进行检查,保证安全措施完善				
	使用工具(4%)	工具使用方法正确规范				

续表

评价项目	子项目	评价标准	自评(20%)	互评(30%)	教师评价(50%)	综合评价
实施(40%)	工艺工序(10%)	工序正确,无漏项,无错序;工艺符合规范要求				
	工器具管理(4%)	工器具管理符合规范要求				
	检修质量(8%)	检修质量符合规范要求。				
	文明施工(4%)	按标准要求设置安全警示标志牌、现场围挡;材料、构件、料具等堆放有序,垃圾及时清理;临时设施质量合格;施工安全,无事故发生				
检查控制(18%)	全面性(5%)	检查项目无遗漏				
	准确性(5%)	检查方法正确				
	吃苦耐劳(4%)	能忍受艰苦的环境,完成长时间的检修工作,不抱怨,享受劳动过程				
	团队合作(4%)	检修班组成员各负其责,互相关照,配合默契。				
职业素养(7%)	创新(2%)	能积极思考,就工艺、工序等方面提出改进措施				
	"5S"管理(5%)	及时整理、整顿工器具和材料,做到科学布局,取用快捷;及时清扫,美化环境;将整理、整顿、清扫进行到底,保持环境处在美观的状态;遵守各项规定,养成习惯				
评语						
教师签字			日 期			

表 6.20　学习评价记录表

学习情境	组合电器检修		
序号	项目	主要问题	整改建议
1	资讯		
2	计划与决策		
3	实施		
4	检查控制		
5	职业素养		
被评价对象：		评价人：	

附　录

附录 1　变电站(发电厂)第一种工作票模板

变电站第一种工作票

工作单位：＿＿＿＿＿＿＿＿＿＿＿　　　　编号：＿＿＿＿＿＿＿＿＿

1. 工作负责人(监护人)：＿＿＿＿＿　　班组：＿＿＿＿＿＿＿＿＿

2. 工作班人员：(不包括工作负责人)

＿＿＿＿＿＿＿＿＿＿＿＿＿＿＿＿＿＿＿＿＿＿＿＿＿＿＿＿＿＿＿＿

＿＿＿＿＿＿＿＿＿＿＿＿＿＿＿＿＿＿＿＿＿＿＿＿＿＿＿＿＿＿＿＿

＿＿＿＿＿＿＿＿＿＿＿＿＿＿＿＿＿＿＿＿＿＿＿＿＿＿＿＿＿＿＿＿

共＿＿＿人

3. 工作的变配电站名称及设备双重名称：

＿＿＿＿＿＿＿＿＿＿＿＿＿＿＿＿＿＿＿＿＿＿＿＿＿＿＿＿＿＿＿＿

＿＿＿＿＿＿＿＿＿＿＿＿＿＿＿＿＿＿＿＿＿＿＿＿＿＿＿＿＿＿＿＿

4. 工作任务：

工作地点或地段	工作内容

5. 计划工作时间：

自＿＿＿＿＿＿＿＿＿＿＿＿＿＿＿＿＿＿＿＿＿＿＿＿＿＿＿＿＿

至＿＿＿＿＿＿＿＿＿＿＿＿＿＿＿＿＿＿＿＿＿＿＿＿＿＿＿＿＿

6.安全措施（必要时可附页绘图说明）：

应拉开的断路器(开关)、隔离开关(刀闸)、应取下的熔断器,应退出的继电保护压板等	已执行＊
应装接地线、应合接地刀闸(注明确实地点、名称及接地线编号＊)	已执行＊
应设遮栏、应挂标不牌及防止二次回路误碰等措施＊	已执行＊

＊已执行栏目及接地线编号由工作许可人填写。

工作地点保留带电部分或注意事项 （工作票签发人填写）	补充工作地点保留带电部分和安全 措施(工作许可人填写)

工作票签发人签名：　　　　　　　　　　签发日期：

7.收到工作票时间：　　年　月　日　时　分

运行值班人员签名：_____　　　工作负责人签名：_____

8.确认本工作票1—7项

工作负责人签名：_____　　　工作许可人签名：_____

许可工作时间：_____

9. 确认工作负责人布置的任务和本施工项目安全措施

工作班人员签名

_____

_____

10. 工作负责人变动：

原工作负责人_____离去,变_____为工作负责人

工作票签发人_____年 月 日 时 分

工作人员变动情况(变动人员姓名、日期及时间)

增添人员姓名	日	时	分	工作负责人签名	离去人员姓名	日	时	分	工作负责人签名
	日	时	分			日	时	分	
	日	时	分			日	时	分	
	日	时	分			日	时	分	
	日	时	分			日	时	分	
	日	时	分			日	时	分	
	日	时	分			日	时	分	
	日	时	分			日	时	分	

11. 工作票延期

有效期延长到_____年 月 日 时 分

工作负责人签名:_____年 月 日 时 分

工作许可人签名:_____年 月 日 时 分

12. 每日开工和收工时间(使用一天的工作票不必填写)

收工时间				工作负责人	工作许可人	开工时间				工作许可人	工作负责人
月	日	时	分			月	日	时	分		
月	日	时	分			月	日	时	分		
月	日	时	分			月	日	时	分		
月	日	时	分			月	日	时	分		
月	日	时	分			月	日	时	分		
月	日	时	分			月	日	时	分		
月	日	时	分			月	日	时	分		
月	日	时	分			月	日	时	分		

收工时间			工作负责人	工作许可人	开工时间				工作许可人	工作负责人
月	日	时	分			月	日	时	分		
	月　日　时　分						月　日　时　分				
	月　日　时　分						月　日　时　分				
	月　日　时　分						月　日　时　分				

13. 工作终结:

全部工作于　　　年 月 日 时　分结束,设备及安全措施已恢复至开工前状态,工作人员已全部撤离,材料工具已清理完毕,工作已终结。

工作负责人签名:　　　　　　　　工作许可人签名:

14. 工作票终结:

临时遮栏、标示牌已　拆除,常设遮栏已恢复。未拆除或拉开的接地线编号

/

等共　组、接地刀闸(小车)共　组(副、台)、绝缘隔板编号

/　　　　　　　　　　　　共　块,已汇报调度值班员。

工作许可人签名　　　　　　　　年 月 日 时 分 章:

15. 备注:

(1)指定专责监护人　　　　　　负责监护人　　　　　　(地点及具体工作)

指定专责监护人　　　　　　负责监护人　　　　　　(地点及具体工作)

指定专责监护人　　　　　　负责监护人　　　　　　(地点及具体工作)

(2)其他注意事项

附录2　变电站(发电厂)第二种工作票模板

变电站(发电厂)第二种工作票

工作单位:　　编号:

1. 工作负责人(监护人)　　班组:

2. 工作班人员:(不包括工作负责人)　　　　　　　　　共　　人

3. 工作的变配电站名称及设备双重名称:

4. 工作任务:

工作地点或地段	工作内容

5. 计划工作时间

自

至

6. 工作条件(停电或不停电,或临近及保留带电设备名称)

7. 注意事项(安全措施)

工作票签发人签名:　签发日期:

8. 补充安全措施(工作许可人填写)

9. 确认本工作票1－8项

许可工作时间:　　年 月 日 时　分

工作负责人签名:　工作许可人签名:

10. 确认工作负责人布置的任务和本施工项目安全措施

工作班人员签名

11. 工作票延期

有效期延长到　　　　年　月　日　时　分

工作负责人签名：　　　　年　月　日　时　分

工作许可人签名：　　　　年　月　日　时　分

12. 工作票终结

全部工作于　　　　年　月　日　时　分结束,工作人员已全部撤离,材料工具已清理完毕。

工作负责人签名：　　　　年　月　日　时　分

工作许可人签名：　　　　年　月　日　时　分

13. 备注：

附录3 小型检修方案模板

××站××项目检修方案

变电站		
项目名称		
分项名称	具体内容	说　明
项目内容		项目内容、工期安排等
人员分工		明确责任人及作业人员
停电范围		停电设备、相邻带电部分等
主要工机具及备品备件		项目所需的主要工机具及备品备件

附录4　标准作业卡模板

××标准作业卡

编制人：审核人：

1. 作业信息

设备双重编号		工作时间	至	作业卡编号	变电站名称＋工作类别＋年月＋序号

2. 工序要求

序号	关键工序	标准及要求	风险辨识与预控措施	执行完打√或记录数据
1				
2				
3				

3. 签名确认

工作人员确认签名	

4. 执行评价

工作负责人签名：

参考文献

［1］中华人民共和国国家质量监督检验检疫总局,中国国家标准化管理委员会.GB 26860—2011,电力安全工作规程(发电厂及变电站电气部分).北京:中国标准出版社,2011.

［2］中华人民共和国能源局.DL 408—1991,电业安全工作规程(发电厂和变电所电气部分).

［3］国家电网公司.Q/GDW 1799.1—2013,国家电网公司电力安全工作规程(变电部分).北京:中国电力出版社,2009.

［4］中华人民共和国国家质量监督检验检疫总局,中国国家标准化管理委员会.GB 1985—2014,高压交流隔离开关和接地开关.北京:中国标准出版社,2015.

［5］中华人民共和国国家质量监督检验检疫总局,中国国家标准化管理委员会.GB/T 2900.20—2016,电工术语 – 高压开关设备和控制设备.北京:中国标准出版社,2016.

［6］周鹤良.电气工程师手册[M].北京:中国电力出版社,2019.

［7］李开勤,肖艳萍.电气设备检修[M].北京:中国电力出版社,2011.

［8］司增彦.电力电容器电气设备故障试验诊断攻略[M].北京:中国电力出版社,2019.

［9］刘水平.输变电装备关键技术与应用丛书 电力电容器[M].北京:中国电力出版社.2020.

［10］国家电网公司.Q/GDW 1168—2013 输变电设备状态检修试验规程.北京:中国电力出版社.2013

［11］国家电网公司.Q/GDW 11651.3—2017,变电站设备验收规范第3部分:组合电器.北京:中国电力出版社,2017

［12］中华人民共和国国家质量监督检验检疫总局,中国国家标准化管理委员会.GB/T 30092—2013,高压组合电器用金属波纹管补偿器.北京:中国标准出版社,2013.

［13］尚俊霞.电气设备检修[M].北京:中国电力出版社,2018.

［14］郭琳,鲁爱斌.电气设备运行与检修[M].北京:中国电力出版社,2015.

［15］中华人民共和国国家质量监督检验检疫总局,中国国家标准化管理委员会.GB 1985—2014,高压交流隔离开关和接地开关.北京:中国标准出版社,2015.

［16］中华人民共和国国家质量监督检验检疫总局,中国国家标准化管理委员会.GB/T2900.20—2016,电工术语-高压开关设备和控制设备.北京:中国标准出版社,2016.

［17］中华人民共和国国家质量监督检验检疫总局,中国国家标准化管理委员会.GB 1985—2014,高压交流隔离开关和接地开关.北京:中国标准出版社,2014.

［18］国家电网企管.206 号国家电网公司变电运维检修管理办法,2017.

［19］国家电网设备.979 号国家电网有限公司十八项电网重大反事故措施(修订版),2018.

［20］中华人民共和国住房和城乡建设部,中华人民共和国国家质量监督检验检疫总局.GB 50150—2016,电气装置安装工程电气设备交接试验标准.北京:中国计划出版社,2016.

［21］国家电网公司.Q/GDW 1168—2013,输变电设备状态检修试验规程.北京:中国电力出版社,2016.